프렌즈 시리즈 33

프렌즈
후쿠오카

정꽃나래 · 정꽃보라 지음

KB188604

생애 첫
여행친구

프렌즈
Travel Guide

Fukuoka

중앙books

Prologue
저자의 말

행운의 숫자 7.

『프렌즈 후쿠오카』는 쌍둥이 언니 정꽃보라와 저, 정꽃나래가 힘을 합쳐 만든 일곱번째 책입니다. 모든 책이 다 제겐 특별하고 소중하지만 이번 『프렌즈 후쿠오카』는 행운이 깃든 책이니만큼 취재가 여느 때보다 아주 순조롭게 이루어졌습니다. 바로 큰 도움을 준 행운의 친구가 있었기 때문입니다. 친구 둘에게 감사의 인사를 하고자 이렇게 페이지를 할애하려고 합니다.

먼저 2년 전 폴란드의 아름다운 천년 고도, 크라쿠프 Krakow에서 만났던 친구 마사미 雅美. 우연히 호스텔의 같은 방으로 배정된 것이 첫 만남이었습니다. 세계일주였던 마사미의 '현재진행형'인 여행기부터 거슬러 올라가 서로의 대학 시절 꿈꿨던 희망사항까지 밤이 새는 줄도 모르고 즐겁게 대화를 나누었던 기억이 납니다. 다음 날 함께 아우슈비츠와 쉰들러 공장을 둘러보며 우정을 더욱 단단해 졌습니다. 마사미는 5일간의 짧지만 알찼던 시간을 보낸 후 너무나도 아쉬웠던 헤어짐을 뒤로하고 앞으로의 만남을 기약하며 자신의 고향인 후쿠오카의 이토시마에 꼭 놀러 오라고 했습니다. 그것이 반년 뒤에 실현이 될 줄은 꿈에도 모른 채 말이죠. 『프렌즈 후쿠오카』를 만들기로 시작하면서 맨 처음 한 일은 마사미에게 연락을 하는 것이었습니다. 마사미는 제 일같이 기뻐해 주었습니다. 후쿠오카를 방문할 때마다 자신의 일을 제쳐 두고 취재를 도와주었고요. 서로 운전을 할 줄 몰랐기에 마사미의 아버지가 드라이버를 자처하여 이토시마를 함께 돌기도 했습니다. 후쿠오카를 더욱 아름다운 도시로 만들어준 마사미에게 고맙단 말로 인사를 대신하기에는 참으로 부족하기만 합니다.

두 번째로 후쿠오카 하면 떠오르는 친구는 저보다 한참 어린 대학생 미정 씨. 워킹홀리데이 비자를 받아 후쿠오카로 와 다양한 일을 하고 있던 미정씨는 그의 자취방을 취재 거처로 삼으면서 알게 된 인연입니다. 어떠한 일에도 진취적이고 적극적인 성격을 지녔으며 일에 매진하면서 쉬는 날엔 인근에 위치한 숨은 명소로의 여행도 열심히 하던, 그야말로 워킹홀리데이의 정석을 보여주는 친구였습니다. 항상 일에 찌들어 피곤할 텐데도 매일 밤 여행작가의 시덥잖은 이야기에도 귀를 기울여 들어주던 상냥하고 착한 미정 씨 덕분에 후쿠오카에서의 하루가

외롭고 쓸쓸하지 않았습니다. 이 두 친구 덕분에 지루함 없이 즐거움만 가득하던 취재를 할 수 있었습니다.

'천재는 노력하는 자를 이길 수 있고 없고, 노력하는 자는 즐기는 자를 이길 수 없다'는 한 축구선수의 명언이 새삼 떠오릅니다. 오롯이 즐기기만 하였던 후쿠오카에서의 시간이 결과물로 나와 여러분과 공유할 수 있게 되어 너무나 기쁘기만 합니다.

2025년, 희망찬 새해를 시작하며
정꽃나래, 정꽃보라

아이노시마에서 만난 귀여운 고양이 친구

How to Use
일러두기

이 책에 실린 정보는 2025년 3월까지 수집한 정보를 바탕으로 하고 있습니다. 현지 교통·볼거리·레스토랑·쇼핑센터의 요금과 운영 시간, 숙소 정보 등이 수시로 바뀔 수 있음을 말씀드립니다. 때로는 공사 중이라 입장이 불가능하거나 출구가 막히는 경우도 있습니다. 저자가 발빠르게 움직이며 바뀐 정보를 수집해 반영하고 있지만 예고 없이 현지 요금이 인상되는 경우가 비일비재합니다. 이 점을 감안하여 여행 계획을 세우시기 바랍니다. 혹여 여행의 불편이 있더라도 양해 부탁드립니다. 새로운 정보나 변경된 정보가 있다면 아래로 연락 주시기 바랍니다. 더 나은 정보를 위해 귀 기울이겠습니다.

저자 이메일 kobbora@gmail.com, jung.kon.narae@gmail.com

1. 알차게 후쿠오카를 여행하는 법

후쿠오카를 처음 방문하는 초보 여행자도 낯설지 않게 여행할 수 있도록 한눈에 후쿠오카를 파악할 수 있는 '후쿠오카 알아가기'와 뻔한 후쿠오카 여행에서 벗어나 깊이 있는 후쿠오카 여행을 위한 '후쿠오카 한 걸음 더'를 통해 후쿠오카의 대표 명소, 후쿠오카에 가면 꼭 먹어봐야 하는 음식, 후쿠오카 인기 쇼핑 아이템, 알기 쉽게 정리한 후쿠오카 여행 정보 등을 소개했다. 낯선 여행지에 대한 두려움을 해소하고 알차고 재미있게 후쿠오카를 여행할 수 있다.

2. 지역별 최신 여행 정보 수록

『프렌즈 후쿠오카』에서는 후쿠오카 시내 핵심 여행지 8곳(하카타, 나카스, 텐진, 다이묘, 모모치, 베이사이드하카타, 우미노나카미치, 오호리 공원)을 상세하게 분석하여 소개한다. 이외에도 후쿠오카를 여행하면서 함께 방문하면 좋은 인기 근교 여행지 4곳(다자이후, 야나가와, 이토시마, 쿠루메)과 외곽 도시 4곳(유후인, 벳부, 키타큐슈 코쿠라, 키타큐슈 모지코)을 소개한다.

3. 여행의 즐거움이 배가 되는 저자만의 여행 팁!

이 책에는 저자가 제공하는 알짜배기 여행 팁 Travel Tip, 여행 명소를 더 세세하게 뜯어보는 스페셜 코너 Feature, 남들 다 가는 뻔한 여행지에서 벗어나 요즘 뜨는 후쿠오카의 숨은 여행 명소를 방문하고 싶은 사람들을 위한 Plus Area와 Special Sopt을 소개하고 있어 참고하면 더욱더 알찬 여행을 즐길 수 있다.

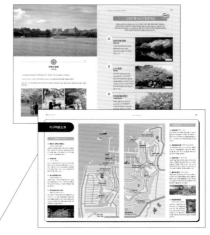

4. 길 찾기도 척척! 지역별 최신 지도

책에서 소개하는 모든 관광, 식당, 쇼핑 명소와 숙소는 본문 속 또는 맵북 지도에 위치를 표시했다. 본문 속 `맵북 P.9-D2` 는 해당 스폿이 표시된 맵북 페이지와 구역 번호를 의미한다. 모든 지도는 지도만으로도 길을 찾기 쉽도록 길 찾기의 표식이 될 수 있는 표지물, 길 이름 등을 표기했다.

5. 스마트폰 여행자들을 위한 '키워드'

스마트폰이 일상 속에서 활용도가 높아짐에 따라 여행에서도 스마트폰의 활용도가 높아졌다. 지도 애플리케이션을 이용해 길을 찾는 여행자들이 많은데, 이때 한글이나 영어는 입력이 수월하지만 일본어를 입력하긴 어렵다. 『프렌즈 후쿠오카』에서는 이를 위해 모든 스폿 정보 부분에 키워드를 입력해 두었다. 이는 지도 애플리케이션인 구글 맵스 Google maps에 입력 시 해당 스폿의 위치를 바로 짚어주는 키워드로, 활용 시 일본어를 입력하기 어려운 여행자가 길을 찾는 데 용이하다.

Contents
후쿠오카

후쿠오카 한눈에 보기

키타큐슈 北九州　P.292
저가항공 노선이 취항하면서 인기가 급부상한 지역으로 후쿠오카 시내에서 북동쪽에 위치한다. 코쿠라小倉와 모지코門司港가 대표적인 관광지다.

다자이후 太宰府　P.248
학문의 신을 모신 '다자이후텐만구太宰府天満宮'로 대표되는 지역으로 일본의 옛 정취를 간직하고 있어 관광객의 필수 코스로 자리 잡았다.

이토시마 糸島　P.262
후쿠오카에서 가장 주목받는 지역. 아름다운 바다 '니기노하마帯の浜'를 따라 해안가를 달리는 드라이브 코스가 매력적이다.

쿠루메 久留米　P.268
후쿠오카현에서 후쿠오카시, 키타큐슈시에 이은 제3의 도시. 수상 운하를 중심으로 물류의 거점으로 활약하며 세계적인 브랜드들을 탄생시킨 상업 도시이다.

후쿠오카 시내　P.144, 176, 208, 232

야나가와 柳川　P.256
마을을 가로지르는 물길을 따라 유유자적 뱃놀이를 즐기는 풍경이 인상적인 지역으로 이곳의 명물인 장어덮밥도 반드시 즐겨볼 것.

동해 / 시모노세키 下関 / 무나카타 宗像市 / 후쿠츠 福津市 / 고가 古賀市 / 하카타항 국제터미널 博多港国際ターミナル / 하카타만 博多湾 / 이토시마 糸島市 / 후쿠오카 福岡市 / 후쿠오카공항 福岡空港 / 다자이후 太宰府市 / 후쿠오카현 / 다가와 田川市 / 쿠루메 久留米市 / 사가현 / 야나가와 柳川市 / 오무타 大牟田市 / 아라오 荒尾市 / 아리아케해 有明海 / 운젠 雲仙市 / 시마바라 島原市 / 운젠다케 雲仙岳 / 나가사키현 / 쿠마모토 熊本市

북한

서울
대한민국   동해

대구   일본
황해   부산 1시간~
1시간 15분 45분~ 1시간 5분 교토 나고야 도쿄
            50분
        후쿠오카   오사카

키타큐슈공항
北九州空港

쿠하시
橋市

동중국해

유후인 湯布院   P.274

후쿠오카와 함께 방문하는 소도시 가운데 한국인 여행자에게 가장 높은 인지도와 인기를 누리고 있다. 온천, 열차 '유후인노모리', 길거리 음식이 주요 즐길 거리.

나카쓰
中津市

쿠니사키
国東市

오이타공항
大分空港

212

가란다케
伽藍岳   벳부
            別府市
유후다케   츠루미다케   벳부만
由布岳   鶴見岳   別府湾

유후인   오이타
湯布院   大分市

210

유후
由布

벳부 別府   P.284

일본에서 손꼽히는 온천 도시. 7군데의 특색 있는 온천을 둘러보는 지옥온천 순례와 시내 곳곳에 있는 다양한 온천 시설을 방문하며 온천을 만끽할 수 있다.

442

442

다케타
竹田市   오이타현
            大分県

아소
阿蘇市   57

212

아소산
阿蘇山   265

소보산
祖母山   326

325

N

0   12km   24km

후쿠오카 시내 구역별 소개

시카노시마
志賀島

542

국영 우미노나카미치 해변공원
国営 海の中道海浜公園

우미노나카미치
海ノ中道

항만 지역 博多港　　P.208

시사이드모모치 해변공원, 하카타
포트타워, 우미노나카미치 등 하카
타만博多湾에 인접한 해안가에는 크고
작은 볼거리가 가득하다.

노코노시마
能古島

하카타만
博多湾

오호리공원 大濠公園　　P.232

후쿠오카의 허파 역할을 하는 거대 공원을
중심으로 멋스러운 카페와 숍들이 위치해
있다. 바쁜 걸음을 마다하고 한숨 쉬어 가
기에 좋은 지역.

모모치
百道

시사이드 모모치
해변공원
シーサイドももち
海浜公園

후쿠오카 타워
福岡タワー

순환선

후쿠오카도시고속도로

후쿠오카마에바라도로 福岡前原道路

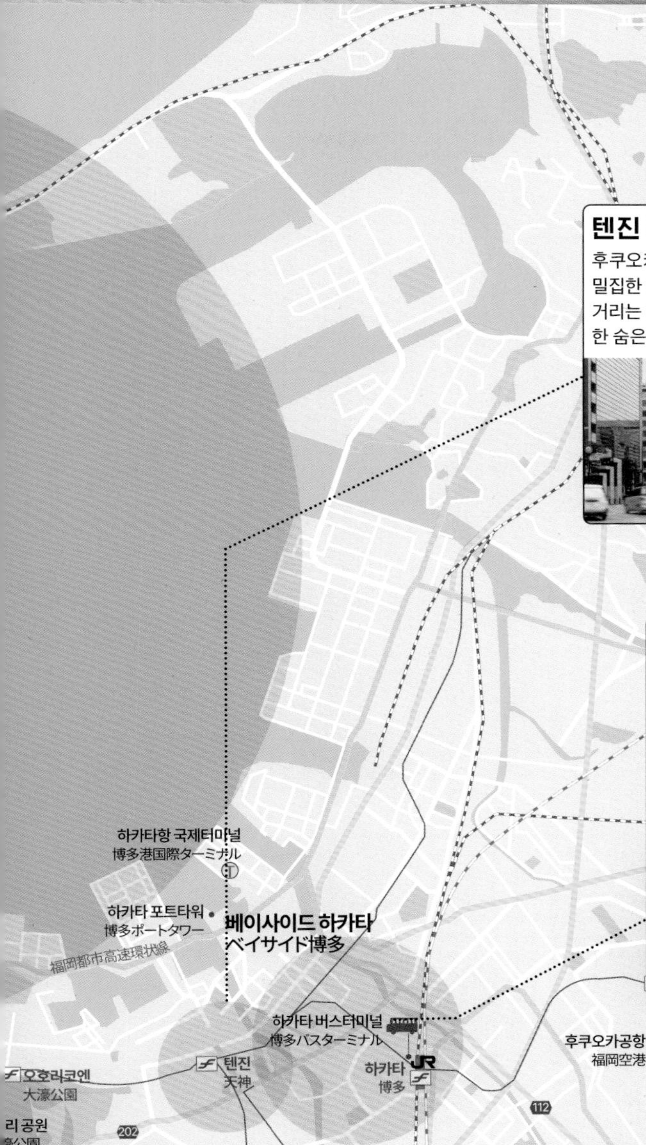

텐진 & 다이묘 天神 & 大名 P.176

후쿠오카에 내로라하는 맛집, 쇼핑 스폿이 밀집한 최대 번화가. 유행을 선도하는 패션 거리는 물론 더 나아가 주택가 사이에 자리한 숨은 셀렉트숍을 찾는 재미도 있다.

하카타 & 나카스 P.144
博多 & 中洲

큐슈 지역 최대의 전철역이 위치한 후쿠오카의 관문이자 관광명소와 상업시설이 포진한 후쿠오카 여행의 거점. 도쿄, 삿포로와 함께 3대 유흥가로 꼽히는 지역이기도 하다.

하카타항 국제터미널
博多·港国際ターミナル

하카타 포트타워 •
博多ポートタワー
福岡都市高速環状線

베이사이드 하카타
ベイサイド博多

하카타 버스터미널
博多バスターミナル

오호리코엔
大濠公園

텐진
天神

하카타
博多

후쿠오카공항
福岡空港

리 공원
象公園

202

112

후쿠오카 알아가기
Things to know about Fukuoka

CHAPTER
1
WHAT IS FUKUOKA
**후쿠오카는
어떤 곳인가?**

다양한 볼거리 를
갖춘 도시

어느 것도 놓치기 아까운
다채로운 먹거리

**유행의 선두주자이자
쇼핑의 성지**

**인근에 매력적인
근교 여행지 가 많은 도시**

**오직 후쿠오카에서만
먹을 수 있는 요리**

CHAPTER
2

FUKUOKA KEYWORD

키워드로 보는
후쿠오카

콤팩트 시티

후쿠오카를 한마디로 정의하자면 일본의 압축판이라 할 수 있다. 비록 수도의 심벌인 도쿄타워나 스카이트리만큼의 높이는 아니더라도 강렬함은 그에 못지않은 후쿠오카 타워가 있으며, 해안에 근접한 위치 덕분에 아름다운 해변가가 곳곳에 즐비하고 아름다운 공원이 도심에 자리해 있어 자연을 만끽하기에도 충분하다.

음식이야 말할 것도 없다. 일본 전국을 통틀어 홋카이도, 오사카와 함께 맛있는 도시로 손꼽히는 곳인 만큼 먹거리가 풍성하다. 도쿄나 오사카에서 볼 법한 굵직한 백화점과 패션빌딩도 후쿠오카에서 모두 만나볼 수 있을 만큼 쇼핑 인프라도 갖추고 있다. 즉, 좁은 면적에도 있을 건 다 있다는 소리.

위치는 또 어떠한가. 부산 김해공항에서 40~45분, 인천공항에서 1시간 5분~1시간 15분이라는 짧은 비행시간과 시내와 인접한 후쿠오카공항은 시간적 여유가 적은 여행자에게도 부담이 없다. 때문에 1박2일 혹은 당일치기로 방문하는 여행객도 늘어났을 정도. 이러한 다양한 편의성 덕분에 첫발을 내딛고 2회 이상 재방문하는 사람들이 많은 여행지이기도 하다.

숫자1

**대도시 소비자 물가지수
식료품 부문 1위**

손꼽히는 대도시임에도
저렴한 물가를 자랑한다.

**공항과 도심 간
접근성 아시아 1위**

세계를 기준으로 해도
무려 4위!

**닭고기 구입량,
지출금액, 닭꼬치
전문점 수 1위**

후쿠오카 사람들의 닭고기
사랑이 드러나는 순위.

**주요 산지시장 취급 금액
해산물 부문 1위**

인근 바닷가에서 어획한 싱싱한
해산물이 한데 모이는 곳.

**수질이 좋은
해수욕장 수 1위**

최고의 수질을 자랑하는
해수욕장이 가득한 도시.

**재류외국인
증가율 1위**

외국인들 사이에서도 살기 좋은
도시로 유명한 도시.

**일본의 유명 연예인
다수 배출**

가수, MC, 배우 등
거물급 스타들의 고향!

**일본 삼대
미인 중 하나**

아키타秋田, 교토京都와 함께
미인이 많은 도시로 손꼽힌다.

하카타벤

후쿠오카에서 사용되는 방언, '하카타벤 博多弁'. 표준어와 비교해 어미와 조사가 조금씩 다른 것이 특징으로 여성이 사용하는 하카타벤은 매력적이고 귀엽다는 이미지가 강하다. 마치 부산 사투리로 '오빠야~' 라고 부르는 여성에게 귀여움을 느끼는 마음과 같다고나 할까.

あーね 아아네

최근 큐슈 지역을 넘어 전국구적으로 사용되고 있는 방언. 상대방 말에 납득하거나 이해할 때 쓰이는 'なるほどね(나루호도네)', 'そうなんだ(소오난다)'를 대체한다.

~ばい, ~たい ~바이, ~타이

'~이다'의 구어체인 '~이야', '~야'를 뜻하는 '~だよ(~다요)'를 바이나 타이로 바꿔서 말하는 것이 하카타벤의 큰 특징이다. 예를 들어 '여기 후쿠오카야'라고 할 때, 표준어라면 'ここ福岡だよ(코코 후쿠오카다요)'라고 하지만 후쿠오카에서는 어미만을 바꿔 'ここ福岡ばい(코코후쿠오카바이)'라고 한다. 단, 키타큐슈 北九州 지역만은 ~ちゃ (~차)를 사용한다.

ばり~ 바리~

'매우', '몹시'를 의미하는 'とても(토테모)', 'すごく(스고쿠)'를 표현하는 말. 자주 쓰이는 것은 정말 맛있다를 뜻하는 'ばりうま(바리우마)'와 라멘의 면을 가장 딱딱하게 주문할 때 사용하는 단어 'ばりかた(바리카타)'가 있다.

~と ~토

바이, 타이와 마찬가지로 어미만 바뀌는 또 하나의 방언. 의문문 어미에 붙는 '~の(~노)'를 후쿠오카에서는 토로 바꿔서 쓴다. 밥 먹었냐고 물을 때 쓰이는 문장 'ご飯食べたの?(고항타베타노?)'를 하카타벤으로 고치면 'ご飯食べたと?(고항타베타토?)'이다.

好いとっと! 스이톳토

좋아해

~り ~리

권유할 때 쓰이는 어미 '~て(~테)'를 리로 바꿔서 쓴다. 여성이 사용할 경우 달달하면서도 살살 녹는 듯한 느낌을 주어서 남성들에게 유독 반응이 좋다고 한다.

CHAPTER
3
SIGHTSEEING IN FUKUOKA
후쿠오카 관광 명소

쇼핑

캐널시티 하카타
キャナルシティ博多

- 200여 개 브랜드 입점, 매일 정시 분수쇼 실시, 라이브 공연과 파노라마 쇼 등 상시 이벤트를 여는 후쿠오카의 대표 쇼핑 명소.

- 도쿄의 여느 쇼핑 명소 부럽지 않은 큰 규모를 자랑하는 쇼핑 스폿. 한국인에게 인지도 높은 유명 브랜드가 다수 입점해 있다.

- 관광, 음식, 쇼핑 3박자를 모두 충족시켜주는 초대형 복합시설.

바다

시사이드 모모치 해변공원
シーサイドももち海浜公園

- 후쿠오카의 대표적인 인공 해변. 바닷가에서 바라보는 석양이 아름답기로 유명하다.

- 부산에 해운대가 있다면, 후쿠오카에는 이곳이 있다. 후쿠오카가 해양도시임을 만끽할 수 있는 해변가로, 그저 바라보기만 해도 좋은 경치가 눈앞에 펼쳐진다.

- 인공 해변이라 해도 수상 액티비티는 오키나와 부럽지 않다. 해수욕은 물론 패들보드, 웨이크보트 등의 수상 액티비티가 가능하다.

랜드마크

후쿠오카 타워
福岡タワー

- 높이 234m로 일본에서 3번째로 높은 타워. 매일 저녁 6시부터 10시까지 실시하는 일루미네이션이 가장 큰 볼거리다.

- 후쿠오카를 상징하는 랜드마크. 도쿄의 상징 도쿄타워와 스카이트리의 꼬마 버전이라고 해도 과언이 아니다. 높은 위치의 전망대, 야경을 더욱 빛내주는 반짝반짝 일루미네이션, 귀여운 기념품 등 갖출 건 다 갖추었다.

- 하카타 포트타워보다 높이가 높고 시야가 가려지지 않아 탁 트인 시야로 하카타만과 후쿠오카 시내 전경을 감상할 수 있다.

랜드마크

건담 파크 후쿠오카 RX-93ffv
ガンダムパーク福岡

- 건담(ガンダム)은 한국에도 마니아가 많은 일본의 인기 애니메이션 시리즈다.

- 일본 역대 최대 크기이자 실제 크기인 24.8m의 건담 조형물은 건담 시리즈 가운데 특히 인기가 높은 〈기동전함 건담 역습의 샤아〉에 등장하는 로봇이다.

- 매일 오전 10시~오후 6시 정각에 건담이 움직이는 퍼포먼스를 연출하며, 20~21시에는 30분마다 특별 영상을 상영한다.

벚꽃

오호리 공원
大濠公園

- 시내 중앙에 자리한 공원. 12만 평의 넓은 부지. 왼편의 마이즈루 공원에도 주목해보자.

- '도심 속 오아시스' 같은 곳. 바쁜 일정으로 심신이 지친 여행자들에게 탁월한 위치를 자랑한다.

- 봄이 오는 소리, 벚꽃 엔딩은 이곳! 후쿠오카의 대표적인 벚꽃 명소로 매년 3월 하순부터 4월 상순까지 많은 이들로 북적거린다.

그밖의 후쿠오카 벚꽃 명소

일본의 봄 하면 역시 벚꽃아닐까. 후쿠오카에는 오호리 공원 외에도 일본이 자랑하는
아름다운 벚꽃 명소들이 많다. 벚꽃이 만개하는 베스트 시즌은 3월 하순~4월 상순 사이.
시즌 중 마이즈루 공원과 니시 공원에서는 매일 저녁 6시부터 10시까지 조명을 밝게 비추는
라이트 업을 실시하므로 밤 산책을 하기에도 그만이다.

★ 벚꽃 만개 시기

벚꽃 명소

마이즈루 공원
舞鶴公園

오호리 공원 동쪽에 있는 공원.
벚꽃나무 약 1,000그루의
벚꽃나무가 공원을 가득 메우고
있다. P.239

❀ 3월 하순

벚꽃 명소

니시 공원
西公園

후쿠오카 시내 중심에 자리한
숨은 벚꽃 명소. 1,300그루의
벚꽃나무가 심어져 있어, 봄이면
장관을 연출한다. 하카타만 인근에
자리해 노코노시마, 시카노시마 섬
등 후쿠오카 항만 지역이 한눈에
보인다. P.82

❀ 3월 하순

벚꽃 명소

다자이후정청터
大宰府政庁跡

학문의 신을 모시는 후쿠오카
근교 명소인 다자이후텐만구
인근에 위치한 쉼터. 300그루의
(마이즈루 공원과 니시 공원에
비하면) 소박한 벚꽃나무 수지만,
근교의 여유로움이 묻어나는 벚꽃
명소이다. P.252

❀ 4월 상순

쿠시다 신사
櫛田神社

● 일본의 전통행사를 즐기려면 후쿠오카에서! 축제 기간이 되면 평범한 신사가 후끈 달아오른다.

● 후쿠오카 대표적인 마츠리(축제)의 기지. 마츠리에 사용되는 가마인 야마카사의 중심지이자 시작과 마무리가 이곳에서 열린다.

● 명성황후 시해에 사용된 칼이 모셔진 신사로서, 우리에겐 가슴 아픈 역사가 깃든 곳이다. 우리의 역사와 밀접한 관련이 있는 곳에서 참배를 하는 일은 없도록 하자.

후쿠오카 마츠리 祭り의 양대 산맥

후쿠오카 사람들은 마츠리를 좋아하고 적극적으로 참가하는 지역민으로 알려져 있다.
연중 내내 크고 작은 축제가 끊이질 않고 개최되며, 참가 인원과 관중 수는 국내 다섯 손가락에
꼽힐 정도. 기회만 된다면 마츠리 시기에 맞춰 후쿠오카를 방문해보자.
활기차고 재미난 마츠리에 참여하며 일본 전통문화를 체험해보는 것도 이색 여행이 될 것이다.

1

하카타기온야마카사 博多祇園山笠 7월 1~15일

야마카사

유네스코 무형문화유산, 일본 국가 지정 중요무형민속문화재에 빛나는 일본의 대표적인 마츠리. 1241년부터 770년 넘게 이어져 오고 있는 축제로, 10m 높이의 거대한 장식가마 '야마카사 山笠'를 짊어지고 달리는 남자들의 박력 넘치는 장면이 하이라이트다. 매년 7월 1일부터 15일까지 열리는 기나긴 장정에 동원되는 관객 수는 300만 명에 이르며 이는 전국 마츠리 가운데 1위에 해당된다.

2

하카타돈타쿠 博多どんたく 5월 3~4일

일본 최대의 연휴기간인 골든위크에 열리는 마츠리. 매년 5월 3일과 4일 단 이틀만 열리지만 참가자 수만 3만 명 이상, 관객 동원 수는 200만 명 이상으로, 전국 4위에 기록되고 있다. 1,230m 길이의 메이지 明治 대로에서 퍼레이드가 펼쳐지고 30여 곳의 무대에서 다양한 이벤트가 열린다.

다자이후
大宰府

● 후쿠오카 시내에서 전철로 약 35분. 역사와 문화가 숨쉬는 과거로의 여행을 떠날 수 있다.

● '리틀 교토'를 느끼고 싶다면 이곳으로 떠나보자. 니시테츠 다자이후 역을 중심으로 한 마을 전체가 일본의 옛 정취를 가득 품고 있다.

● 학문의 신을 모시는 '다자이후텐만구' 덕에 매년 수험을 앞둔 수험생과 수험생의 가족들이 합격을 기원하기 위해 방문하는 인기 명소다.

한걸음 더!
후쿠오카 근교 여행지

후쿠오카 시내에서 전철로 1~2시간만 가도 전혀 다른 분위기의 풍경이
펼쳐진다. 시간적 여유가 주어진다면 발을 넓혀 더욱 풍성하게 여행을
즐겨보는 것은 어떨까. 이렇게 좋은 경관을 두고 시내에만 있기에는 너무
아깝기 때문. 부지런히 움직여 후회하지 않을 여행을 만들어보자.

후쿠오카에서
소요 시간

50분

뱃놀이와 장어덮밥을
즐길 수 있는
야나가와 柳川 P.256

35분

숨막히게 아름다운 자연과
바다를 감상하고 싶다면
이토시마 糸島 P.262

16~80분

항구와 고성古城의 도시
키타큐슈 北九州 P.292

60분

아름다운
해변을 따라 거니는
시카노시마 志賀島 P.228

17~55분

라멘과
불꽃놀이로 유명한
쿠루메 久留米 P.268

90분

고양이 섬
아이노시마 相島 P.230

유후인과 벳부
湯布院&別府

유후인

ⓒ山のホテル夢想園

일본 전국 인기 온천지 순위에서 2위를 차지한 벳부 別府와 4위인 유후인 湯布院. 이 두 곳은 후쿠오카 시내에서 자동차로 불과 1~2시간 거리에 있는 근교 도시로, 높은 순위에서 알 수 있듯이 최고의 온천 수질을 자랑함은 물론 뛰어난 자연 풍광과 깨알 같은 관광을 즐길 수 있어 많은 이들이 선호하는 관광지다.

또한 후쿠오카공항과 시내 주요 전철역, 버스터미널에서 한 번에 갈 수 있는 편리한 접근성도 갖추고 있어 우리나라 여행자들 사이에서는 후쿠오카와 함께 묶어 방문하는 것이 자연스러운 여행 코스가 되었다. 두 도시가 가진 매력이 워낙 달라 어느 곳을 하나 꼬집어 추천하기 어렵지만 각각의 특징을 살펴보며 정해보자. 물론 시간이 된다면 두 도시를 모두 방문하는 것도 나쁘지 않다.

벳부

ⓒ杉乃井ホテル

그것이 알고 싶다!
벳부 VS 유후인

관광하는 재미도 느끼고 싶다면	온천에 집중하여 힐링을 느끼고 싶다면
### 벳부 別府	### 유후인 湯布院

벳부	유후인
• 일본 제일을 자랑하는 온천 원천 수와 용출량에서 일본 전국 1위!	**• 벳부에겐 뒤지지만 전국 상위권** 원천 수는 전국 2위, 용출량은 3위를 기록!
• 당일치기로 가볍게 즐길 수 있는 온천 저렴한 가격에 숙박을 하지 않고도 온천만 즐길 수 있는 곳이 많다.	**• 온천과 숙박을 하나로!** 수십여 개의 각양각색 전통 료칸이 자리해 숙박을 하며 온천을 즐기는 것이 주류다.
• 서양인 여행자에게 인기 온천 하면 이곳이라는 세계적인 인지도가 높다.	**• 아시아인 여행자에게 인기** 한국인과 중국인 등 아시아인 중심의 투어 상품이 발달해 아시아인 방문자가 많다.
• 지옥 온천 순례 각기 특색 있는 7개의 온천을 모두 둘러보는 것은 벳부 여행의 필수 코스.	**• 킨린코와 유노쓰보 거리** 아름다운 호수 감상과 먹거리 탐방하기는 유후인 여행의 필수 코스.
• 벳부냉면, 튀김정식, 해산물 등 **먹거리가 가득!** 타 지역 주민도 인정한 맛집이 곳곳에 자리한다.	**• 이동부터가 관광의 시작!** 관광열차 유후인노모리 ゆふいんの森를 타는 것으로 여행이 시작된다.
• 소박한 시골 마을 할아버지 댁에 놀러 온 듯한 복고풍 감성의 시골 마을 분위기를 느낄 수 있다.	**• 동화 같은 마을** 마을 전체가 동화 같은 아기자기한 분위기라 여성 여행자들에게 인기가 높다.

알아두면 좋은 토막지식
일본의 온천

지하에서 자연스럽게 솟아난 25도 이상의 온수 또는 25도 미만이라도 특정 성분 물질이
기준치 이상 함유된 물을 천연온천이라 정의한다. 신체의 온열 작용뿐만 아니라
혈액과 림프 순환이 촉진되어 피로회복과 피부미용에 효과가 있어 인기가 높다. 일본에서 처음
온천을 이용할 때 당황하지 않고 능숙하게 즐길 수 있도록 아래 내용을 숙지해두자.

온천 이용 시 주의사항

· 온천에 몸을 담그는 행위는 하루 1~3회가 적당하다.
· 식사 전 또는 식후 즉시나 음주 후 입욕은 피하자.
· 격한 운동이나 과로로 몸이 피곤할 경우 입욕하지 않도록 한다.
· 노약자나 어린이는 혼자 입욕하기보다는 동반자와 함께한다.
· 혈압과 심장 관련 지병이 있다면 입욕을 권장하지 않는다.

온천에서 지켜야 할 매너

· 몸에 문신을 한 사람은 원칙상 온천 출입이 불가능하다.
· 긴 머리는 올려 묶어서 머리카락이 직접적으로 물에 닿지 않도록 한다.
· 세균이 침투할 수 있으므로 욕조 안에 수건을 담그지 않는다. 단, 머리에
  얹는 것은 가능.
· 위생상의 문제로 수영복 착용이 금지되어 있다.
· 온천수가 뜨겁다는 이유만으로 다른 물을 더해 희석해서는 안 된다.
· 주변에 사람이 없어도 온천 내에서의 사진촬영은 금지된다.

1

입욕 전 충분한 수분 보충하기

온천 1회 입욕으로 약 800mL의
수분을 잃는다고 한다.
입욕 15~30분 전 물이나 비타민
음료, 스포츠이온 음료, 보리차
등을 1~2잔 마셔두자.

2

**욕조에 들어가기 전에
샤워장에서 몸 씻기**

몸의 청결을 위해서 당연히 해야
하나 온천의 온도와 수질을 몸에
적응시키고자 하는 목적이 크다.
심장에서 먼 부위부터 차례대로
씻을 것.

3

**명치까지만 잠기는 반신욕으로
시작하기**

반신욕으로 몸을 길들이면
온도와 수압에 의해 발생하는
급격한 부담을 줄일 수 있다. 욕조
가장자리에 머리를 눕히고 몸을
띄우는 침욕도 좋다.

4

**한 번에 장시간 있기보다는
간격을 두고 전신욕 진행하기**

3분간 전신을 담그다가 욕조에서
나와 3~5분간 휴식을 취한 후
다시 온천에 몸을 담그는 것을
2~3회 반복하는 분할욕을
추천한다.

올바른
온천 이용 절차

5

머리에 젖은 수건 얹기

실내 욕조나 여름 노천탕에선
어지러움 방지를 위해 차가운
수건을, 겨울 노천탕에서는
뇌혈관 수축을 막고자 따뜻한
수건을 사용하자.

6

욕조에서 손과 발 움직이기

몸이 익숙해지면 물속에서 손발
관절과 근육을 움직여보자.
혈액 속 노폐물을 배출하고
혈액순환을 촉진시켜 피로회복에
효과가 있다.

7

마지막 샤워는 하지 않기

피부 표면에 막을 형성해 보습
효과를 높이고 온천의
약효 성분을 그대로 유지하기
위해서 샤워하지 않고 수건으로
가볍게 닦고 나오자.

8

입욕 후 30분간 휴식 취하기

온천욕으로 빼앗긴 수분을
보충하고 체력을 회복할 시간이
필요하다. 물을 마시고 보온을
위해 최대한 몸을 움직이지 않고
쉬어주자.

알아두면 좋은 토막지식
일본의 료칸

료칸은 일본 전통 분위기를 만끽할 수 있는 숙박 시설로,
온천과 정갈한 다다미방, 정성이 담긴 카이세키 요리를 경험할 수 있는 곳이다.
이 페이지에서는 료칸 이용 시 주의해야 할 점과 지켜야 할 매너, 유카타 착용법 등을 상세히 소개한다.
격식 있는 료칸 문화를 제대로 즐길 수 있도록 필수 정보를 한눈에 살펴보자.

료칸을 제대로 즐기는 법

료칸(旅館)이란?

일본의 전통 바닥재인 다다미로 이루어진 방에서 지내며 향토요리를 맛보거나 온천시설을 이용하는 등 일본인의
전통 생활양식을 체험하고 문화를 즐길 수 있는 숙박시설. '카이세키 요리 会席料理'라고 하는 이른바 일본 전통 음
식의 코스 요리를 저녁 식사로 제공하며, 노천탕이나 다양한 설비를 갖춘 대욕장 등 료칸마다 특징이 있는 온천을
이용할 수 있다. 일본 고유의 접객 서비스를 만끽할 수 있는 점도 료칸의 장점 중 하나다.

료칸 이용 시 주의사항

- 체크인 당일 도착 예정 시각보다 늦어질 경우 반드시 료칸에 미리 연락을 해두자.
- 객실 내 사용한 이불은 다시 본래대로 갤 필요가 없다.
- 공용공간에서 유카타 차림으로 걷는 것은 시설마다 정해진 규칙이 다르므로 주변 분위기를 보고 결정할 것.
- 원칙상 바깥에서 구입한 음식물은 반입이 제한되어 있다.

료칸에서 지켜야 할 매너

- 현관에서 신발을 벗고 올라온 다음 직접 반대 방향으로 돌리고 가지런히 둘 것.
- 캐리어 가방은 질질 끌지 않고 들고 이동하도록 한다.
- 벽 한편에 족자와 장식물로 꾸며진 '토코노마 床の間'에는 물건을 두지 않는다.
- 문턱과 다다미 가장자리는 밟지 않도록 한다.
- 객실 내 여닫이문은 앉아서 조용히 열고 닫는다.

료칸의 실내복인 '유카타' 입는 방법

❶ 옷자락의 길이가 좌우 균등해지도록 걸친다.
❷ 오른쪽 부분을 왼쪽 허리에 감는다.
❸ 남은 왼쪽 부분을 오른쪽 허리에 감는다.
❹ 허리띠를 배의 중심에 맞춰 감는다.
❺ 허리띠를 묶는다.

* 여성은 옷 뒷깃을 아래로 살짝 당겨 목덜미가 보일 만큼 틈을 만들면 예뻐 보인다. 남성은 허리띠 매듭을 뒤로 한 다음 배꼽 부근까지 내리면 보기 좋다.

일식 풀 코스, 카이세키 요리

제철 식재료를 가지고 재료 본연의 장점을 살려 정성스럽게 만든 카이세키 요리는 료칸 체험의 하이라이트와도 같다. 국물 한 가지와 반찬 세 가지로 구성된 이치주산사이 一汁三菜 를 기본으로 하여 간단한 입가심부터 시작해 다양한 음식이 차례대로 제공된 다음 마지막으로 과일이나 디저트로 마무리하는 순서로 진행된다. 음식은 나온 순서대로 먹으면 되고 한꺼번에 나온 경우라면 먹고 싶은 음식부터 먹어도 상관없다.

음식 제공 순서의 예

입가심 先付け ▶ 국물 吸い物 ▶ 생선회 向付け
▶ 구이요리 焼き物 ▶ 조림요리 煮物
▶ 튀김요리 揚げ物 ▶ 찜요리 蒸し物
▶ 절임요리 酢の物 ▶ 밥 御飯 ▶ 디저트 甘味

CHAPTER
4
GOURMET FUKUOKA
후쿠오카 대표 음식

의외로 후쿠오카는 일본의 다른 도시에 비해 여행자들에게 먹거리가 잘 알려져 있지 않다. 하지만 후쿠오카는 현지인들 사이에서 일본에서도 제일가는 미식의 도시로 유명하다. 하카타 라멘, 모츠나베, 후쿠오카의 명물인 명란(멘타이코)을 사용한 다양한 음식 등 일본 향토요리의 진수를 맛볼 수 있다.

전골

미즈타키
水炊き

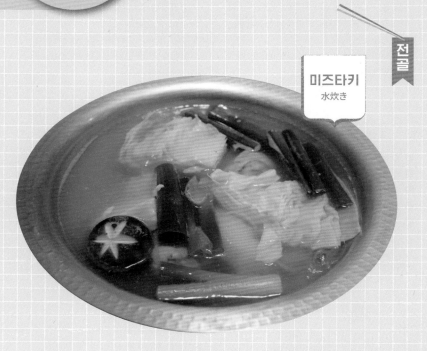

닭뼈를 푹 삶아낸 육수에 닭고기와 채소, 버섯, 두부 등을 넣어 끓여 먹는 향토요리. 피로회복과 피부건강에 좋은 것으로 알려져 여름 보양식으로도 인기가 많다. 전골이 끓으면 뼈 있는 닭고기를 초간장 소스에 찍어 먹으면서 국물을 음미한다. 중간에 채소와 두부 등을 넣고 익혀 먹은 다음 마지막에 죽이나 우동을 만들어 먹으며 마무리한다.

● 육수는 두 종류
약불로 정성껏 끓인 닭고기의 감칠맛을 우려낸 투명한 칭탕(淸湯) 육수와 강불에 장시간 푹 삶아 걸쭉한 백탁의 파이탄(白湯) 육수가 있다.

● 미즈타키 맛있게 먹는 법
① 전골에 들어갈 나머지 재료를 넣기 전에 육수를 그릇에 떠서 마시며 본연의 맛을 즐긴다.
② 여러 부위의 닭고기, 닭고기 경단, 채소 등 다양한 재료를 잔파와 유자 후추를 넣은 폰즈(ポン酢)에 찍어 먹는다.
③ 마무리는 남은 육수에 짬뽕 면이나 우동을 넣거나 밥과 달걀, 채소를 소량 넣어 죽으로 먹는다. 육수가 많이 남아 있다면 둘 다 먹는 것도 가능!

모츠나베
もつ鍋

후쿠오카의 대표 향토요리로 우리나라의 곱창전골이 일본화된 것이라 할 수 있다. 미소된장과 간장쇼유를 베이스로 하여 탱글하고 쫄깃한 소 내장을 양배추, 부추, 버섯 등과 함께 넣어 끓여먹는다. 가게마다 베이스 육수가 달라 색다르게 즐길 수 있다.

육수
베이스 육수는 크게 간장, 미소된장, 미즈타키 등 세 종류로 나뉜다. 내장의 진득한 맛과 담백한 육수가 어우러진 간장은 가장 일반적인 맛으로 현지인에게 인기다. 미소된장은 한국인 여행자 입맛에 잘 맞는 육수로, 달짝지근하면서도 깊은 맛을 자아낸다. 닭 뼈와 채소로 맛을 낸 미즈타키 육수는 재료 본연의 맛이 우러나오는 깔끔한 맛이다.

채소
큼지막하게 썬 양배추와 부추를 듬뿍 넣고 우엉, 콩나물, 배추, 양파, 버섯 등 다채로운 종류의 채소를 더한다. 감칠맛을 돋우는 마늘과 고추도 첨가한다.

내장
소 창자 중 곱창과 대창을 메인으로 하여 심장, 위, 간, 우설 등 다양한 부위를 넣어 제공한다. 콜라겐과 비타민이 풍부하게 함유되어 있으며, 고단백에 저칼로리라 여성에게 특히 인기가 높다. 면역력과 피로회복에도 좋다.

짬뽕 면과 죽
건더기를 다 먹은 후 남은 육수의 깊은 맛을 즐기는 방법은 짬뽕 면을 넣어 배불리 먹거나 밥과 재료를 추가해 죽으로 만들어 먹는 것이다. 후추, 유자후추, 다진 마늘, 깨를 첨가해 마지막까지 맛있게 먹을 수 있다.

면

라멘
ラーメン

홋카이도의 삿포로, 후쿠시마의 키타카타와 함께 일본 3대 라멘으로 불리는 후쿠오카의 하카타라멘. 돼지 통뼈를 우려낸 하얀 국물과 탄력이 강한 쭉 뻗은 얇은 면이 특징이다. 면 위에 차슈(チャーシュー, 돼지고기조림)와 잔잔하게 썬 파를 듬뿍 얹은 것이 일반적이지만 가게마다 반숙달걀, 멘마(メンマ, 죽순을 유산발효시킨 가공식품), 마늘, 생강절임, 매운 갓 무침 등이 올라가 있기도 하다.

● **면의 익힘 정도를 고를 수 있어요**
하카타 라멘의 눈에 띄는 특징! 바로 가늘고 쭉 뻗은 면의 익힘 정도를 취향대로 선택할 수 있다는 점. 보통 5~7단계 중 고를 수 있는데, 생면 다음으로 가장 덜 익힌 '코나오토시(粉落とし)'는 3~7초만 삶아 단단함이 느껴질 만큼 설익은 면이다. 70~100초 정도 완전히 삶아 부드럽고 말랑말랑한 식감인 '야와(やわ)'는 가장 익힌 상태이나 그다지 많이 주문하지는 않는다고 한다. 첫 방문이라면 보통(普通)을 주문하는 것이 좋다.

익힘 정도	명칭	삶은 시간
안 익힘	생면 生麵	0~1초
	코나오토시 粉落とし	3~7초
	바리가네 ハリガネ	7~15초
	바리카타 バリカタ	15~20초
	카타 カタ	20~45초
	보통 普通	45~70초
완전 익힘	야와 やわ	70~100초

● **면을 추가할 수 있어요**
본래 후쿠오카의 라멘은 면이 가늘고 늘어나기 쉽기 때문에 곱빼기 메뉴가 없다. 대신 '면 추가(替玉)'라는 선택지가 있어 면을 다 먹은 후 남은 육수에 넣어 먹을 수 있다. 이러한 '면 추가' 역시 후쿠오카에서 먼저 시작한 시스템으로, 1952년에 문을 연 노포 라멘집 '원조 나가하마야(元祖長浜屋)'가 만들었다고 알려져 있다. 면을 추가하고 싶을 경우 직원에게 '카에다마 오네가이시마스(替玉お願いします)'라고 부탁하자.

TRAVEL TIP
하카타 라멘을 먹다가 다른 맛을 경험해보고 싶다면 라멘집 테이블에 구비된 매운 갓무침 '카라시타카나(辛子高菜)'를 넣어 먹어보자. 매콤한 맛을 좋아한다면 추천한다.

● 후쿠오카의 대표적인 라멘 프랜차이즈

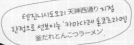

텐진니시도오리 天神西通り 지점 한정으로 선보이는 '가마다레 톤코츠라멘 釜だれとんこつラーメン'

이치란 一蘭

하카타라멘의 대표격이자 한국인 여행자 사이에서 높은 인지도로 인해 필수 코스로 통하는 라멘집. 40명 이상의 라멘 전문 장인들이 끊임없이 연구해 만들어낸 정통 톤코츠라멘의 진수를 느낄 수 있다. 취향껏 맛과 간을 선택할 수 있다는 점이 큰 특징. 주문 용지에 마늘, 파, 소스의 양과 면의 익힘 정도를 기입하면 되는데, 한국어 용지가 있어 어려움이 없다. 후쿠오카에는 하카타역 앞, 캐널시티, 나카스, 텐진에 지점이 있다. 나카스 본점은 22:00~01:00 심야가, 캐널시티는 점심과 저녁 시간대가 붐비는 편이니 참고하자.

잇푸도 一風堂

이치란과 함께 하카타라멘의 양대산맥으로 꼽히는 라멘집. 개업 당시부터 선보이는 정통 돼지뼈 육수로 만든 톤코츠라멘 '시로마루모토아지 白丸元味'와 정통 라멘에 향미유와 매운 된장소스를 추가한 라멘 '아카마루신아지 赤丸新味' 두 가지가 있다. 후쿠오카 지점에 한해 후쿠오카에서만 만날 수 있는 향토 아이스크림 '블랙몽블랑 ブラックモンブラン'과 '밀쿡 ミルクック'를 포함한 세트 메뉴도 판매한다. 하카타역 아뮤플라자, 텐진에 지점이 있다.

우동
うどん

후쿠오카는 라멘만 유명한 것이 아니다. 놀라운 것은 우동과 소바의 발상지도 후쿠오카란 사실! 중국 송나라에서 제분기술을 배워온 하카타의 한 스님에 의해 탄생했다. 가다랑어와 다시마를 우린 육수를 한껏 머금은 면이 특징이다. 우엉튀김을 얹은 우동이 후쿠오카식이다.

TRAVEL TIP

우동집 테이블에 구비된 채 썬 파와 튀김 부스러기인 텐카스(天かす)를 토핑으로 뿌려 먹으면 더욱 맛있다. 기본적으로 셀프 서비스로 제공된다.

● 하카타 우동의 생명은 면!

탄력과 쫄깃함 없이 부드러우면서 폭신폭신한 면은 하카타 우동의 특징. 탱글탱글한 타 지역의 면과 달리 부드러운 면이 된 이유는 바쁜 상인들에게 재빨리 우동을 제공하고자 미리 면을 삶아 놓았기 때문이라고 한다. 시간이 지나면서 면이 육수를 흡수하여 더욱 부드러워지는데, 향이 풍부하고 달달한 육수와 면이 잘 어우러진다.

● 우동 원조 후쿠오카 福岡 VS 우동에 진심인 카가와 香川

우동의 발상지인 후쿠오카와 일본에서 우동으로 반드시 언급되어 우동현うどん県이라는 애칭으로 불리는 카가와는 한입만 먹어도 느껴질 만큼 차이가 난다.

후쿠오카	카가와
쫄깃함이 없다	쫄깃쫄깃한 탄력
부드럽게 씹히는 식감	야무지게 씹히는 식감
푹신한 표면	매끄러운 표면
면의 수분이 적당히 있고 염분이 있다.	면의 수분이 풍부하고 염분이 적다

● 야키우동의 원조, 코쿠라 小倉

키타큐슈의 중심지인 코쿠라는 '야키우동焼きうどん'의 발상지이다. 야키우동은 메밀 면보다 비교적 구하기 쉬웠던 우동 건면에 돼지고기와 양배추, 당근을 넣고 우스터 소스나 간장을 뿌려 볶아 먹는 국물 없는 볶음면이다. 키타큐슈를 여행할 예정이라면 코쿠라의 시장과 상점가 부근에 야키우동 맛집이 많으므로 꼭 먹어보도록 하자.

● 후쿠오카의 대표적인 우동 프랜차이즈

웨스트 ウエスト

우동 발상지인 만큼 후쿠오카에도 많은 우동 전문점이 존재하는데, 이 중에서도 현지인의 소울푸드이자 부담 없이 방문할 수 있는 곳이 바로 웨스트이다. ¥480~790 정도의 저렴한 가격과 우엉튀김, 새우튀김, 소고기, 카레 등 다양한 토핑을 고를 수 있다는 점에서 인기가 높다. 매주 수요일을 특별한 날로 정하여 일부 메뉴를 할인해주는 행사를 진행한다. 텐진, 나카스, 캐널시티 등 후쿠오카 주요 번화가에 지점을 두고 있어 쉽게 접할 수 있다.

마키노우동

스케상우동 資さんうどん & 마키노우동 牧のうどん

웨스트와 더불어 후쿠오카 3대 우동 체인으로 꼽히는 스케상우동資さんうどん과 마키노우동牧のうどん가 있다. 웨스트가 후쿠오카 시내를 중심으로 지점을 영업한다면 스케상우동資さんうどん은 키타큐슈北九州, 마키노우동牧のうどん은 이토시마糸島를 중심으로 영업하는 체인점이다. 그도 그럴 것이 체인점이 시작한 출발점이 각각 후쿠오카 시내, 키타큐슈, 이토시마이기 때문이다. 저렴한 가격을 무기로 한 웨스트, 정통 우동의 맛을 느낄 수 있는 스케상우동, 부드러운 면을 내세운 마키노우동 등 각각 개성이 다르다는 점도 재미있다.

스케상우동

소바
そば

라멘, 우동에 이어 소바까지, 후쿠오카는 가히 면의 왕국이라 할 만하다. 소바는 메밀가루로 면을 만들어 쯔유에 찍어 먹거나 육수에 넣어 먹는 요리다. 가다랑어를 쪄서 말린 가츠오부시, 다시마, 표고버섯 등을 우려낸 쯔유에 찍어 먹는 모리소바 もりそば와 육수를 그릇에 부어 국물과 함께 먹는 카케소바 かけそば가 대표적이다.

● 일본의 해넘이 국수를 아시나요?

매년 한 해 마지막 날인 12월 31일에 먹는 메밀 국수 '토시코시소바 年越しそば'는 장수와 운기 상승을 기원하고자 카마쿠라 鎌倉 시대부터 이어져 온 풍습이다. 사실 이 풍습은 후쿠오카의 한 사원에서 시작된 것이라고. 하카타 博多에 위치한 조텐지 承天寺에서 해를 넘기지 못할 만큼 가난한 이들에게 메밀국수를 대접하던 것이 시초다. 가늘고 기다란 메밀 면과 비바람을 맞아도 쓰러지지 않는 메밀의 질긴 생명력은 수면 연장과 재기를 상징하기도 한다. 연말에 일본을 방문하게 된다면 가까운 역사나 상점가 부근에 소바집이 많으니 꼭 한 번 체험해보도록 하자.

● 국물 없는 볶음면, 야키소바 焼きそば

야키소바는 육고기나 해산물, 야채 등과 함께 볶은 중화면이다. 중국의 차오멘 炒麵에서 기원하였으며, 1950년경 일본에 정착한 이래 현지인의 소울푸드로 많은 사랑을 받고 있다.

● 전철 역사에 숨어 있는 음식점, 에키소바 駅そば

JR전철이나 사철 역사에 조그맣게 자리하는 에키소바는 서서 먹거나 카운터석으로만 이루어진 작은 소바집이다. 저렴한 가격, 주문 후 얼마 지나지 않아 제공되는 신속함, 무난한 맛이 강점이다. 출퇴근하는 직장인이나 장거리 열차를 타고 이동하기 전인 여행자의 허기를 채우는 곳으로 늘 발길이 끊이질 않는다. JR전철 하카타 博多역과 니시테츠 西鉄 후쿠오카텐진 福岡天神역에서도 만나볼 수 있으니 기회가 된다면 이용해보자.

돼지구이
정식
びっくり亭

후쿠오카 사람들의 소울푸드 하면 반드시 언급되는 돼지구이 정식
도 기회가 되면 맛보는 것이 어떨까. 1963년부터 돼지구이 외길 인생
을 걸어온 후쿠오카의 대표적인 돼지구이 맛집, '빅쿠리테이 びっくり亭
P.184'가 있다. 이곳의 단일 메뉴 '야키니쿠 焼肉'는 돼지고기와 양배
추를 듬뿍 얹어 구운 철판요리로, 철판에 구운 고기와 양배추를 구비
된 양념장에 취향껏 버무려 먹는다. 함께 제공되는 미소된장국은 리
필이 가능하다.

이렇게
한 세트!

멘타이코
明太子

우리나라에서 건너간 명란젓이 멘타이코란 이름으로 일본에 정착하
여 집 반찬으로 널리 사랑 받고 있다. 여기서 더 나아가 후쿠오카에서
는 멘타이코를 메인으로 한 음식점 '원조 하카타 멘타이주 元祖博多めん
たい重 P.167'가 눈에 띈다. 멘타이코를 츠케멘, 온천달걀, 참마 등과 곁
들여 먹는 전문점이나 일본식 정식과 함께 무한리필로 즐길 수 있는
음식점이 많다. 멘타이코를 바른 바게트도 인기 상품 중 하나.

멘타이코를
밥 위에 올려
찬합에 넣은
'멘타이주'

교자&야키토리

일명 '한입 교자'라 불리는 후쿠오카 명물!

히토쿠치 교자
一口餃子

성미가 급하다고 알려진 후쿠오카 사람들에게 딱 어울리는 향토요리. 뜨끈뜨끈하지만 크기가 작아 안심하고 바로 먹을 수 있는 미니 사이즈 교자다. 바삭하거나 쫀득한 식감이 살아있는 한입 크기의 자그마한 만두를 소스에 찍어 입에 쏘옥 넣어 먹으면 천국이 따로 없다.

타키교자
炊き餃子

돼지뼈와 닭뼈를 장시간 우려서 만든 육수에 교자를 넣고 끓인 후쿠오카식 물만두. 텐진에 있는 음식점 이케자부로(池三郎)의 창업자가 30년 전 고안한 음식으로, 후쿠오카의 새로운 소울푸드를 만들고자 후쿠오카의 명물인 히토쿠치교자의 만두를 톤코츠 라멘의 육수에 넣어 완성시켰다.

토리카와
とりかわ

닭의 목 부위 껍질을 꼬치에 돌돌 말아 감은 꼬치구이. 여러 번 구운 닭껍질은 지방이 빠지고 양념이 자연스레 배면서 육즙이 풍부한 것이 특징이다. 쫄깃하고 바삭한 식감까지 더해져 껍질에 거부감을 느끼는 이들도 부담 없이 즐길 수 있다. 일본 전국 어디서든 볼 수 있는 메뉴지만 하카타(博多)의 한 야키토리점이 고안한 음식이다.

야키토리
· 焼き鳥

닭고기는 후쿠오카 사람들이 가장 사랑하는 육고기로 특히 인기가 많은 것이 일본식 꼬치요리인 야키토리다. 한국의 꼬치와 마찬가지로 닭고기를 한입 사이즈로 자른 다음 나무꼬치에 꽂아 직화구이한 것. 닭다리살(もも, 모모), 닭가슴살(むね, 무네)이 일반적이지만 후쿠오카에서는 닭껍질(皮, 카와)과 돼지삼겹살(豚バラ, 부타바라)이 인기다. 기본으로 제공되는 양배추와 함께 먹는 것도 후쿠오카식이다.

해산물

초밥
寿司

식초와 소금으로 간을 한 하얀 쌀밥과 날생선이나 조개류를 조합한 것이다. 일반적으로 알려진 밥 위에 재료를 얹은 초밥 니기리즈시握り寿司, 김밥과 형태가 비슷한 마키즈시巻き寿司, 밥과 재료를 김으로 감싼 원뿔형 초밥 테마키즈시手巻き寿司, 유부초밥 이나리즈시稲荷寿司, 날생선과 계란 등을 뿌린 치라시즈시ちらし寿司, 나무 사각틀에 밥과 재료를 넣어 꾹 누른 사각형 초밥 오시즈시押し寿司, 성게나 연어알 등을 밥에 얹어 김으로 감싼 군칸마키軍艦巻き 등이 있다. 미국에서 시작된 것으로 게맛살, 아보카도, 마요네즈를 넣어 돌돌 만 것을 캘리포니아롤カリフォルニアロール이라고 하는데 일본에 역수입되어 흔하게 볼 수 있다.

재료별 일본어 명칭과 발음

재료	일어명, 발음	재료	일어명, 발음	재료	일어명, 발음
참치	マグロ, 마구로	꽁치	サンマ, 산마	오징어	イカ, 이카
참치살 중 지방이 많은 뱃살 부위	大トロ, 오오토로	가자미	カレイ, 카레이	문어	タコ, 타코
오오토로 이외에 지방이 적은 참치 부위	中トロ, 추토로	방어	ぶり, 부리	성게	ウニ, 우니
붕장어	アナゴ, 아나고	새끼 방어	はまち, 하마치	갯가재	シャコ, 샤코
장어	ウナギ, 우나기	도미	たい, 타이	가리비	ホタテ, 호타테
연어	サーモン, 사아몬	잿방어	かんぱち, 칸파치	전복	アワビ, 아와비
고등어	サバ, 사바	넙치	ひらめ, 히라메	피조개	アカガイ, 아카가이
정어리	イワシ, 이와시	광어 지느러미	えんがわ, 엔가와	연어 알	イクラ, 이쿠라
전갱이	アジ, 아지	새우	エビ, 에비	청어 알	かずのこ, 카즈노코
가다랑어	カツオ, 카츠오	게	カニ, 카니	달걀	たまご, 타마고

생선구이

오징어회

해산물 요리
海鮮料理

바닷가에 인접한 항구 도시 후쿠오카에서 해산물 요리를 맛보는 것은 빼놓을 수 없는 즐거움 중 하나다. 갓 잡은 싱싱한 생선을 날것 그대로 먹는 초밥과 회를 비롯해 찜, 구이, 오차즈케 등 다른 조리 방식으로 만들어진 음식이 다양하여 골라 먹는 재미가 있다.

TRAVEL TIP

후쿠오카 해산물 맛집 바로가기

➤ 초밥 P.183, P.223
➤ 회전초밥 P.156
➤ 해산물덮밥 P.187, P.223
➤ 장어덮밥 P.165
➤ 오징어회 P.165
➤ 생선구이 P.167, P.203
➤ 생선조림 P.183
➤ 오차즈케 P.94
➤ 해산물 돈코츠라멘 P.93

해산물 덮밥

제철이 제맛! 월별로 알아보는 해산물 적기

	1월	2월	3월	4월	5월	6월	7월	8월	9월	10월	11월	12월
해삼 ナマコ	◀			▶								
방어 ブリ	◀				▶							
전복 アワビ	◀				▶							
갑오징어 甲イカ				◀			▶					
가자미 カレイ				◀								▶
광어 ヒラメ					◀							▶
문어 タコ					◀							▶
붕장어 アナゴ						◀		▶				
전갱이 アジ						◀		▶				
보리멸 キス					◀						▶	
부채새우 ウチワエビ									◀		▶	
성게 ウニ									◀			▶
고등어 サバ	◀			▶						◀		▶
다금바리 アラ	◀			▶						◀		▶

INFORMATION

실전! 음식점 이용하기

음식점 이용 절차

① 음식점마다 입장 절차가 상이하다. 자판기를 통해 음식을 선택하고 계산한 다음 손님이 원하는 자리에 착석해 음식을 기다리는 곳이 있는가 하면 음식점에 들어서자마자 점원이 자리를 안내할 때까지 입구에 서서 기다려야 하는 곳도 있다. 긴 대기행렬을 이루는 인기 맛집은 QR코드나 기기를 입구에 비치해 대기표를 뽑는 방식을 시행하고 있는 경우가 있다.

② 가게에 들어서면 보통 점원이 눈치를 채고 손님에게 인원수를 확인한다. 손가락으로 몇 명인지 의사 표시를 하면 점원이 직접 자리로 안내해준다. 점원이 가만히 서서 자리를 안내하지 않고 "오스키나 세키에 도오조(お好きな席へどうぞ)"라고 한다면 손님이 앉고 싶은 자리에 앉아도 된다는 뜻이다. 느낌으로 어느 정도 파악할 수 있으니 일본어를 모르더라도 걱정하지 말자.

③ 착석 후에는 메뉴판을 보고 원하는 음식을 고른 후에 "스미마셍(すみません)"을 외쳐 점원을 부른 후 주문하면 된다. 최근에는 테이블에 비치된 QR코드를 스캔해 스마트폰에서 직접 주문하는 방식도 늘어났다. 영어 또는 한국어로 된 사이트가 나타나며, 사진 메뉴로 되어 있는 경우가 많아 주문하기 쉽다.

④ 많은 음식점이 라스트오더 ラストオーダー라는 제도를 시행하고 있다. 영업 종료 30분~1시간이 지나면 음식과 음료 주문을 받지 않는데, 점원이 테이블을 돌며 마지막 주문을 받는다. 이 제도를 엄격히 지키는 가게는 문 닫기 1시간 전에 방문하더라도 손님을 받지 않는다.

⑤ 음식값 지불은 음식을 먹은 테이블에서 직접 계산하거나 출구 부근 카운터에서 실시한다. 전반적으로 신용카드와 교통카드, 간편결제 시스템이 서서히 정착되고 있는 추세이나 아직 개인이 운영하는 가게에는 현금 결제만 가능한 곳이 있으니 주의하자.

일본의 식사 예절

1 손을 모아 합장하며 인사말을 한다.
잘 먹겠습니다. いただきます (이타다키마스)
잘 먹었습니다. ご馳走様でした (고치소사마데시타)

2 테이블에 팔꿈치를 대고
먹지 않는다.

3
밥 공기와 국 공기는
손에 들고 먹는다.

4
쩝쩝 먹는 소리를 내면 안 되지만
따뜻한 국물이나
면은 소리를 내어 먹는다.

5
젓가락으로 음식을 찌르거나
식기를 끌고 오는 행위는 하지 않도록 한다.

예약 시스템의 활성화

내가 가는 음식점이 인기 맛집인지 판단하는 척도는 가게 앞에 길게 늘어선 대기줄이었다. 하지만 예약 시스템이 활성화되면서 현재는 기나긴 대기행렬을 찾아볼 수 없는 맛집이 늘어나고 있다. 음식점의 공식 홈페이지나 구글 맵 정보의 예약 페이지에 연결된 예약 전문 시스템인 테이블체크 Table Check 또는 타베로그 食べログ, 레티 Retty, 구루나비 ぐるなび 등 음식점 예약 전문 사이트를 통해 예약할 수 있으며, 예약 가능 여부는 공식 홈페이지를 접속하거나 구글 맵 정보를 통해 예약란을 확인하면 알 수 있다. 음식점에 따라 외국인 관광객은 예약이 불가하거나 노쇼 방지를 위해 예약금을 받는 경우가 있으므로 꼼꼼히 확인하도록 한다.

야타이
屋台

후쿠오카의 명물, 일본식 포장마차

후쿠오카는 긴긴 밤마저 알차게 보낼 수 있다. 바로 일본식 포장마차 '야타이'가 있기 때문이다. 정신없는 일정을 소화한 다음 숙소 침대에 누워 하루를 마무리하는 것도 나쁘지 않지만, 여행자라면 1분, 1초도 허투루 보내고 싶지 않을 것. 선선한 바람이 옷깃을 스치고 조근조근 수다 소리와 함께 사람 냄새 물씬 풍기는 곳, 후쿠오카의 향토요리와 퓨전요리를 먹으며 술 한 잔 기울일 수 있는 곳, 후쿠오카의 문화를 경험하고 기분 좋은 포만감을 얻을 수 있는 야타이만큼 마지막 일정으로 탁월한 곳도 없을 것이다.

야타이 밀집 지역

야타이는 크게 '텐진天神'과 '나카스中洲' 두 지역에 밀집되어 있는데, 텐진은 생활용품 전문점 로프트 Loft 텐진점 바로 앞에, 나카스는 나카那珂 강변에 길게 줄지어 영업 중이다. 텐진은 큐슈 지역에서도 손꼽히는 번화가로 야타이 규모도 큰 편이며 업무를 끝낸 회사원의 뒤풀이 장소나 커플의 데이트 장소로 자주 이용된다. 나카스는 화려한 네온사인을 배경으로 한 야타이들의 모습이 후쿠오카를 상징하는 풍경이기도 하여 관광객들의 방문이 잦다.

야타이 추천 메뉴 및 메뉴에 따른 추천 가게

▶ **오뎅**
조조 蒸上(텐진),
만류 満龍(텐진)

▶ **꼬치류**
아호타레노 あほたれ～の(텐진)

▶ **텐뿌라**
텐이치天一(텐진)

▶ **라멘**
쇼헤이笑平(나카스),
나카나카나카 ナカナカナカ(텐진)

▶ **교자**
타케쨩武ちゃん(나카스),
야타이야 푱키치 屋台屋ぴょんきち(텐진)

▶ **다국적요리**
레미상치 レミさんち(텐진),
텐진야타이 바혼 天神屋台Bajon(텐진)

키워드로 알아보는 야타이

예약
대다수의 야타이는 예약이 불가능하다. 일반 음식점과 마찬가지로 자리가 비면 온 순서대로 안내하며, 만석이면 바깥에서 줄을 서서 기다린다.

추천시간
대개 18:00부터 다음 날 02:00까지 영업하며 이 중 20:00~22:00가 가장 붐비는 시간대이다. 이른 초저녁이나 조금 늦은 밤시간대가 덜한 편이므로 이때 방문하면 대기시간을 줄일 수 있다.

주문
주문 방식은 간단하다. 일반 레스토랑처럼 메뉴판을 보고 주인장에게 손가락으로 가리키거나 메뉴명을 말하면 된다. 기본적으로 1인 1음식 1음료를 주문하는 것이 암묵적인 룰. 알코올 음료를 못 마신다면 콜라, 우롱차 등의 소프트드링크를 주문하자.

날씨
비가 오면 문을 닫는 곳이 많다. 시간적 여유가 없다면 불편을 감수하고 문을 연 곳을 이용해도 좋지만 되도록이면 맑은 날에 방문하도록 하자.

화장실
야타이에 마련된 화장실은 따로 없기 때문에 방문 전 미리 다녀오는 것을 추천한다. 인근 공중화장실의 위치를 미리 알아두는 것도 하나의 방법.

매너
좌석수가 한정되어 있으므로 장시간 오래 앉아있거나 자리를 넓게 이용하는 것은 삼간다. 자신의 물건은 의자 밑에 놔두자.

계산
메뉴에 가격이 적혀 있지 않은 곳이 있다는 점을 명심할 것. 또한 신용카드 결제는 불가능하고 1만 엔 같은 큰 단위의 현금도 곤란해 하는 경우가 있어 미리 잔돈을 확보해두는 것이 좋다.

자리
1~4명의 적은 인원으로 방문할 것. 야타이의 끝자리는 단골손님 지정석인 경우도 있다는 점을 알아두자.

야타이 티켓
야타이를 한 번도 이용해본 적이 없는 입문자를 위해 16개의 야타이에서 사용 가능한 '야타이 티켓屋台きっぷ'을 판매하고 있다. 티켓을 해당 야타이에 제시하면 간판 메뉴와 알코올 음료 한 잔을 제공한다. 티켓은 텐진 미츠코시 백화점 앞 라이언 광장 안에 위치한 후쿠오카시 관광안내소에서 구입할 수 있으며, 가격은 ¥1,100이다. 자세한 사항은 홈페이지(yatai.chikets.com)에서 확인.

TRAVEL TIP 야타이 티켓 구입처(후쿠오카시 관광안내소)

📍맵북 P.13-C2 ⊙ 福岡県福岡市中央区天神2丁目1-1 ☎ 092-751-6904 ⊙ 09:30~19:00 휴무 12월 31일, 1월 1일 ⊙ 1인 ¥1,100 ⊗ 니시테츠 후쿠오카 텐진西鉄福岡天神역 1층에 위치. 지하철 텐진天神역에서 도보 3분 또는 지하철 나나쿠마선 텐진 미나미天神南역에서 도보 5분.

※ 야타이마다 영업 시간과 휴일이 다르니 원하는 야타이가 있을 경우, 홈페이지를 통해 확인한 후 방문한다.

렉 커피
Rec Coffee

대표 체인점 ▶ 렉꾸코오히 ⌂ 福岡市中央区白金1-1-26-1F ☎ 092-524-2280 ⌨ www.rec-coffee.com ⏰ 월~목요일 08:00~24:00, 금요일 08:00~01:00, 토요일 10:00~01:00, 일요일·공휴일 10:00~00:00 휴무 부정기 🚇 지하철 나나쿠마七隈선·니시테츠西鉄전철 텐진오무타天神大牟田선 야쿠인薬院역 2번 출구에서 도보 2분. # rec coffee yakuin

일본 바리스타 챔피언십 우승. 세계 바리스타 챔피언십 준우승을 거머쥔 이와세 요시카즈 岩瀬由和가 운영하는 체인. 정성스레 만든 스페셜티 커피를 제공한다.

카페

일본의 카페 역사는 비교적 오래된 편이다. 옛 카페 형식인 '킷사텐喫茶店'이 사람들의 휴식과 사교공간으로 소소하게 사랑 받고 있다가 스타벅스와 같은 도토루, 툴리스, 우에시마커피점 등의 거대 카페 프랜차이즈가 등장하면서 동시에 대중화가 시작했다. 그러다가 개인이 운영하는 독립 카페가 하나 둘씩 늘어나고 커피를 전문적으로 다루는 바리스타가 각광 받는 등 새로운 물결이 흐름을 주도하면서 때아닌 카페 붐이 일어나고 있다. 특히 후쿠오카는 바리스타 챔피언의 배출, 개성 있는 카페 오픈 러시 등으로 인해 카페 유행을 선도하는 도시로 주목 받고 있다. 오직 후쿠오카에서만 만날 수 있는 멋진 로컬 체인 카페를 방문해보자.

카페 미엘
カフェ·ミエル

후쿠오카의 스페셜티 커피 체인점 허니커피 ハニー珈琲가 운영하는 일본식 다방. 세월의 흔적이 고스란히 느껴지는 아늑한 공간이 인상적이다.

대표 체인점 ▶ 카훼미에루 ※ 하카타 지점은 P.172 참조.

코히샤 노다
珈琲舍のだ

대표 체인점 ▶ ① 코오히샤노다 ① 福岡市 中央区天神2丁目2-43 ソラリアプラザ 3F ☎ 092-715-0271 ⓦ www.coffee-sya-noda.com ① 월~금요일 11:00-20:00, 토·일요일·공휴일 10:00~20:00 휴무 솔라리아 플라자에 따름. ⓧ 니시테츠 西鉄 전철 후쿠오카(텐진) 福岡(天神)역에서 직접 연결. ⓗ coffeesha noda

일본 전통 카페인 '킷사텐喫茶店'의 형태를 한 체인으로 다양한 원두를 블렌드한 자가배전 커피를 메인으로 하고 있다.

원두 종류는 물론 커피 종류도 풍부하여 골라마시는 재미가 있는 체인. 시나몬, 말차, 캐러멜 등을 넣은 8종의 카페라테를 비롯해 카푸치노와 카페모카 각 4종을 선보인다.

마누커피
manu coffee

대표 체인점 ▶ ① 마누코오히 ① 福岡市中央区大名 1-1-3 石井ビル1F ☎ 092-732-0737 ⓦ www.manucoffee.com ① 09:00~01:00 휴무 연중무휴. ⓧ 니시테츠 西鉄 전철 후쿠오카(텐진) 福岡(天神)역 중앙 출구에서 도보 5분. ⓗ 마누커피 다이묘

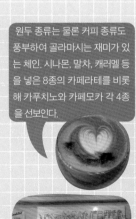

후쿠오카는 여행에서 쇼핑 부분을 놓고 도쿄, 오사카와 견주어봐도 전혀 밀리지 않는 지역이다. 우리나라에 아직 입점하지 않은 브랜드는 물론, 우리나라에서는 가격이 비싸거나 구하기 힘든 제품들을 손쉽게 구할 수 있어 쇼핑을 하기에도 제격이다. 쇼핑하기 좋은 후쿠오카 대표 쇼핑 명소와 함께 기념품으로 안성맞춤인 추천 상품을 총망라한다.

후쿠오카 대표 쇼핑 명소

쇼핑 명소가 한데 모여 있는 최대 번화가 하카타博多와 텐진天神은 후쿠오카의 대표 쇼핑 지역! 오롯이 하루를 다 투자해도 시간이 모자란다는 대규모 쇼핑 지역으로, 쇼핑 욕구를 모두 충족할 수 있는 명소다.
대형 쇼핑센터를 겸한 JR 하카타博多 역사는 백화점, 패션빌딩, 생활용품 전문점, 기념품 전문상가 등 다양한 쇼핑 명소의 형태를 모두 갖추고 있다. 역에서 도보 10~15분 거리에 위치한 캐널시티 역시 쇼핑 하면 빼놓을 수 없는 곳이다. 한국인 여행자가 선호하는 패션 브랜드의 부티크와 유명 SPA 브랜드의 대형매장이 입점해 있으며 일부 관광과 먹거리 기능도 하고 있어 관광 명소로 손색이 없다.
니시테츠 후쿠오카福岡역이자 지하철 텐진天神역으로

쓰이는 역사를 중심으로 지하에는 텐진지하상가, 지상에는 백화점, 패션빌딩, 복합시설이 들어서 있다. 또한 역에서 도보 5분 거리인 다이묘大名 지역을 위주로 브랜드 부티크, 드러그스토어, 슈퍼마켓, 전문점, 저가형 잡화점이 즐비하여 하카타 못지않게 다양한 쇼핑 나들이를 즐길 수 있다.
두 지역 모두 지하철역에 인접하여 뛰어난 접근성을 자랑하고 그리 넓지 않은 규모 안에 별별 쇼핑 명소가 오밀조밀 모여있어 쇼핑을 한꺼번에 해결하기에도 좋다. 각 매장마다 면세를 적극적으로 추진하고 있으며 드러그스토어나 슈퍼마켓에서 판매하는 상품들은 부지런히 발품을 팔면 팔수록 저렴한 곳을 발견하기도 한다.

외국인 여행자의 혜택, 면세

일본 체류 6개월 미만의 외국인 여행자에 한해 세금 환급을 신청하면 소비세 8~10%의 면세를 적용받을 수 있다. 모든 쇼핑 명소가 면세가 되는 것은 아니므로 매장에 표기된 'TAX-FREE SHOP'의 마크를 발견하거나 대형 쇼핑센터의 인포메이션센터에서 확인 후 구입하도록 하자. 면세 적용 범위는 하루에 동일한 장소에서 면세 대상 물품인 일반 물품과 소모품 합산 (세금 제외 가격 기준)￥5,000 이상 구입했을 경우이며, 반드시 본인의 여권을 지참하여야 한다. 단, 구입 후 30일 이내에 일본에서 반출하는 것을 원칙으로 한다. 환급되는 금액은 매장에서 계산할 때 세금을 제하고 계산하는 경우와 세금 포함된 금액으로 계산 후 쇼핑센터 내 면세카운터에서 차액을 환급 받는 경우 두 가지가 있다. 점포마다 돌려받는 방식이 상이하므로 영수증에 계산된 금액을 꼼꼼히 확인하자.

일본 입국 시 면세 범위

▸ 면세 범위
주류 3병(1병당 760ml), 담배(궐련형 담배 200개비, 가열식 담배 10개비, 시가 50개비, 기타 250g), 향수 2온스(1온스 약 28ml, 오드투왈렛과 오드코롱은 적용 외)
▸ 반입 금지 물품
마약(대마초, 아편, 각성제 등), 아동 포르노, 저작권이나 상표권을 침해한 물품

한국 입국 시 면세 범위

휴대품 면세 한도 800달러, 2L 이하 400달러 미만 술 2병, 담배 200개비(10갑), 향수 60ml 이하

2021년부터 음식점이나 상점에서 세금을 포함한 총금액의 표기가 의무화되었다. 따라서 가격표에 표기된 금액은 기본적으로 소비세 제외(税抜) 가격이다. 간혹 큰 글씨로 표기된 금액 다음에 괄호 속 금액은 소비세 포함(税込) 가격이며, 면세 적용 시 금액이 작은 부분을 참고하면 된다.

세금 환급 절차

한 곳에서 하루에
￥5,000(세금 제외 가격 기준) 이상 구매
▼
매장 직원에게 'Tax refund, please' 또는
'免税お願いします.
(멘제에, 오네가이시마스)' 요청, 여권을 제시하고
환급 서류에 서명
▼
세금 제외한 금액으로 계산 또는
세금 포함한 금액으로 계산하고 면세카운터에서
금액을 환급
▼
출국할 때 공항 내에 위치한
'세관 税関' 카운터 방문
▼
기기에 여권을 스캔

한눈에 보는 후쿠오카 쇼핑 지도

영리하고 부지런한 한국인 관광객이 입을 모아 추천하는 쇼핑 명소를 소개한다. 한국인이 선호하는 제품이 많이 구비되어 있을 뿐만 아니라 가격대도 저렴해서 알차게 쇼핑할 수 있는 명소 중의 명소!

1 맥스밸류 하카타기온점 Maxvalu Express
2 드러그스토어 모리 하카타기온점 ドラッグストアモリ
3 돈키호테 나카스점 ドン・キホーテ
4 토큐핸즈 하카타점 東急ハンズ
5 미스터 맥스 미노시마점 MrMax
6 Sunny 와타나베도오리점 サニー
7 Sunny 아카사카점 サニー
8 이온 쇼퍼즈 후쿠오카점 イオンショッパーズ
9 다이코쿠드러그 텐진빌딩점 ダイコクドラッグ
10 프랑프랑 후쿠오카 파르코점 Francfranc
11 캔두 텐진점 CanDo
12 다이소 텐지지하상가점 ザ・ダイソー
13 빅카메라 텐진1호점 ビックカメラ

14 텐진 로프트 Loft
15 드러그일레븐 텐진케고점 ドラッグイレブン
16 디스카운트 드러그 코스모스
　　텐진다이마루점 ディスカウント ドラッグ コスモス
17 빅카메라 텐진2호점 ビックカメラ
18 무인양품 텐진다이묘점 無印良品
19 돈키호테 텐진본점 ドン・キホーテ
20 로피아 하카타 요도바시점 ロピア
21 교무슈퍼 하루요시점 業務スーパー
22 포켓몬 센터 후쿠오카 Pokemon
23 산리오 갤러리 하카타점 Sanrio
24 키디랜드 후쿠오카파르코점 KIDDYLAND
25 디즈니 스토어 캐널시티점 Disney Store

TRAVEL TIP

외국인 여행자를 위한 쿠폰

후쿠오카 유명 쇼핑 명소에서는 외국인 단기 여행자에게 할인 쿠폰을 지급한다.
단, 쿠폰과 함께 여권을 제시해야 한다. 주요 쇼핑 명소별 할인 내용과 발급처는 아래와 같다.

쇼핑 명소	할인 내용	발급처
마츠모토 키요시	3, 5, 7% 게스트 쿠폰	matcha-jp.com/ko/coupon/72
빅 카메라	3, 5, 7% 게스트 쿠폰	matcha-jp.com/ko/coupon/15
돈키호테	면세 10% + 5% 할인 쿠폰	www.djapanpass.com/coupon/0008000104
이온몰	구입 금액별로 쿠폰 지급	www.welcome-aeon.com/coupon

※이외에도 드러그일레븐, 코쿠민 등 드러그스토어의 쿠폰은 인터넷 검색을 통해 얻을 수 있다.

알아두면 쏠쏠한 쇼핑 용어

하츠우리 初売り

매년 1월 1일(휴업인 경우 1월 2일)이 되면 일본의 백화점과 상점가에서는 처음 판다는 의미를 가진 '하츠우리'라는 단어를 대대적으로 내걸어 이제껏 공개하지 않았던 신상품을 한꺼번에 내놓는다. 값비싼 상품이 당첨되는 추첨 행사를 진행하거나 세일을 실시하기도 한다.

후쿠부쿠로 福袋

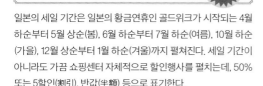

복주머니라 불리는 이 패키지는 1월 1일을 대표하는 상품이다. 쇼핑백에 상품을 여러 개 넣어 판매하는 종합 선물세트로, 속에 무엇이 들었는지 알 수 없는 상태에서 구입하기 때문에 어떤 상품이 들었는지 기대하면서 여는 재미가 있다. 최근에는 쇼핑백 속 상품을 그대로 보여주고 판매하는 경우도 있다. 대부분 ¥5,000~1만대에 판매하나 유명 브랜드의 옷이나 전자제품 같은 경우는 ¥3만~5만을 호가한다. 복주머니 안에 들어있는 물품들의 합계 가격이 복주머니 판매 가격보다 5배를 넘거나 희귀한 한정 상품이 들어 있을 수도 있어 1일이 되기 전부터 상점 앞에서 밤을 새우는 이들이 많다.

할인 割引

일본의 세일 기간은 일본의 황금연휴인 골드위크가 시작되는 4월 하순부터 5월 상순(봄), 6월 하순부터 7월 하순(여름), 10월 하순(가을), 12월 상순부터 1월 하순(겨울)까지 펼쳐진다. 세일 기간이 아니라도 가끔 쇼핑센터 자체적으로 할인행사를 펼치는데, 50% 또는 5할인(割引), 반값(半額) 등으로 표기한다.

기간한정 期間限定

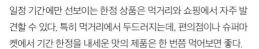

일정 기간에만 선보이는 한정 상품은 먹거리와 쇼핑에서 자주 발견할 수 있다. 특히 먹거리에서 두드러지는데, 편의점이나 슈퍼마켓에서 기간 한정을 내세운 맛의 제품은 한 번쯤 먹어보면 좋다.

타임세일
タイムセール

의류 브랜드가 다수 입점해있는 쇼핑센터나 패션빌딩에서는 세일 기간에 현재 가격보다 더 저렴하게 판매하는 타임세일을 비정기적으로 실시한다. 보통 세일 가격에서 10~20%를 더 할인해주거나 2~3개를 사면 제품 하나가 무료라든지 하는 방식이다. 점원이 갑작스럽게 소리를 지르며 숫자가 적힌 패널을 들고 있다면 눈여겨볼 것. 그것이 바로 타임세일을 알리는 표시다. 상품 태그나 패키지에 '타임서비스 タイムサービス'라 적힌 것도 이에 해당한다.

포인트카드
ポイントカード

일본의 수많은 브랜드를 비롯해 전문점에서는 모든 구매자에게 구매 가격의 5~10%를 포인트로 적립해주는 포인트카드를 발급한다. 발급 시 회원가입을 위한 일본 국내의 주소와 연락처가 필요할 수도 있으나 정보가 없어도 가입할 수 있다. 단, 포인트카드를 적립하면 면세 수속을 못 받는 경우도 있으니 이익을 따져보고 선택하도록 하자.

후쿠오카 쇼핑 필수 코스

슈퍼마켓과 편의점

길거리에서 흔히 볼 수 있는 편의점과 슈퍼마켓은 이제는 여행자 사이에서 필수 코스로 자리 잡았다. 24시간 운영한다는 것과 과자, 음료수, 빵, 도시락 등 야식과 간식에 딱 좋은 먹거리를 판매한다는 점에서 큰 인기를 끌고 있다. 편의점 프랜차이즈는 한국인에게도 친숙한 세븐일레븐7eleven과 패밀리 마트 FamilyMart를 비롯해 로손Lawson, 미니스톱MiniStop 등이 있으며, 웬만한 시내에서는 어렵지 않게 찾아볼 수 있다. 후쿠오카의 대표적인 슈퍼마켓 프랜차이즈로는 서니Sunny와 본 레파스Bon Repas가 있고 전국적으로 지점을 보유한 체인으로 이온Aeon, 맥스밸류Maxvalu 등을 꼽을 수 있다. 대형마트인 만큼 웬만한 상품은 모두 찾아볼 수 있으며 다양한 할인행사로 인해 생각지도 않은 득템을 할 수도 있다.

전자양판점

빅카메라ビッグカメラ, 베스트덴키BEST電機 등 다양한 전자 브랜드의 상품을 한데 모아 판매하는 가전제품 전문매장도 쇼핑 코스 중 하나. 일본 국내의 웬만한 전자 브랜드 상품들은 모두 만나볼 수 있다. 샘플 기계가 비치되어 있어 직접 만져보고 사용해 볼 수 있으며 전문 스태프들이 친절하게 상품을 설명해준다. 세금 제외 ¥5,000 이상(세금 포함 시 ¥5,400 이상) 구입 시에는 면세 수속도 가능해 잘하면 한국보다 저렴하게 구입할 수 있다.

드러그스토어

일본의 드러그스토어에는 우리나라에서는 만나볼 수 없는 독특한 아이템이 많다. 최근 일부 제품은 폭발적인 인기로 한국에서도 판매되고 있지만 현지에서 구입하는 것이 저렴하다는 점을 잊지 말자. 후쿠오카에 있는 프랜차이즈로는 드러그일레븐イレブンドラッグ, 드러그스토어모리ドラッグストアモリ, 다이코쿠드러그ダイコクドラッグ 등이 있다. 이들 점포는 대부분 세금을 제외한 ¥5,000 이상(세금 포함 시 ¥5,400 이상) 구입 시 면세 수속이 가능하며 늦은 시간대인 22:00 이후까지 영업하는 점이 특징이다.

전문점

일본에는 세련된 디자인에 기발하고 다양한 상품 구성, 합리적인 가격까지 더해진 각종 전문점이 많다. 현지인은 물론 관광객에게도 높은 인기를 누리고 있는 전문점을 소개한다.

돈키호테 ドン・キホーテ
없는 물건이 없을 정도로 방대한 상품 구성에 가격 또한 저렴해 손님몰이에 앞장서고 있는 대형 종합 할인매장.

핸즈 ハンズ
참신한 아이디어 생활용품이 돋보이는 잡화 전문. 아기자 기한 디자인 상품도 많아 구경 하는 재미가 쏠쏠하다.

프랑프랑 Francfranc
독자적인 오리지널 디자인의 아기자 기하고 깜찍한 상품을 내세워 여심을 자극하는 생활용품 전문점. 특히 주 방용품과 패션 잡화의 인기가 높다.

로프트 LoFt
토큐핸즈와 더불어 기발한 아 이디어 생활용품이 많다. 특히 문구용품, 미용용품 등 이 돋보인다.

Can★Do
DAISO ダイソー Seria
3COINS

저가형 잡화점
캔두 CanDo, 다이소 ダイソー, 스리코인즈 3COINS, 세리아 Seria가 있다. 실용적이고 쓰임새가 좋은 것은 물론 디자인까지 예쁜 상품이 모여 있다.

무인양품 無印良品
브랜드 로고가 없는 단순하지만 세련된 디 자인으로 인기를 끄는 브랜드. 저렴한 가격 에 비해 품질이 좋다. 깔끔하고 세련된 디자 인의 생활용품이 돋보 인다.

후쿠오카에 가면
꼭 사와야 하는 명물

명과

하카타토오리몬
博多通りもん

현지인 사이에서 후쿠오카 기념품 하면 단연 이것을 꼽는다. 달달한 흰 앙금이 인상적인 만주.

니와카센베
二〇加煎餅

후쿠오카 명과의 대표 격. 바삭바삭한 식감과 재미있는 눈가면 모양이 큰 특징.

치쿠시모찌
筑紫もち

미숫가루를 묻힌 작은 찹쌀떡에 검은 꿀을 뿌려 먹는 것. 아기자기한 포장이 시선을 끈다.

치도리만주
千鳥饅頭

밀가루, 달걀, 설탕, 조청, 꿀을 넣은 반죽에 팥앙금을 넣어 완성한 만주.

톳토오토 とっとーと

미야자키宮崎산 고구마와 큐슈九州산 마스카포네치즈를 혼합해 만든 부드러운 과자.

멘베
めんべい

멘타이코, 오징어, 문어를 적절히 섞어 넣은 매콤한 맛의 센베과자. 마요네즈, 양파, 파 등 다양한 맛을 선보인다.

히요코 ひよこ

병아리 모양의 귀여운 만주. 다수의 한국인 여행자들이 이 만주를 도쿄의 명물이라고 알고 있으나 사실은 후쿠오카의 명물이다.

츠루노코
鶴乃子

110년 이상의 전통을 자랑하는 화과자. 마시멜로 속에 노른자 앙금이 들어 있다.

하카타부라부라
博多ぶらぶら

지역 방송에서 자주 나오는 CF 덕분에 후쿠오카인이라면 모르는 이가 없는 팥떡.

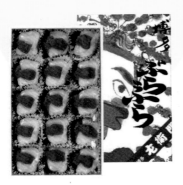

하카타노온나
博多の女

일본 3대 미인으로 꼽히는 후쿠오카 여성을 모티브로 한 과자. 양갱을 바움쿠헨으로 감쌌다.

조미료

멘타이코
明太子

부산에서 시모노세키下関로 건너간 우리의 명란젓이 일본에 정착한 이후 큐슈의 명물이자 일본 국내에서 한 해 소비량 1위를 기록할 정도로 즐겨 먹는 음식이 되었다. 튜브 형태로 만들어 편리성을 더했다. 멘타이코를 섞은 마요네즈도 인기.

카라시타카나
辛子高菜

큐슈 지역 한정 반찬인 매운 갓무침. 라멘이나 밥과 같이 먹으면 잘 어울린다.

유즈코쇼
柚子胡椒

유자와 고추를 갈아 넣은 후추로, 이것을 액상화시킨 유즈스코YUZUSCO가 전국적인 인기를 얻으면서 더욱 유명해졌다.

아마쿠치쇼유 甘口醬油

큐슈 지역에서 선호하는 일본식 간장. 설탕을 듬뿍 넣어 달달한 맛이난다.

후쿠오카에 가면 꼭 사와야 하는 명물

로컬
푸드

블랙몽블랑
ブラックモンブラン

바닐라 아이스에 바삭한 크런치를
감싼 아이스크림. 유명 라멘전문점
인 잇푸도 一風堂 후쿠오카 지점에서
도 판매 중이다.

우마캇짱
うまかっちゃん

돈코츠라멘의 인스턴트 버전. 카라
시타카나, 쿠루메돈코츠, 새우미소
된장돈코츠 등 다양한 맛이 있다.

맨하탄
マンハッタン

이국적인 이름에 걸맞게
패키지에 미국 국기와 높
은 빌딩이 등장한다. 무
려 40년 넘는 역사를 지
닌 초콜릿 묻힌 도넛.

보오라멘
棒ラーメン

논프라이, 노스팀 제법으로 뽑
은 직선면이 특징인 라멘. 소금을
20% 감량한 마루타이와 깨간장,
야타이돈코츠 등의 맛이 있다.

TRAVEL
TIP

기념품을 구입할 수 있는 장소

▸ JR 지하철 쿠코空港선 하카타博多역
  1층 마잉구 マイング
▸ 하카타한큐博多阪急 백화점 지하 1층 식품코너
▸ 이와타야岩田屋 백화점 지하 2층 식품코너
▸ 캐널시티 하카타キャナルシティ博多
  지하 1층 더 하카타 ザ・博多
▸ 후쿠오카공항 기념품 판매점

※단, 판매처에 따라 구비된 상품이 다를 수 있다.

로이히
동전파스
ロイヒ つぼ膏, 츠보코

어깨결림과 요통에 좋은 직경 2.8cm 동전 모양의 파스. 일반 사이즈, 큰 사이즈, 시원한 쿨타입 등 총 3종류가 있다.

히사미츠제약
사론파스Ae
久光製薬 サロンパスAe,
사론파스

혈액순환을 촉진하는 비타민E와 염증을 진정시키는 실리실산메틸 성분을 배합한 파스. 근육통, 타박상, 관절염 등에 효과가 있다.

시세이도 퍼펙트휩
資生堂 パーフェクトホイップ, 파펙토호이뿌

마치 휘핑크림처럼 탄력 있는 거품을 낼 수 있는 클렌징폼. 보습 성분이 배합된 상품으로 여성에게 인기가 높다.

유니참
코튼화장솜
unicharm シルコット,
시루콧토

토너를 다른 화장솜 제품보다 1/2만 적셨음에도 마치 듬뿍 사용한 것처럼 촉촉해지는 화장솜으로 큰 인기를 얻고 있다.

닥터숄 압박스타킹
Dr.Scholl メディキュット,
메디큐토

부종 완화에 미각효과까지 기대할 수 있는 압박스타킹. 근무 중이나 취침 중 언제든지 사용할 수 있도록 다양한 제품을 선보인다.

코바야시제약
가습마스크
小林製薬 のどぬ~るぬれマスク,
노도누~루누레마스크

마스크 속에 스팀 효과가 있는 필터를 장착해 약 10시간 동안 수분을 유지해준다.

시세이도제약 습진연고
資生堂製薬 IHADA, 이하다

스테로이드 성분이 미함유된 얼굴 전용 습진연고. 에센스와 크림 타입 두 종류로 구성되어 있다.

코바야시제약 아이봉
小林製薬 アイボン, 아이봉

가볍게 안구 세척을 할 수 있는 눈약. 눈병 예방, 미세먼지, 꽃가루, 황사 등 눈 건강에 탁월하다.

라이온 페어아크네크림
LION ペアアクネクリームW, 페아아크네

성인 여드름 전문크림. 염증을 가라앉히고 아크네균을 살균하여 집중적으로 치료한다.

코와
캬베진위장약
Kowa 캬베진코와,
캬베진고오와
속이 메스껍거나 거북할
때 먹는 위장약. 제산제가
빠르게 위산을 중화시켜
소화를 돕는다. 1회 2정,
1일 6정까지 복용.

오타이산 위장약
太田胃散,오오타이산
뛰어난 효능으로 입소문이
자자한 위장약. 1일 3회 식
간 또는 식후 한 스푼 복용.

라이온 지사제
LION ストッパ,스톱파
갑작스러운 설사를 멈추
게 하는 지사제. 물 없이
사탕 먹듯 1정을 먹으면
된다. 1일 3회 4시간 간격
으로 복용.

코바야시제약
편도선염약
小林製薬 ハレナース,
하레나이스
편도선이 부었을 때 병
원 방문 전 임시방편
으로 복용하면 좋은
약. 1일 3회 복용.

시세이도제약
꽃가루방지스프레이
イハダ アレルスクリーン,알레르스크린
꽃가루를 방지해주는 스프레이. 얼굴 전
체를 도포하는 스프레이 타입과 입과 코
주변을 도포하는 젤 타입 두 가지가 있다.

코바야시제약 액체 반창고
小林製薬 サカムケア,사카무케아
다친 부위에 발라주면 굳어져 투명
밴드 역할을 하는 액체 반창고.

코바야시제약
겨드랑이땀패드
小林製薬 Riff あせワキパット,
리이프와카아세파도
겨드랑이 땀을 흡수하여 얼룩을
방지해주는 패드. 옷에 부착하면
보송보송함을 유지시켜준다.

코바야시제약
해열시트
小林製薬 熱さまシート,
네츠사마시토
열이 날 때 이마에 붙이
는 해열시트. 볼과 목에
도 부착할 수 있는 제품
과 성인, 여성, 어린이, 아
기용 등 다양한 종류로
구성되어 있다.

타이쇼제약 구내염패치
大正製薬 口内炎パッチ大正A,
코오나이엔팟치
구내염과 설염 전문 치료패치.
염증 부위에 직접 붙여서 사용
한다. 1일 1~4회 부착 가능.

아이디어 상품

각종 전문점에서 발견한 기발하고
재미있는 아이디어 상품!
선물로도 제격이다.

세워서
보관할 수 있는
가위

페트병과 봉투 전용
캡

깜찍한 모양의
캐릭터 주걱

개봉한 우유갑을
고정시키는
클립

설거지용 수세미
보관고리
캐치 후크

계란 삶는 시간을
측정할 수 있는
에그타이머

달걀간장밥 전용소스
달걀간장

간장을 소량으로
사용하고 싶다면
간장스프레이

냉장고 여닫이를
간단하게
고정할 수 있는
장치

이것만 있으면
핫도그도 뚝딱!
핫도그 틀

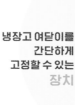

머리를 빨리
말릴 수 있게 도와주는
헤어 드라이 장갑

화장 수정 시
편리한
수분 면봉

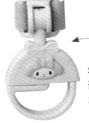

유모차에 가방을
걸어놓을 수 있는
유모차 걸이

동그란 팬케이크를 간단하게!
실리콘 팬케이크 틀

PICK UP

한국인이 선택한
베스트 쇼핑 아이템

매년 한국인 관광객들의 선택을 받은 수많은 쇼핑 아이템 가운데서
꾸준히 인기 상승 중인 베스트 쇼핑 아이템을 소개한다.

귀여운 하트 모양의
로고가 특징인
꼼데가르송
COMME des GARCONS

잇세이 미야케 ISSEY MIYAKE의
히트상품
바오바오
BAO BAO

한국인에게도 인지도가
높은 생활용품
프랑프랑 Francfranc

유명 브랜드의 손수건을
¥500~2,000 가격에~
백화점 손수건

오직 일본에서만 살 수 있는
한정상품이 가득!
스타벅스 Starbucks

양질의 원두로 만든
드립커피를 간편하게 즐겨보자
포션커피 포션코-히와
드립백커피 드립백커피

디자인과 실용성으로
무장한 별책부록을 득템할 수 있는
잡지와 무크지

우에시마커피점의
간판 메뉴인
흑당커피를 집에서 즐긴다
UCC흑당시럽 黒糖シロップ

밥에 뿌려먹는 고추냉이
와사비후리카케
わさびふりかけ

한 스푼만 넣어도
찻집에서 즐기는 기분을
만끽해보자
가루녹차 お~いお茶

세탁기 속에 하나만 넣으면
세탁이 뚝딱!
캡슐세제 ジェルボール

반신욕으로 힐링을!
입욕제 入浴剤

하카타라멘의 대표 격을
집에서도 먹을 수 있다
이치란一蘭
인스턴트라멘

맛도 좋고 간편한
레트로트 식품&간식
무인양품 無印良品 **식품**

안방에서 즐기는
모츠나베
오오야마 おおやま

맛있는 마카롱은 물론
귀여운 액세서리도 판매하는
라뒤레 Laduree

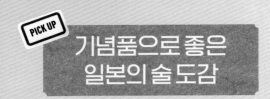

PICK UP

기념품으로 좋은
일본의 술 도감

맥주 ビール

일본인이 가장 사랑하는 주류 1위에 빛나는 음료. 일본의 대표적인 맥주 회사로는
기린 KIRIN, 아사히 Asahi, 삿포로 SAPPORO, 산토리 SUNTORY, 오리온 ORION 등이 있다.

슈퍼드라이
スーパードライ

제조사 아사히
알코올 도수 5%
맛 약간 쓴맛

이찌방시보리
一番搾り

제조사 키린
알코올 도수 5%
맛 단맛

더 프리미엄 몰츠
ザ・プレミアム・モルツ

제조사 산토리
알코올 도수 5.5%
맛 단맛

쿠로라벨
黒ラベル

제조사 삿포로
알코올 도수 5%
맛 단맛

에비스 맥주
ヱビスビール

제조사 삿포로
알코올 도수 5%
맛 쓴맛

오리온 더 드래프트
オリオンザ・ドラフト

제조사 오리온
알코올 도수 5%
맛 단맛

 중요! ## 한국 입국 시 주류 면세 범위

2병까지 면세 가능. 단, 전체 용량이 2L 이하이며, 가격은 400달러 이하여야 한다. 주류는 별도면세범위로,
800달러 면세 한도에는 포함되지 않는다. 이를 초과 시 자진신고서를 작성할 것. 관세의 30%를 감면 혜택을
받을 수 있다. 이를 어길 시 40%의 가산세가 부과되므로 주의해야 한다.

발포주 発泡酒 / 신장르 新ジャンル / 무당 無糖

아사히 더 리치

アサヒ ザ・リッチ

제조사 아사히
종류 신장르
알코올 도수 6%

클리어 아사히

クリアアサヒ

제조사 아사히
종류 신장르
알코올 도수 6%

탄레이

淡麗

제조사 키린
종류 발포주
알코올 도수5.5%

킨무기

金麦

제조사 산토리
종류 발포주
알코올 도수 5%

올 프리

オールフリー

제조사 산토리
종류 논알코올
알코올 도수 0%

고쿠제로

極ZERO

제조사 삿포로
종류 무당
알코올 도수 5%

TRAVEL TIP

맥주, 발포주, 신장르, 무당의 차이
▶ 맥주 : 맥아 비율이 50% 이상이면서 알코올 도수 20% 미만인 것
▶ 발포주 : 맥아 비율이 50% 미만이면서 알코올 도수 20% 미만인 것
▶ 신장르 : 맥아가 아닌 발포성 곡물을 원료로 하며 알코올 도수 11% 미만인 것
▶ 무당 : 일반 맥주의 당질이 3.1g인데 반해 당질이 0.5g 미만인 것. 당질제로(糖質ゼロ)로도 불린다. 참고로 당질오프(糖質オフ)는 2.5g 미만을 뜻한다.

추하이 チューハイ

소주를 뜻하는 쇼추 焼酎의 '추'와 하이볼 ハイボール의 '하이'를 합친 단어로
증류주를 베이스로 하여 과즙과 탄산을 섞은 술이다.

슬랏

Slat

제조사 아사히
베이스 스피리츠
알코올 도수 3%

-196도

-196℃

제조사 산토리
베이스 보드카
알코올 도수 6%

레몬도

檸檬堂

제조사 코카콜라
베이스 스피리츠
알코올 도수 5%

효케츠

氷結

제조사 키린
베이스 보드카
알코올 도수 5%

니혼슈 日本酒

쌀을 원료로 한 양조주로 '세이슈 清酒'라고도 불린다.
일본법상 알코올 도수를 22도 미만으로 규정하고 있으며 대부분 15~16도다.

닷사이
獺祭

제조사
아사히슈조(旭酒造)
원산지 야마구치
알코올 도수 16%

주욘다이
十四代

제조사
타카키슈조(高木酒造)
원산지 야마가타
알코올 도수 16%

지콘
而今

제조사
키야쇼슈조(木屋正酒造)
원산지 미에
알코올 도수 16%

쿠보다 만주
久保田 萬寿

제조사
아사히슈조(朝日酒造)
원산지 니이가타
알코올 도수 15%

쇼추 焼酎

다양한 원료를 발효시켜 만든 증류주로 알코올 도수는 니혼슈보다 높은 25도 정도다.
고구마, 보리, 쌀 등 다양한 재료를 주원료로 한다.

쿠로키리시마
黒霧島

제조사
키리시마슈조(霧島酒造)
원료 고구마
원산지 미야자키
알코올 도수 25%

이이치코
いいちこ

제조사
산와슈루이(三和酒類)
원료 보리
원산지 오이타
알코올 도수 25%

긴카토리카이
吟香鳥飼

제조사
토리카이슈조(鳥飼酒造)
원료 쌀
원산지 쿠마모토
알코올 도수 25%

백년의 고독
百年の孤独

제조사
쿠로키혼텐(黒木本店)
원료 고구마
원산지 미야자키
알코올 도수 40%

위스키 ウイスキー

곡물을 원료로 하여 나무통에 숙성시킨 증류주. 일본에서 생산된 재패니즈 위스키는
스코틀랜드, 아일랜드, 캐나다, 미국과 함께 5대 위스키로 불린다.

치타

知多

제조사 산토리
제조법 그레인 위스키
알코올 도수 43%

히비키

響

제조사 산토리
제조법 블렌디드 위스키
알코올 도수 43%

요이치

余市

제조사 닛카
제조법 몰트 위스키
알코올 도수 45%

후지

富士

제조사 키린
제조법 블렌디드 위스키
알코올 도수 43%

한국인 픽

여행 막바지 면세 쇼핑에서 빠지지 않는 주류 가운데 한국인 관광객의 선택을 받은 상품.
돈키호테, 편의점, 슈퍼마켓에서 찾아볼 수 있다.

카쿠빈

角瓶

제조사 산토리
종류 위스키
알코올 도수 40%

야마자키

山崎

제조사 산토리
종류 위스키
알코올 도수 43%

호로요이

ほろよい

제조사 산토리
종류 추하이
알코올 도수 3%

신루추

杏露酒

제조사 키린
종류 리큐어
알코올 도수 14%

후쿠오카 한 걸음 더
Deep Fukuoka

포토제닉 후쿠오카
딜리셔스 후쿠오카
스타일리시 후쿠오카

난조인 P.76

#난조인 #세계에서 제일 큰 청동불상

뇨이린지 P.79

#뇨이린지 #살면서 이렇게 많은 개구리는 처음

C H A P T E R

1

PHOTOGENIC FUKUOKA

**포토제닉
후쿠오카**

사진으로 담고
싶은 후쿠오카의
아름다운 명소를
탐방해보자.

니시공원 P.82

#니시공원 #후쿠오카의 숨은 벚꽃 명소

노코노시마 P.80

#노코노시마 #유유자적 즐기는 섬 여행

코이노키신사 P.86
#코이노키신사 #사랑이 이루어지는 신사

카마도신사 P.84
#카마도신사 #여기가 신사라고?

아타고신사 P.90
#아타고신사 #후쿠오카 야경 명소

마야지다케신사 P.89
#마야지다케신사 #황홀한 석양을 보고싶다면

난조인
南蔵院

길이 41m, 높이 11m, 무게 300t에 달하는 세계 최대 규모의 청동불상이 자리한 사찰. 산을 등지고 평온한 표정을 지으며 옆으로 길게 누운 형태의 석가열반상을 만나기까지 굽이굽이 산길을 따라 완만한 경사길을 올라야 하지만 묵직한 존재감을 마주한 순간 힘든 것도 잊은 채 불상만 바라보는 자신을 발견할 것이다. 미얀마가 보낸 석가, 아난, 목련의 유골과 사리를 모시고자 세워진 것으로 관람을 위해 매년 100만 명 이상이 이곳을 찾는다. 불상이 세워진 터에 다다르기까지 중간중간에 귀여운 불상들이 세워져 있어 걷는 길이 지루하지는 않다.

맵북 P.2-B2
- 난조오인
- 糟屋郡篠栗町大字篠栗 1035
- 092-947-7195
- nanzoin.net
- 09:00~16:30
- 휴무 연중무휴
- 무료
- JR 사사구리 篠栗線 키도난조인마에 城戸南蔵院 前역에서 도보 3분.
- 난조인

불사리가 모셔진 체내에 입장해 직접 참배도 가능하다 (입장료 ¥500, 시간 09:30~16:00).

불상의 발바닥을
만지면 금전운이
오른다고 하니
잊지 말고 만져보자.

뇨이린지
如意輪寺

개구리절 かえる寺이라는 별칭으로도 불리는 독특한 콘셉트의 사찰. 절 구석구석은 그야말로 개구리 천지다. 이 절의 주지스님이 중국여행 기념품으로 사온 것을 시작으로 개구리 모양의 기념품을 하나씩 모아 장식을 하면서 지금의 분위기가 되었다고 한다. 덕분에 곳곳에 배치된 귀여운 개구리 모양의 석상과 장식품을 하나하나 둘러보는 재미가 있다. 매년 7~9월 풍경축제를 개최하며, 경내는 개구리와 풍경으로 둘러싸인다.

🔖 맵북 P.2-B2
▶ 뇨이린지
🏠 小郡市横隈1728
☎ 0942-75-5294
🌐 www.kyushyu24.com
🕐 08:00~17:00
　휴무 연중무휴
💰 무료
✖ 니시테츠 西鉄 전철
　텐진오무타선 天神大牟田線
　미사와 三沢역에서 도보 10분.
#️⃣ 뇨이린지

개구리의 일본어는 '카에루 かえる'.
동음이의어인 '카에루 変える'는
바꾸다라는 의미를 지니고 있는데,
절 한편에 있는 황금 개구리 입속을
통과하면 나쁜 일이 좋은 일로
바뀐다고 한다.

TRAVEL TIP

'카에루'는 개구리와 바꾼다 외에도 '돌아오다'의 의미도 가지고 있다. 여행이나 출장에서 무사히 돌아올 수 있도록 무사 기원을 바라거나 좋은 기운과 돈이 돌아오길 바라는 이들이 많이 방문한다. 개구리가 그려진 그림 현판 '에마(絵馬)'에 이러한 소원을 적어 사원에 걸어두기도 한다.

노코노시마
能古島

후쿠오카 시내를 벗어나 배를 타고 떠나는 섬 여행! 앞바다 하카타만博多湾에 둥 떠 있는 둘레 12km의 작은 섬 노코노시마는 페리로 10분이면 도착한다. 사시사철 형형색색의 꽃이 만발하여 장관을 이루는 풍경이 기가 막히게 아름다워 유명해졌다. 봄이 되면 노란 유채꽃과 연분홍 벚꽃을 시작으로 데이지, 양귀비, 철쭉, 금잔화까지 섬을 물들고 여름에는 수국, 맨드라미, 달리아, 해바라기, 사루비아가 강렬한 햇빛 아래 선명한 색을 드러낸다. 가을이 되면 코스모스가 산들바람에 물결치듯 살랑살랑 흔들리는 모습이 그림같이 펼쳐지고 겨울에도 수선화, 동백, 매화가 방문객을 맞이한다. 자세한 사항은 P.220를 참고한다.

맵북 P.16-A2·A3
- ▶ 노코노시마
- ⌂ 福岡市西区能古島
- ☎ 092-881-2494
- ✎ nokonoshima.com
- ⊙ 월~토요일 09:00~17:30,
  일요일·공휴일 09:00~18:30
  (겨울철 09:00~17:30)
  휴무 연중무휴
- ⚿ [노코노시마 아일랜드 파크]
  일반 ¥1,500, 초·중학생
  ¥800, 미취학 아동 ¥500,
  2세 이하 무료
- ◎ 메이노하마姪浜 도선장에서
  노코能古 도선장까지 페리로
  10분.
- ⊕ 노코노시마

월별 개화 정보

1월	옥살리스, 산다화, 일본 수선화, 동백나무
2월	옥살리스, 동백나무, 매화
3월	유채꽃, 벚꽃, 양귀비
4월	진달래, 메리골드, 양귀비, 리빙스턴데이지
5월	양귀비, 리빙스턴데이지
6월	수국, 개맨드라미, 달리아, 해홍두
7월	해바라기, 개맨드라미, 부겐빌리아
8월	해바라기, 사루비아, 개맨드라미, 부겐빌리아
9월	달리아, 사루비아, 부겐빌리아, 해홍두
10월	코스모스, 달리아,
11월	단풍, 사루비아
12월	사루비아, 옥살리스, 산다화

니시공원
西公園

3~4월 숨은 벚꽃 명소로 후쿠오 카 시민의 사랑을 받고 있는 곳으 로 오호리大濠 공원에서 북쪽으로 언덕길을 따라 올라가면 자연림 에 둘러싸인 공원이 나타난다. 약 1,300그루의 벚꽃나무가 활짝 피 어나 전체를 가득 메우는데, 저녁 에는 라이트업 행사도 진행한다.

맵북 P.17-C4
▶ 니시코오엔
🏠 福岡市中央区西公園
☎ 092-741-2004
🌐 www.nishikouen.jp
🕐 24시간 휴무 연중무휴
💴 무료
🚌 니시테츠西鉄 버스 오호리코엔 大濠公園 정류장에서 도보 10분.
#️⃣ 니시공원

니시공원의 명물, 이마야의 햄버거 今屋のハンバーガー

🌐 imayahamburger.com
🕙 시간 10:00~해 질 녘
　　휴무 우천 시
📍 Imaya Hamburger Nishi Park

공원 동쪽 주차장에 도착하면 '이마야의 햄버거今屋のハンバーガー'라고 적힌 곳으로 가 반드시 줄을 서서 먹도록 하자. 40년간 변함없는 맛으로 공원을 지켜온 명물 햄버거는 고희를 넘긴 주인장이 손수 정성스레 만든다. 패티와 소시지를 빵에 끼우고 오븐에 구운 다음 수제 케첩을 뿌려 완성하는데, 맛있는 햄버거를 먹으며 후쿠오카의 전경을 바라보는 즐거움이 이루 말할 수 없다.

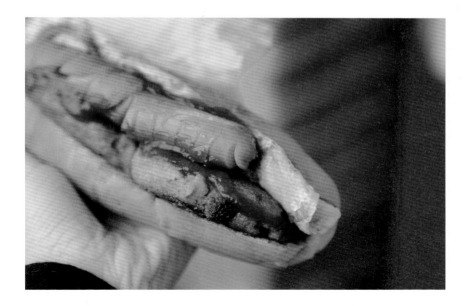

카마도신사
竈門神社

맵북 P.2-B2
카마도진자
太宰府市内山883
092-922-4106
kamadojinja.or.jp
09:00~18:00
휴무 연중무휴
무료
니시테츠西鉄 전철 다자이후선
太宰府線 다자이후 大宰府역
앞에서 커뮤니티버스
마호로바호 まほろば号 승차,
우치야마 内山 정류장에서 하차.
카마도신사

후쿠오카 여행자라면 반드시 방문한다는 근교 다자이후 太宰府에서 다자이후텐만구 太宰府天満宮 못지않은 숨은 명소가 있다는 사실! 신사라고는 도무지 믿어지지 않는 세련된 외관으로 방문객을 순식간에 사로잡아버린 이 신사는 입소문을 통해 알려진 후 현지인이라면 빼놓지 않는 필수 코스가 되었다. 정갈하게 정돈된 경내를 찬찬히 산책하면서 반드시 들러야 할 곳은 일본식 부적인 오마모리 お守り를 판매하는 수여소다. 모던한 인테리어로 첫 번째 심쿵! 수여소 내에 진열된 수많은 오마모리를 보다 보면 전부 다 가지고 싶어질 만큼 아기자기하고 예쁘게 디자인되어 두 번째 심쿵이 찾아온다. 연애 성취로 유명한 곳이니 사랑 관련 부적을 구입해도 좋을 듯.

TRAVEL TIP

예쁜 부적 간직하기

오마모리(お守り)는 행운을 빌거나 액운을 퇴치하는 일종의 부적이다. 신의 힘이 깃든 부적을 일상에 늘 소지함으로써 악령이나 귀신에게서 신의 보호를 받을 수 있다고 믿는다.

· 각 사찰마다 소원과 목적의 종류가 다르다.
· 오마모리는 항상 소지하는 것이 가장 좋다.
· 여러 개 부적을 소지해도 이익은 줄지 않는다.
· 소원이 이루어지면 사원에 대한 답례 인사를 잊지 않고 방문할 것.
· 구입 후 1년이 지나면 효력이 떨어지므로 다시 사원에 반납하면 된다.

코이노키신사
恋木神社

후쿠오카의 신사는 으뜸으로 꼽기가 어려울 정도로 개성이 강한 곳들로 가득하다. 코이노키 신사 또한 다른 곳 못지않게 특색이 강한 곳이다. 비록 시내에서 조금 떨어져 있지만 깜찍하고 귀여움을 좋아하는 이라면 분명 만족할 것. 경내를 온통 하트 모양으로 꾸미면서까지 이들이 성취하고자 하는 것은 역시 사랑. 될 수 있는 한 최대한으로 꾸며 사랑의 기운이 충만하게끔 만든 경내는 참 사랑스럽다. 연애가 하고 싶다거나 짝사랑이 이루어지길 소망하는 젊은 여성들이 먼 길을 차치하고 찾아오는 이유는 비단 소원 때문만은 아니리라. 2월 밸런타인데이와 7월 칠석에 맞춰 이벤트도 개최하니 연애 성취에 관심 있다면 참여해보자.

신사의 명물인
하트 모양의 모나카

맵북 P.2-B3
- 코이노키진자
- 筑後市水田62-1
- 0942-53-8625
- www.mizuta-koinoki.jp/koinoki
- 08:30~17:00
  휴무 연중무휴
- 무료
- JR 카고시마鹿児島本本선 하이누즈카羽犬塚역에서 도보 20분.
- 코이노키신사

제비뽑기로 사랑을 점쳐보기

사찰에서 오미쿠지(おみくじ)라는 작은 제비뽑기로 한 해 연애 성취를 점쳐볼 수 있다. 예로부터 신성한 복권의 결과에는 신불의 의사가 개입한다고 여겨져 왔다. 즉 신사나 절에서 뽑은 점괘는 '신불의 뜻을 알 수 있는 복권'이다.

오미쿠지 운세가 좋은 순서

운세 순서는 크게 정해진 순서는 없으나 주로 두 종류로 나뉜다. 가장 좋은 운세는 대길(大吉), 가장 나쁜 운세는 대흉(大凶)이다. 흉은 스스로 극복하며 성장한다고 얼마든지 만회할 수 있다고 하니 너무 나쁘게 생각하지 않아도 된다. 운세 결과 바로 밑에는 소망, 연애, 혼담, 사업, 주거, 여행, 건강, 학문 등 각 주제에 관한 메시지가 적혀 있다. 구글 번역기나 파파고 등 번역 애플리케이션의 이미지 번역 기능을 이용하면 어렵지 않게 내용을 확인할 수 있다.

신사마다 운세 순서가 약간씩 다른데, 대표적인 2가지를 소개한다.

	吉						凶	
좋은 운세	대길 (大吉)	길 (吉)	중길 (中吉)	소길 (小吉)	말길 (末吉)	흉 (凶)	대흉 (大凶)	나쁜 운세
좋은 운세	대길 (大吉)	중길 (中吉)	소길 (小吉)	길 (吉)	말길 (末吉)	흉 (凶)	대흉 (大凶)	나쁜 운세

오미쿠지 뽑을 때 주의사항

· 신께 무엇을 묻고 싶은지 구체적으로 상상하며 뽑는다.
· 길흉 결과보다는 각 주제에 관한 메시지가 중요하니 꼭 확인해볼 것.
· 오미쿠지는 사찰 경내에서 묶어 매달아도 되고 집으로 가지고 돌아가도 좋다.
· 정해진 유효기간은 없으나 올해 운세를 알아볼 목적이라면 1년 정도로 보면 된다.

지역 명물 떡,
마츠가에모찌

TRAVEL
TIP

신사 주변 즐기기

수고스럽게 찾아온 만큼 주변도 둘러볼 것. 참도에서 신사로 가는 반대 방향에 위치한 미야지하마 宮地浜 해수욕장에서 시원한 바다 산책을 즐기고 참도 매점에서 파는 이 지역 명물 떡 '마츠가에모찌 松ヶ枝餅'도 먹어보자.

석양축제 夕日の祭り

▸ 개최시기: 매년 2월 중순과 10월 중순

▸ 티켓 종류: 무료 일반석(당일 14시 선착순 정리권 300석 배부), 유료 특별석(사전 전화 예약 필수, 100석 한정)

미야지다케신사
宮地嶽神社

인기 연예인이 출연한 일본의 한 TV 광고에 배경으로 등장해 많은 화제를 낳았던 곳으로 참도 시작점에서 신사 입구에 다다르기까지 쭉 이어지는 직선 길이 노을에 비칠 때 숨막히는 풍광을 자아내어 '빛의 길'이라고도 불린다. 해가 길 정중앙을 비추며 황홀한 석양 풍경을 만들어내는 시기는 2월 중순과 10월 중순. 노을이 지는 시간대가 되면 발 디딜 틈 없이 많은 인파가 이 모습을 지켜보기 위해 모여든다. 이 시기에 신사 입구 계단에서 석양을 바라보는 석양축제 夕日の祭り를 개최하며, 홈페이지에서 시기와 정보를 확인할 수 있다.

맵북 P.2-B1

▶ 미야지다케진자
🏠 福津市宮司元町7-1
☎ 0940-52-0016
🌐 www.miyajidake.or.jp
🕐 24시간 휴무 연중무휴
💰 무료
🚌 JR 후쿠마 福間역 서쪽 출구 앞에서 니시테츠 西鉄 버스 승차, 미야지다케진자마에 宮地嶽神社에서 하차.

🔗 미야지다케 신사

아타고신사

愛宕神社

후쿠오카의 야경 하면 떠오르는 곳은 후쿠오카 타워지만 정작 후쿠오카 타워의 모습은 내려다볼 수 없다는 점이 참으로 슬프다. 하지만 후쿠오카 타워를 조망할 수 있는 방법이 있다. 계단을 타고 한참 올라가면 나오는 아타고신사는 금주, 금연 등 금단의 신을 모시는 곳으로 지역 주민이 참배하는 장소로 자주 이용되고 있다. 경내에는 높은 위치를 활용하여 작은 전망대를 마련해놓았는데 이곳에서 시내 속에 우뚝 선 후쿠오카 타워가 생생하게 보인다. 타워가 일루미네이션을 실시하는 밤이 되면 한적한 곳으로 탈바꿈하는 다른 신사와 달리 많은 사람들로 북적거린다. 반짝이는 타워를 보며 하루를 마무리해도 좋을 것 같다.

맵북 P.16-B4
- 아타고진자
- 福岡市西区愛宕2-7-1
- 092-881-0103
- atagojinja.com
- 24시간
  휴무 연중무휴
- 무료
- 지하철 쿠코후港선 무로미室見역 1번 출구에서 도보 20분.
- 아타고신사

매직아워에 맞춰 방문하기
트와일라이트 타임으로도 불리는 매직아워는 일몰 후 15분 후부터 약 20분간의 황혼 시간대를 일컫는다. 하늘이 로열 블루로 물들면서 후쿠오카 타워가 더욱 선명한 빛을 발하는 시간이므로 가장 아름다운 야경을 눈에 담고 싶거나 사진으로 남기고 싶다면 매직아워에 맞춰 방문하는 것을 권한다. 일몰 시간대를 알고 싶다면 구글 검색창에 'fukuoka sunset'이라고 입력하면 된다. 검색 결과에 나타나는 시간 전후 30분이 바로 매직아워라 할 수 있다.

CHAPTER
2
DELICIOUS FUKUOKA
**딜리셔스
후쿠오카**

현지인이 인정한 먹킷리스트

하카탓코 博多っ子 (후쿠오카 출신 현지인을 일컫는 말)가
강력 추천하는 맛집 중의 맛집만을 선별하여 소개한다.
여행이 아닌 일상의 기분을 느끼고 싶을 때 방문해보자.

바조소
馬上荘

한입 교자

'히토쿠치교자一口餃子'(10개 ¥580)가 간판 메뉴인 노
포. 1957년 문을 연 이래 니시진 주민들의 사랑방 역할
을 해오면서 입소문을 듣고 찾아온 현지인의 발길 또한
끊이질 않는다. 만두의 핵심인 부추를 주재료로 한 각종
메뉴가 인기를 끌고 있는데, 돼지고기를 함께 볶은 부추
돼지にら豚(¥530), 돼지간과 부추를 계란에 부쳐낸 돼
지간부추부침にらレバー(¥530)이 유명하다. 만두 양이
조금 적은 편이니, 한 번에 많이 시키는 것을 추천한다.

🗺 맵북 P.19-하단
▶ 바조오소오
🏠 福岡市早良区西新1-7-6
☎ 092-831-6152
🕐 월~토요일 17:30~21:30
　 일요일·공휴일 17:30~21:00 휴무 월요일
🚇 지하철 쿠코호港선 니시진西新역 4번 출구에서
　 도보 5분
🌐 nishijin orange(인근에 위치)

라루키
らるきい

후쿠오카를 대표하는 파스타를 꼽으라 하면 주저 없이
언급되는 곳. 현지인은 물론이고 운동선수, 연예인의
단골가게로도 유명하다. 일본 프로야구의 전설로 불리
는 '오 사다하루王貞治'가 투병 중 병상에서 지금 가장
먹고 싶은 음식으로 이 집의 파스타를 꼽을 정도. 마늘
과 매운 고추, 계란을 베이스로 한 파스타 페페타마ぺ
ぺたま가 부동의 인기 메뉴다. 점심시간에는 ¥216을 추
가하면 빵, 샐러드, 수프가 함께 나온다.

🗺 맵북 P.20
▶ 라루키이
🏠 福岡市中央区荒戸3-1-1
☎ 092-724-8185
🕐 월~토요일 11:00~14:30, 18:00~21:00,
　 일요일·공휴일 11:00~14:30, 18:00~20:30
　 휴무 수요일
🚇 지하철 쿠코호港선 오호리코엔大濠公園역 1번
　 출구에서 도보 4분.
🌐 라루키이

온나토미소시루
女とみそ汁

'여자와 미소된장국'이라는 독특한 이름을 지닌 미소된장국 전문점. 1960년대 인기 드라마 시리즈의 제목에서 따온 것으로 추측된다. 미슐랭가이드 후쿠오카 특별판에 소개될 만큼 맛을 인정받기도 했다. 10여 종류의 된장국을 중심으로 곁들여 먹을 수 있는 소갈비 감자조림, 생선구이, 일본식 튀김 텐뿌라 등의 다채로운 반찬도 준비되어 있다. 반찬 메뉴는 매일 조금씩 달라지며 흰 밥 또는 삼각김밥을 주문하면 한상차림이 완성된다.

📍 맵북 P.8-A4
- ▶ 온나토미소시루
- 🏠 福岡市中央区春吉3-25-10
- ☎ 092-713-6056
- 🌐 www.onnatomisoshiru.com
- 🕐 화~토요일 17:00~24:00(마지막 주문 23:00), 일요일 16:00~22:00(마지막 주문 21:00) 휴무 월요일
- 🚇 지하철 나나쿠마 七隈선 텐진미나미 天神南역 6번 출구에서 도보 5분.
- ＃ onnatomisosiru

라멘 우나리
ラーメン海鳴

후쿠오카에서 해산물 베이스 톤코츠라멘을 유행시킨 주인공. 일본 라멘 전문지에서 3년 연속 1위를 차지하기도 했다. 간판 메뉴인 해산물 톤코츠라멘 魚介とんこつラーメン은 부드러운 육수에 가느다란 면과 실파가 절묘하게 어우러져 식욕을 돋운다. 성인 남성 기준량이 부족하다 느낄 수 있으므로 면을 추가하면 좋다(면 추가 替え玉 150엔). 야쿠인 薬院 부근 키요카와 清川 본점을 비롯해 나카스, 후쿠오카공항, 페이페이돔 등 여러 곳에 지점이 있다.

📍 맵북 P.18-B1
- ▶ 라아멘 우나리
- 🏠 福岡市中央区清川1-2-8-1F
- ☎ 092-524-0744
- 🌐 ramen-unari.com
- 🕐 18:00~03:00 휴무 수요일
- 🚇 지하철 나나쿠마 七隈선 와타나베도오리 渡辺通 역 2번 출구에서 도보 8분.
- ＃ 라멘 우나리

캇포 요시다
割烹よし田

주방장이 직접 눈앞에서 요리하여 음식을 제공하는 형태의 음식점을 캇포割烹라고 한다. 이곳은 개업 60주년을 맞이한 캇포요리 전문점으로 명물인 도미를 얹은 밥에 녹차를 말아 먹는 타이차즈케鯛茶漬(¥1,650)의 명성이 자자하다. 오픈 전 인근에서 근무하는 직장인들이 점심을 먹기 위해 미리 나와 줄을 서 있으므로 대기는 어느 정도 각오해야 한다. 작은 솥에서 밥을 푼 다음 따로 제공된 도미를 얹어 녹차를 부어먹으면 된다.

맵북 P.8-B1
- 캇포오요시다
- 福岡市博多区店屋町1-16
- 092-721-0171
- www.kappo-yoshida.jp
- 월~금요일 11:30~14:30/17:00~21:30, 토·일요일 11:30~14:30/17:00~21:00 휴무 매월 첫째·넷째 주 일요일, 1월 1일
- 지하철 하코자키 箱崎선 고후쿠초 呉服町역 1번 출구에서 도보 3분.
- kappo yoshida

신텐초구락부
新天町倶楽部

신텐초新天町 상점가에서 근무하는 직원들을 위한 사원식당이지만 일반인도 이용 가능하다. 오므라이스, 돈가스, 정식 등 한 끼 근사하게 배불리 먹을 수 있도록 푸짐한 양이 제공되며 가격도 ¥400~650으로 저렴하다. 가게에 들어서면 쟁반을 들고 줄을 선 다음 자기 차례가 되면 메뉴 명을 말하고 계산한 후 자리에 착석하면 된다. 입구 오른편은 직원용 테이블이므로 왼편에 앉도록 한다. 현대미술의 거장 '오카모토 타로岡本太郎'가 상점가의 35주년을 기념해 그린 그림이 벽에 걸려 있으니 놓치지 말고 확인해보자.

맵북 P.12-B2
- 신텐쵸쿠라부
- 福岡市中央区天神2-7-1 新天町クラブ3F
- 092-731-4102
- 11:00~16:00(마지막 주문 15:30) 휴무 첫째·셋째 주 일요일, 1월 1일
- 지하철 쿠코 空港선 텐진 天神역 2번 출구에서 도보 1분.
- shintencho club

짱뚱어 모양의
붕어빵

무짱만주
むっちゃん万十

붕어빵의 짱뚱어 버전으로 30년 넘는 세월 동안 후쿠오카 사람들의 소울푸드로 사랑 받고 있다. 속은 커스터드크림, 단팥, 앙금 등 붕어빵과 동일한 재료가 들어가거나 햄에그, 소시지, 돼지조림, 참치샐러드 등 가벼운 한끼로도 대체할 수 있는 재료들도 준비되어 있다. 후쿠오카 시내에만 10개 지점을 운영 중이며, 하카타 버스터미널 지점(1층)이 여행자가 쉽게 방문할 수 있는 곳이다.

맵북 P.9-D2
- ▶ 무짱만쥬
- ⌂ 福岡市博多区博多駅中央街2-1
- ☎ 092-483-8780
- ⌨ www.mucchanmanjyuu.com
- ⊙ 10:00~20:00
- ⏃ 지하철 쿠코空港선·JR 하카타博多역 하카타구치博多口 출구에서 도보 1분.
- ⌗ hakata bus

아마오우로 만든
다양한 디저트들

아마오우
あまおう

후쿠오카에서만 생산되는 딸기로, 무려 5년이라는 긴 시간 동안 연구개발을 거쳐 만든 고품질 품종이다. 크기가 크고 달달한 맛이 강한 것이 특징. 일반 딸기와 비교해 약 1.2배 무겁고 먹음직스러운 동그란 모양도 장점으로 꼽힌다. 12월부터 5월까지 시중에 판매되며 특히 3~4월에 많은 양이 쏟아져 나온다. 후쿠오카에서는 아마오우를 사용한 쿠키, 화과자, 빵 등을 만나볼 수 있으며 판매량도 상위권을 기록할 만큼 인기도 높다.

후쿠오카 카레로드

후쿠오카는 오직 카레 하나로 승부해 맛집 대열에 들어선 음식점이 많다. 덕분에 신(新)명물로 카레가 들어가야 한다는 이야기도 나올 정도다.

티키 Tiki

오늘의 카레
本日のカレー(¥1,000~)

후쿠오카에 매콤한 카레를 유행시킨 선구자. 16~17가지의 향신료를 배합하여 독자적인 맛을 구축했고 태국산 고추를 넣어 더욱 매운맛을 가미시켰다. 더 맵게 먹고 싶다면 스태프에게 요청해보자.

📍맵북 P.13-D3 ▶ 티키 🏠 福岡市中央区渡辺通5-24-38 ☎ 092-738-2008 ⏰ 10:30~15:00 휴무 일요일, 부정기 🚇 지하철 나나쿠마 七隈선 텐진미나미天神南역 6번 출구에서 도보 1분. 📷 tiki fukuoka

누와라엘리야 Nuwara Eliya

스리랑카커리
スリランカカリー(¥1,200)

정통 스리랑카 카레를 맛볼 수 있는 음식점. 4종류의 카레 중 하나를 선택하여 샐러드, 디저트, 홍차와 함께 먹는 점심 메뉴를 추천한다. 카레는 매콤한 밥에 4종류의 카레를 담은 스리랑카카레와 볶은 미펀(米粉; 쌀로 만든 납작 국수)에 카레를 담은 누들커리가 유명하다.

📍맵북 P.12-A4 ▶ 누와라에리야 🏠 福岡市中央区赤坂1-1-5 鶴田けやきビル 2F ☎ 092-737-7788 🌐 tunapaha.jp/nuwaraeliya.html ⏰ 11:30~17:00, 18:00~23:00(마지막 주문 22:15) 휴무 연말연시 🚇 지하철 쿠코空港선 아카사카 赤坂역 4번 출구에서 도보 7분. 📷 nuwara eliya akasaka

구구카레 ぐぐカレー

치킨카레세트
チキンカレーセット(¥1,280)

인도에서 직송한 향신료를 사용해 정통 인도 카레를 선보이는 곳. 주문을 받은 즉시 향신료 배합을 시작하므로 요리가 나오기까지 시간이 걸리는 편이다. 샐러드와 식후 푸딩이 제공되는 세트 메뉴의 가성비가 좋다.

📍맵북 P.18-B2 ▶ 구구카레 🏠 福岡市中央区平尾2-17-21 ☎ 070-6595-1477 ⏰ 11:30~15:00, 18:00~21:00 휴무 연말연시 🚇 니시테츠西鉄 전철 텐진오무타天神大牟田선 히라오 平尾역 1번 출구에서 도보 5분. 📷 bar kitajima(바로 옆에 위치)

쿠보커리 クボカリー

쿠보커리 플레이트

クボカリープレート(¥1,500)

대기행렬이 끊이질 않는 인기 카레집. 메뉴는 심플하게 치킨카레, 레드포크카레, 소고기와 돼지고기의 연근키마, 특제 치킨 비리야니 총 4가지로 구성되어 있다.

📍맵북 P.12-A3 ▶ 쿠보카리 🏠 福岡市中央区大名1-4-23 ロワールマンション大名101 ☎ 092-732-3630 🌐 www.facebook.com/kubocurry 🕐 11:00~15:30 휴무 수요일 🚇 니시테츠 西鉄 전철·쿠코 호센선 아카사카 赤坂역 4번 출구에서 도보 5분. @ kubo curry fukuoka

로지 ROJY

그린카레

グリーンカレー(¥900)

태국식 카레를 맛보고 싶다면 이곳으로 가자. 간판 메뉴 그린커리는 향신료와 허브를 태국에서 사용되는 맷돌로 직접 갈아 만든 수제 페스토를 베이스로 한다. 매운맛에 약한 사람들에게 추천한다.

📍맵북 P.19-하단 ▶ 로지 🏠 福岡市早良区城西2-11-28 ☎ 092-831-4712 🕐 11:45~14:30/18:00~21:30 휴무 화요일 🚇 지하철 쿠코 호센선 니시진 西新역 4번 출구에서 도보 5분. @ rojy fukuoka

우메야 うめや

치킨커리

チキンカリー(¥2,000)

전통가옥을 개조한 아늑한 공간의 카페 겸 음식점. 프랑스식 스튜 포토푀, 커리, 그라탕, 수프 등 매일 달라지는 메인 메뉴와 함께 7~8종류의 반찬이 포함된 점심 식사를 추천한다.

📍맵북 P.19-하단 ▶ 우메야 🏠 福岡市早良区室見2-2-11 ☎ 092-982-0248 🕐 11:00~15:00 휴무 수요일, 부정기 일요일 🚇 지하철 쿠코 호센선 후지사키 藤崎역 하차 후 도보 5분. @ 33.580173, 130.344041(좌표값)

후쿠오카 빵지순례

제과·제빵의 발달로 일본 어느 지역을 가도 맛있는 빵을 쉽게 만날 수 있다. 그중에서도 특히 후쿠오카는 맛있다고 입소문이 난 빵집이 워낙 많아 빵 격전지라고까지 불린다.

더 루츠 네이버후드 베이커리
The ROOTS neighborhood bakery

식감은 딱딱하지만 속은 부드럽고 고소한 맛이 매력적인 하드빵을 전문으로 하는 빵집. 하루에 한 번 빵을 굽고 모든 종류의 빵이 완성되는 11:00~11:30에 방문하는 것이 좋다.

🗺 맵북 P.18-A2 📍 자룻츠네이바훗도베에카리 🏠 福岡市中央区薬院 4-18-7 🌐 theroots.jp ☎ 092-526-0150 🕐 09:00~19:00 휴무 월요일 🚇 지하철 나나쿠마 七隈선 야쿠인오오도오리 薬院大通역 2번 출구에서 도보 4분. Ⓕ roots bakery fukuoka

이토다팡
いとだパン

해 질 녘 무렵에 문을 열어 밤에 문을 닫는 빵집. 크림, 단팥, 콩 등 심플한 재료로 만든 담백한 빵 위주로 구성되어 있다. 좁은 주택가 골목 안에 위치해 있기 때문에 입간판을 유심히 살펴볼 것.

🗺 맵북 P.18-B2 📍 이토다팡 🏠 福岡市中央区高砂1-15-27 ☎ 092-524-3022 🕐 15:00~21:00 휴무 부정기 🚇 지하철 나나쿠마 七隈선·니시테츠 西鉄 전철 텐진오무타 天神大牟田선 야쿠인 薬院역 2번 출구에서 도보 8분. Ⓕ ltodapan

우팡베이커리
うーぱんベーカリー

아기자기한 외관이 인상적인 빵집. 생김새는 소박하지만 먹어보면 놀라운 맛을 내는 빵들이 진열돼 있다. 마론그라세, 석류와 크림치즈, 시나몬 건포도, 블루베리 와플 등 다양하다.

🗺 맵북 P.5-D4 📍 우우팡베에카리 🏠 福岡市南区大楠3-7-16こいまりビル102 ☎ 092-525-3358 🌐 www.u-panbakery.com 🕐 11:00~17:00 휴무 수요일 🚇 니시테츠 西鉄 전철 텐진오무타 天神大牟田선 타카미야 高宮역에서 도보 3분. Ⓕ upan bakery fukuoka

나가타팡

ナガタパン

다양한 축제가 열리는 유서 깊은 신사 하코자키궁箱崎
宮 바로 앞에 위치한 빵집. 레트로 분위기 물씬 풍기는
간판이 눈에 띈다. 가게 내부에서 빵과 우유, 커피 등
의 음료를 즐길 수 있다.

맵북 P.5-D3 ○ 나가타팡 ○ 福岡市東区箱崎1-44-20
☎ 092-643-8680 ○ pannagata-hakozaki.com ○
08:00~19:00 휴무 화요일, 연말연시 ○ 지하철 하코자키
箱崎선 하코자키미야마에箱崎宮前역 1번 출구에서 도보 3
분. ⊕ nagata pan

옛 감성이
물씬 풍기는
병우유와
먹음직스러운 빵들

오오카미노쿠치 オオカミの口

겉은 바삭하고 속은 촉촉한 스콘이 큰 호응을 얻고 있
는 카페. 100년이 넘은 전통 가옥을 개조한 가게 내부
는 아늑하고 따뜻한 분위기를 자아낸다. 차이잎을 향
신료, 우유와 함께 우려낸 차이티도 마셔보자.

맵북 P.16-A4 ○ 오오카미노쿠치 ○ 福岡市西区姪の
浜6-3-35 ☎ 092-885-8300 ○ www.ookaminokuti.
com ○ 일~금요일 10:00~18:00(테이크아웃), 점포 이용
사전 예약 시간 수~금요일 11:00~16:30 휴무 토요일 ○ 지
하철 쿠코 空港선 메이노하마姪浜역에서 도보 10분.
⊕ 오오카미노쿠치

시선강탈 비주얼 디저트

알록달록 먹음직스러운 비주얼과 깜찍하고 앙증맞은 모양으로
고객을 유혹하는 맛있는 디저트의 세계.

케이크

오르토 카페 ORTO CAFÉ

계절마다 제철 과일의 풍미와 달콤함을 활용해 화려한
비주얼의 케이크를 판매하는 카페. 1층에서 케이크를
고른 뒤 2층에 마련된 자리에 앉아 차 또는 커피와 함
께 음미해 보자.

맵북 P.18-B1 ▶ 오르토 카훼 ⌂ 福岡市中央区渡辺通
3-2-8 ☎ 092-739-5110 ⊕ www.facebook.com/Orto
Cafe ⏰ 월~금요일 11:00~20:00, 토·일요일 08:00~
20:00 ⊼ 지하철 나나쿠마 七隈선 와타나베도오리 渡辺通
역 2번 출구에서 도보 4분. @ orto cafe

믹 코메르시 Mic Comercy

늦은 밤까지 영업하는 흔치 않은 독립 카페. 야밤에 갑
자기 맛있는 디저트가 먹고 싶을 때 방문하면 좋다. 리
큐어나 와인이 들어간 어른을 위한 디저트도 있다.

맵북 P.18-A1 ▶ 믹쿠코메르시 ⌂ 福岡市中央区薬院
薬院1-14-18 ☎ 092-713-5445 ⏰ 수~금요일 13:00~
17:00, 18:00~22:00, 토요일 13:00~22:00, 일요일
13:00~20:00 휴무 월·화요일 ⊼ 지하철 나나쿠마 七隈선 야
쿠인薬院역 1번 출구에서 도보 7분.
@ mic comercy fukuoka

프랑스과자16구 フランス菓子16区

일본에 다쿠아즈를 전파해 일본 정부로부터 산업포장(산업
및 국가 발전에 기여한 사람에게 수여하는 포장)을 받기도
한 베테랑 파티시에가 프랑스에서 오랜 수련 후 문을 연 곳.
40년 가까이 후쿠오카를 지켜오고 있는 노포이기도 하다.
🔲 맵북 P.18-A2 ▶ 후랑스카리쥬로쿠쿠 ❀ 福岡市中央
区薬院4-20-10 ☎ 092-531-3011 ☉ www.16ku.jp ⏰ 숍
10:00~18:00, 카페 10:00~17:00 휴무 월요일(공휴일인 경우
다음날), 카페는 목요일도 휴무 ✪ 지하철 나나쿠마 七隈선 야
쿠인오오도오리 薬院大通역 2번 출구에서 도보 5분.
⊕ 프랑스과자 16구

아라캄파뉴 à la campagne

30여 년의 역사를 자랑하는 고베 神戸의 유명 타르트
전문점이 후쿠오카에도 상륙했다. 제철 과일과 수제
커스터드크림을 듬뿍 사용한 12~16종류의 타르트를
선보인다.
🔲 맵북 P.9-D2 ▶ 아라캄파뉴 ❀ 福岡市博多区博多駅
中央街1-1 アミュプラザ博多1F ☎ 092-413-5079 ☉
www.alacampagne.jp ⏰ 10:00~20:00 휴무 부정기 ✪
지하철 쿠코 空港선 하카타 博多역 내 JR하카타시티 JR博多シ
ティ 1층에 위치. ⊕ 아라 캄파뉴

아맘다코탄 アマムダコタン

후쿠오카에서의 폭발적인 인기로 인해 도쿄까지 진출
해 기세를 이어가고 있는 빵집. 딱딱한 빵, 샌드위치, 도
넛, 마리토초 등 다채로운 라인업을 선보이고 있다. 오
후만 되어도 품절된 메뉴가 다수 등장하며 늘 대기행
렬이 이루어진다.

🔲 맵북 P.19-상단 ▶ 아마무다코탄 ❀ 福岡市中央区六本
松3-7-6 ☎ 092-738-4666 ☉ amamdacotan.com ⏰
08:00~17:00 휴무 부정기 ✪ 지하철 나나쿠마 七隈선 롯뽄
마츠 六本松역 3번 출구에서 도보 6분. ⊕ amam dacotan

빵과 쿠키

도무노모리 童夢の森

다양한 동물 모양을 한 빵을 주기적으로 선보인다.

맵북 P.13-C1 ▶ 도오무노모리 ☺ 福岡市中央区天神3-1-16 橋口ビル1 F ☎ 092-721-6886 ⊙ doumunomori.com ⊙ 09:00~20:00 휴무 일요일, 공휴일 ☺ 지하철 쿠코 空港선 텐진 天神역 서쪽 1번 西1 출구에서 도보 2분. ⊕ futata the falg tenjin(바로 옆 위치)

팡야노펫탕
パン屋のぺったん

후쿠오카의 대표 명과 니와카센베를 빵으로 즐겨보자. 파마머리빵이라는 재미있는 빵도 있다.

맵북 P.8-B2 ▶ 팡야노펫탕 ☺ 福岡市博多区冷泉町5-2 ☎ 080-7000-2303 ⊙ 07:00~17:00 휴무 토·일요일 ☺ 지하철 쿠코 空港선 기온 祇園역 2번 출구에서 도보 1분. ⊕ Pannyanopettann

브로트 란드 Brot Land

독일식 빵집에서 만나는 귀여운 스마일빵.

맵북 P.18-A1 ▶ 브로토란도 ☺ 福岡市中央区薬院4-6-32 ☎ 092-406-2422 ⊙ 08:00~18:00 휴무 월·일요일 ☺ 지하철 나나쿠마 七隈선·니시테츠 西鉄 전철 텐진오무타 天神大牟田선 야쿠인 薬院역 1번 출구에서 도보 6분. ⊕ brotland fukuoka

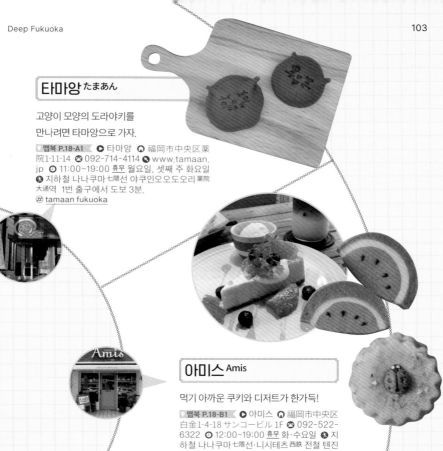

타마앙 たまあん

고양이 모양의 도라야키를
만나려면 타마앙으로 가자.

맵북 P.18-A1 ▶ 타마앙 ⊙ 福岡市中央区薬
院1-11-14 ☎ 092-714-4114 ◐ www.tamaan.
jp ⊙ 11:00~19:00 휴무 월요일, 셋째 주 화요일
⊗ 지하철 나나쿠마 七隈선 야쿠인오오도오리 薬院
大通역 1번 출구에서 도보 3분.
⊕ tamaan fukuoka

아미스 Amis

먹기 아까운 쿠키와 디저트가 한가득!

맵북 P.18-B1 ▶ 아미스 ⊙ 福岡市中央区
白金1-4-18 サンコービル 1F ☎ 092-522-
6322 ⊙ 12:00~19:00 휴무 화·수요일 ⊗ 지
하철 나나쿠마 七隈선·니시테츠 西鉄 전철 텐진
오무타 天神大牟田선 야쿠인 薬院역 2번 출구에
서 도보 4분. ⊕ amis fukuoka

페스트리부티크
ペストリーブティック

후쿠오카 전통 하카타 직물(博多織)의 무
늬를 현대식으로 디자인한 마카롱.

맵북 P.8-A1 ▶ 페스토리이부틱크 ⊙
福岡市博多区下川端町3-2 ホテルオーク
ラ福岡1F ☎ 092-262-3585 ⊙ 10:00~
20:00 휴무 연중무휴 ⊗ 지하철 쿠코 空港
선·하코자키 箱崎선 나카스카와바타 中洲
川端역 7번 출구에서 도보 3분.
⊕ pastry boutique

비주얼 끝판왕! 스타일리시 카페

스테레오 커피
Stereo Coffee

'음악이 있는 음식점'이란 콘셉트로 다이묘 지역에 오랫동안 사랑을 받고 있는 '스테레오'의 자매점. 이곳 역시 테마가 음악이 있는 카페인데, 두 대의 거대 스피커와 앰프를 설치해 최고의 음향을 낼 수 있도록 하고 있다. 내부에 미니 갤러리도 영업 중이다.

맵북 P.13-D4 ▶ 스테레오 코오히 ▲ 福岡市中央区渡辺通3-8-3 ☎ 092-231-8854 ◈ stereo.jpn.com ◉ 월~목요일 10:00~21:00, 금요일 10:00~22:00 토요일 09:00~22:00 일요일·공휴일 09:00~21:00 휴무 수요일 ◈ 지하철 나나쿠마 七隈선 와타나베도오리 渡辺通역에서 2번 출구에서 도보 5분. ⒜ stereo coffee fukuoka

골드플로그 커피
GOLDFLOG COFFEE

커피와 더불어 미술까지 제공한다는 이색 콘셉트의 카페. 공간 전체를 활용해 주기적으로 미술 전시회를 열어, 예술 작품을 감상하며 커피 한 잔을 즐길 수 있다. 인기 메뉴인 스타일리시한 블랙 라테(¥770)조차 예술 작품처럼 멋스럽다.

맵북 P.8-B4 ▶ 고오르도후롯그 코오히 ▲ 福岡市博多区住吉2-11-13-1 ☎ 092-292-1726 ◈ www.instagram.com/goldflog_official ◉ 12:00~24:00 휴무 화요일 ◈ JR·지하철 쿠코 후港선 하카타 博多역에서 도보 12분. ⒜ goldflog coffee

타그스타
TAGSTÅ

아침 일찍부터 핸드드립과 에스프레소 커피를 제공하는 커피 스탠드 겸 일본과 해외 예술가들의 작품을 전시하는 문화 공간으로서 활용되고 있는 곳. 커피 외에도 카눌레, 가토 쇼콜라 등의 쿠키류와 전시회 관련 기념품도 함께 판매한다.

맵북 P.18-B1 타그스타 福岡市中央区中央区春吉1-7-11 スペースキューブ 1F 092-724-7721 tagsta.in 08:00~20:00 휴무 부정기 지하철 나나쿠마七隈선 와타나베도오리渡辺通역에서 2번 출구에서 도보 4분. tagsta

카본 커피
Carbon Coffee

건물 외관부터 내부 인테리어, 종이컵 디자인, 오리지널 굿즈 등 모든 부분이 멋스럽고 세련된 카페. 한쪽에 비어있는 공간을 활용하여 패션 브랜드와의 협업으로 제작한 상품 판매, 문화예술 관련 워크숍, 예술가의 미니 전시회 등을 개최한다.

맵북 P.12-B4 카아본코오히 福岡市中央区大名1-2-34ロイヤルビル 092-781-2270 09:00~19:00 휴무 부정기 니시테츠西鉄 전철 후쿠오카(텐진)福岡역 중앙 출구에서 도보 9분. carbon coffee

새너토리엄
サナトリウム

영어로 요양소를 뜻하는 독특한 콘셉트의 카페. 부제는 무려 불가사의한 박물관 분점. 학교 과학실에서나 볼 법한 인체 해부 모형이나 비커 등이 손님을 반기지만 점원은 매우 친절하고 분위기도 밝다. 재미난 체험을 하고 싶은 이에게 강력추천하는 곳.

📍맵북 P.13-C1 ▶사나토리우무
🏠福岡市中央区天神3-3-23-3F
☎092-791-5477 🌐bu9t-sm.
wixsite.com/html/blank-1 ⏰토~
월요일, 공휴일 12:00~18:00 휴무 화~
금요일 🚇지하철 쿠코 空港선 텐진 天神역 서쪽 1번 출구에서 도보 2분.
💬Sanatorium

노 커피 NO COFFEE

맛은 물론이고 카페 인테리어와 종이컵 디자인까지 하나하나 공을 들인 티가 나는 멋스러운 카페의 선구자격. 특히 카페명이 새겨진 심플하면서도 세련된 오리지널 굿즈 제품이 큰 인기를 얻고 있어 다양한 브랜드와의 협업이 활발하게 이루어지고 있다. 후쿠오카를 여행하는 한국인 여행자들이 반드시 방문하는 곳이기도 하다.

📍맵북 P.18-A2 ▶노코오히 🏠福岡市中央区平尾3-17-12 ☎092-791-4515 🌐www.nocoffee.jp ⏰10:00~18:00 휴무 월요일(공휴일인 경우 다음 날) 🚇지하철 나나쿠마 七隈선·니시테츠 西鉄 전철 텐진오무타 天神大牟田선 야쿠인 薬院역 2번 출구에서 도보 9분. 💬no coffee fukuoka

카페유 Cafeゆう

자신이 직접 고른 귀여운 모양의
도자기 컵에 음료를 담아주는 서비
스로 여심을 흔드는 카페. 푸드와
디저트 메뉴도 충실하다.

🗺 맵북 P.12-B3·B4 🔊 카훼우우 📍
福岡市中央区大名1·2·38·1F ☎092-
725-7777 🌐 yukobo.co.jp/cafeyu
🕐 일~금요일 11:00~19:00, 토요일
11:00~20:00 휴무 연말연시 🚇 니시
테츠 西鉄 전철 후쿠오카(텐진) 福岡역
중앙 출구에서 도보 8분. ⊕ cafe yu
fukuoka

후글렌 후쿠오카
FUGLEN FUKUOKA

노르웨이 오슬로에서 출발한 커피
전문점으로 일본 1호점인 도쿄 지
점이 큰 인기를 끌면서 후쿠오카에
도 진출했다. 카페 내부는 높은 천
장과 통유리창으로 이루어져 있어
시원한 개방감이 느껴진다. 세계
유수의 농장에서 엄선한 고품질의
원두를 로스팅 하여 만든 맛있는
커피를 맛볼 수 있다.

🗺 맵북 P.9-D4 🔊 후그렌 후쿠오카
📍 福岡市博多区博多駅東1·18·33 博
多イーストテラス1F ☎092-292-
9155 🌐 fuglen.no 🕐 월~목요일
07:00~20:00, 금~일요일 08:00~
22:00 🚇 JR·지하철 쿠코 호港선 하카
타 博多역에서 도보 7분.
⊕ 푸글렌 후쿠오카

CHAPTER 3
STYLISH FUKUOKA
스타일리시 후쿠오카

메이드 인 후쿠오카 후쿠오카에서 탄생하여 일본 각 분야에서 대활약 중인 브랜드를 소개한다.

하이타이드
Hightide

후쿠오카를 넘어 일본 문구잡화를 대표하는 브랜드가 된 하이타이드. 기능성과 디자인을 동시에 충족시켜 줄 센스 만점의 제품이 포진되어 있다. 브랜드 안에서도 스타일과 제품군에 따라 다수의 하위 브랜드를 두고 있는데, 미국의 대학생활을 연상케 하는 빈티지스러운 디자인이 인상적인 '펜코 Penco', 60~70년대 학용품을 참고해 소박하면서도 따뜻한 분위기가 풍기는 '뉴 레트로ニューレトロ', 정리와 수납에 중점을 둔 오피스 문구 '네 nahe' 등이 대표적이다. 일반적인 문구점에서도 쉽게 만나볼 수 있지만 아쿠인薬院 지역의 하이타이드 상품을 총망라한 직영점이 제품 수도 많고 종류도 다양한 편이다.

맵북 P.18-B2
하이타이도
福岡市中央区白金1-8-28
092-533-0338
hightide.co.jp
11:00~19:00 휴무 부정기
지하철 나나쿠마 七隈線선·니시테츠 西鉄 전철 텐진오무타 天神大牟田선 아쿠인薬院역 2번 출구에서 도보 6분.
hightide store

문스타 Moonstar

후쿠오카 시내에서 전철로 30분이면 도착하는 후쿠오카 근교 도시 쿠루메久留米에 공장을 둔 신발 브랜드. 작업화를 개발하여 140년간 노동자의 든든한 지원군이 되어온 브랜드답게 전통과 기술을 살려 현재도 꾸준히 제품 개발에 힘쓰고 있다. 운동화, 구두, 워킹슈즈 등 다채로운 라인업 중에 단연 돋보이는 것은 '메이드 인 쿠루메Made in Kurume'. 고온에서 고무를 녹여 본체와 바닥을 압착시키는 발카나이즈 제법을 사용해 착화감이 뛰어나고 오래 신을 수 있다.

▶ 문스타 🏠 www.moonstar.co.jp ◉ [텐진] 다이마루 大丸, 이와타야岩田屋, [아쿠인] 쓰리비 포터즈 B·B·B Poters, [쿠루메] 니시하라이토텐 西原糸店 등에 입점해 있음.

온에어 케고 ON AIR KEGO

후쿠오카를 거점에 두고 활동하는 예술가 가운데 현재 가장 주목 받고 있는 논체리와 키네. 세련된 숍이나 카페와의 활발한 협업 덕분에 시내 곳곳에서 그들의 작품을 만나볼 수 있다. 한 번 보면 잊혀지지 않을 그들만의 작풍은 자꾸 보고 싶어질 만큼 흡입력이 있다. 단순히 창작활동에만 그치지 않고 새로운 문화를 발신할 목적으로 최근 문을 연 것이 작업실 겸 숍 '온 에어ON AIR'. 작품을 상품화시켜 직접 판매도 이루어지고 있다.

📍 맵북 P.12-A4 ▶ 온에어 케고 ◉ 福岡市中央区警固1·12·8 エルビス警固2F 🏠 on-air.earth ◷ 12:00~18:00 휴무 부정기 🚇 지하철 쿠코 空港선 아카사카 赤坂역에서 도보 8분. ⊕ on air fukuoka

베리테쿠르 Veritecoeur

깔끔하고 자연스러운 디자인의 일상복 브랜드로 편하면서도 멋스러움은 잊지 않고 사는 이들에게 안성맞춤이다. 일본 내추럴 패션 계열의 잡지에 자주 등장할 만큼 일본 내에서도 인기가 높다. 프랑스어로 진심이라는 의미의 브랜드명처럼 일상을 아름답게 단장할 수 있도록 진심을 다해 제안하는 것이 그들의 목표다. 히라오 平尾에 위치한 숍에서 다양한 스타일을 만나볼 수 있다.

📍 맵북 P.18-A2 ▶ 베리테쿠우르 ◉ 福岡市中央区中央区平尾4·8-62F, 3F 📞 092-753-6167 🏠 shop.veritecoeur.com ◷ 11:00~18:00 휴무 수·일요일 🚇 니시테츠 西鉄 전철 텐진오무타 天神大牟田선 히라오 平尾역 1번 출구에서 도보 8분. ⊕ veritecoeur fukuoka

생활의 힌트를 팝니다

라이프스타일숍에서 일상에 활력과 즐거움을
가져다 주는 제품을 찾아보자.

쓰리비 포터즈 B·B·B POTTERS

우려내고(Brew), 굽고(Bake), 끓이는(Boil) 움직임은 일상에서 매일
행하는 행위들이다. 쓰리비포터즈는 이러한 생활에 도움이 될 만한 쓰
기 편하고 튼튼한 제품들을 한자리에 모아 소개하고 있는 곳이다. 자칫
귀찮고 지루할 수 있는 행위에 애정과 즐거움을 안겨다 줄 제품들이 가
게 안에 빽빽하게 자리하고 있어 꼼꼼하게 둘러보고 싶다면 조금은 시
간을 투자하는 것이 좋다. 직접 만져보고 살펴보면 자신에게 꼭 맞는 상
품을 찾게 될 것이다. 2층에 마련된 카페에서는 프랑스에서 수련한 요
리사가 만든 크레이프와 갈레트를 맛볼 수 있다.

▶맵북 P.18-A1 ☑ 쓰리비폿타아즈 ◎ 福岡市中央区薬院1·8·8 ☎ 092-
739-2080 ❸ www.bbbpotters.com ⏱ 11:00~19:00 휴무 부정기 🚇 지하
철 나나쿠마 七隈선·니시테츠 西鉄 전철 텐진오무타 天神大牟田선 야쿠인 薬院역 1번
출구에서 도보 5분. 🌐 쓰리비포터즈

스탠더드 매뉴얼 Standard Manual

살림에 쓰이는 도구를 선택하는 기준이 예전에는 저렴한 가격이었다면 이제는 소재, 기능, 디자인도 중요시하는 시대가 되었다. 이곳은 다양한 시각에 초점을 맞춘 아이템을 전시하듯 일목요연하게 진열하고 있다. 여타 숍과 달리 청소, 정원 손질, DIY, 아웃도어 등에 필요한 상품들도 판매하고 있어 관심이 많다면 꼭 한 번 방문해보는 것이 좋다.

🗺 맵북 P.18-B2 ▶ 스탄다아도마뉴아루 🏠 福岡市博多区住吉3-9-20-1F ☎ 092-791-1919 🌐 standardmanual.com 🕐 12:30~19:00 휴무 목요일 🚇 지하철 쿠코호캉선 텐진天神역 1번 출구에서 도보 8분.
standard manual fukuoka

논 투 순 라이프 & 오브젝트
None too soon Life & Object

그리 넓다고는 할 수 없지만 가게 안을 가득 메운 상품들을 살펴보면 향수, 장식품, 욕실용품, 액세서리, 가방, 음반 등 이보다 더 다채로울 수 없다. 가게 이름처럼 알맞은 시기에 필요한 생활과 물건을 테마로 하여 전통기법으로 만든 공예품부터 디자이너의 고감도 제품까지 감성을 풍부하게 하는 아이템을 선보이고 있다.

🗺 맵북 P.18-A1 ▶ 논투순라이프안도오브젝트 🏠 福岡市中央区藥院2-14-21 ☎ 092-406-6322 🌐 nonetoosoon.theshop.jp 🕐 11:00~19:30 휴무 부정기 🚇 지하철 나나쿠마七隈선 야쿠인오오도오리藥院大通역 1번 출구에서 도보 4분.
none too soon fukuoka

네스트 NEST

북유럽 빈티지 가구를 중심으로 디자인과 기능성을 동시에 갖춘 조명, 잡화, 식기 등을 판매하는 인테리어숍. 유명 디자이너의 브랜드는 물론이고 알려지지 않은 무명 가구점의 물건이라도 품질이 우수하다면 매장에 들여와 고객과 연결해주는 역할을 한다. 디자인 페어도 주기적으로 실시하여 좀 더 폭넓게 접할 수 있도록 노력을 게을리하지 않는다.

🗺 맵북 P.18-A1 ▶ 네스토 🏠 福岡市中央区藥院2-13-27 ☎ 092-725-5550 🌐 www.nestdesign.jp 🕐 11:00~20:00 휴무 수요일 🚇 지하철 나나쿠마七隈선 야쿠인오오도오리藥院大通역 1번 출구에서 도보 4분.
nest yakuin fukuoka

소소한 쇼핑의 재미

지금만큼은 나를 위한 기념품을 찾는 시간, 또는
몰랐던 나의 취향을 알아보는 시간을 가져보자.

야마비코야 山響屋

큐슈 지역의 향토 완구와 민예품을 전문으로 한 숍. 공예가로도 활약 중인 주인장이 큐슈 전역을 돌며 찾아낸 보물 같은 제품들을 만나볼 수 있는데, 만든 이에게 직접 이야기를 듣고 받아온 것이라 애정도 상당하다. 지역의 풍토, 생활상이 생생하게 담긴 물건을 통해 역사와 문화를 배울 수 있기 때문에 더욱 소중하다는 그의 말은 많은 생각을 하게끔 한다. 누군가에게는 투박해 보일지도 모르지만 집 안의 감초 역할을 하게 될 개성 강하고 재미난 제품들이 손님을 반기고 있어 가지고 돌아가고 싶은 욕구가 든다. 역사의 산증인이기도 하니 박물관처럼 하나하나 찬찬히 살펴보자.

📖 맵북 P.12-B4 야마비코야 福岡市中央区今泉2-1-55 やまさコーポ101 ☎ 092-753-9402 🌐 yamabikoya.info
🕐 11:00~18:00 휴무 목요일 🚇 지하철 쿠코후港선 텐진天神역 서쪽 12b 출구(西12b)에서 도보 6분. @yamabikoya

플레이즈 스토어 Plase.Store

세계 각지에서 찾아낸 문구들을 모은 문구 전문 셀렉트숍. 볼펜, 메모지, 편지지, 공책, 책커버 등 학교와 회사생활에 자그마한 즐거움이 되어줄 제품이 정갈하게 진열되어 있다. 문구 강국이라 불릴 만큼 다양한 브랜드를 보유하고 있는 일본인 만큼 자국 제품의 비율이 높은 편이다. 직접 써보고 판단할 수 있도록 샘플도 구비되어 있어 안심이다. 매장에서는 커피도 함께 판매하고 있어 티타임을 즐길 수도 있다. 지하철역에 인접해 있어 접근성이 좋은 것도 장점 중 하나.

맵북 P.5-D4 ▶ 플레이즈스토아 福岡市南区柳河内2-6-97やわらぎビル202 092-753-8275 plasestore. theshop.jp 13:00~18:00 휴무 일요일 50, 51, 151번 야나고우치 柳河内 버스 정류장에서 도보 3분. plase.store ookusu

트랄리
Tlalli

패션 의류와 잡화를 전문으로 한 셀렉트숍 겸 카페. 1, 2층 대부분의 공간을
독특하고 개성 넘치는 제품으로 채우고 일부를 커피와 디저트도 즐길 수 있
게끔 테이블과 카운터석을 마련해놓았다.
판매하는 먹거리는 모두 설탕과 유제품은 일절 사용하지 않은 유기농 재료들로 만들어진 것이다.
주인장의 센스가 곳곳에서 느껴지는 제품들 속에서 건강한 휴식을 취해보자.

📍 맵북 P.18-A2 ▶ 토라리 🏠 福岡市中央区平尾2-19-35 ☎ 092-524-6577 🌐 tlalli.jp 🕐 12:00~19:00 휴무
화·수요일 🚆 니시테츠 西鉄 전철 텐진오무타 天神大牟田線 히라오 平尾역 1번 출구에서 도보 6분. 📷 tlalli

니시카이간 앵커
西海岸 Anchor

미국을 메인으로 한 빈티지 의류를 판매하는 전국적인 헌 옷 전문점. 도쿄, 오사카를 비롯해 34개 지점을 운영하고 있는 유명 전문점으로 1982년 1호가 탄생한 곳이 바로 후쿠오카 텐진이다. 87년에 문을 닫았지만 2017년 30년 만에 다이묘 大名에 지점을 내면서 고향으로 화려한 귀환을 했다. 유행에 민감한 지역답게 현재 트렌드에 뒤처지지 않는 젊은 층 취향의 제품을 대거 입고시켰다.

줄리엣 레터스
Juliet's Letters

편지와 관련된 문구를 총집합시킨 숍. 유리만년필, 실링스탬프 등 중세 유럽에서 사용될 법한 멋스러운 제품들을 비롯해 편지에 쓰이는 엽서, 카드와 아이들을 위한 악기, 퍼즐, 장난감도 판매한다. 따뜻하고 아기자기한 감성이 느껴지는 제품 선정이 탁월한 편이므로 알록달록하거나 화려한 취향과는 거리가 먼 스타일을 추구하는 이라면 강력 추천하는 곳이다.

맵북 P.12-B3
- 니시카이간앙카
- 福岡市中央区大名1-12-5 アベセビル
- 092-716-0515
- nisikaigan.com
- 11:00~20:00 휴무 1월 1일
- 지하철 쿠코空港선 텐진天神역 중앙 출구에서 도보 6분. 또는 니시테츠西鉄 전철 텐진오무타天神大牟田선 니시테츠후쿠오카西鉄福岡역 중앙 2번 출구에서 도보 5분.
- nishikaigan anchor

맵북 P.13-D2
- 주리엣또레타아즈
- 福岡市中央区天神1-1-11F
- 092-752-6666
- www.juliet.co.jp
- 10:30~19:00 휴무 부정기
- 지하철 쿠코空港선 텐진天神역 16번 출구에서 도보 1분.
- juliet letters

여행 설계하기
Plan the Travel

기본 국가정보

일본 열도의 최남단인 큐슈 九州 지역의 거점이자 성장의 중심인 후쿠오카는 경제, 문화, 스포츠, 음식, 패션 등
다양한 분야에서 두각을 드러내고 있는 매력 넘치는 도시다.

국가명	일본 日本
수도	도쿄 東京
인구	1억 2,330만 명. 후쿠오카현 인구수는 5,118,624명.
지리	홋카이도 北海道, 혼슈 本州, 시코쿠 四国, 큐슈 九州 등 4개의 큰 섬으로 이루어진 일본 열도 日本列島와 이즈·오가사와라 제도 伊豆·小笠原諸島, 치시마 열도 千島列島, 류큐 열도 琉球列島로 구성된 섬나라다.
면적	377,915km²

언어	일본어
시차	한국과 시차는 없다.
통화	¥100=약 980원(2025년 3월 기준)
전압	100v (멀티 어댑터 필요)
국가번호	81
비자	여권 유효 기간이 체류 예정 기간보다 더 남아 있다면 입국은 문제 없으며, 최대 90일까지 무비자로 체류 가능하다.

공휴일　국민 모두가 축복하는 기념일이라 하여 공휴일을 '슈쿠지츠祝日'라 부르는 일본. 연휴가 집중되는 4월 하순과 5월 상순의 골든 위크 ゴールデンウィーク(Golden Week), 9월 중하순의 실버 위크 シルバーウィーク(Silver Week) 그리고 직장인의 휴가철이자 일본의 추석 개념인 8월 중순의 오봉お盆(일본의 명절)이 대표적인 휴일이자 여행 성수기다.

1월 1일 ‣ 설날	**5월 3일** ‣ 헌법기념일	**9월 셋째 주 월요일** ‣ 경로의 날
1월 둘째 주 월요일 ‣ 성인의 날	**5월 4일** ‣ 녹색의 날	**9월 23일** ‣ 추분秋分의 날
2월 11일 ‣ 건국기념일	**5월 5일** ‣ 어린이날	**10월 둘째 주 월요일** ‣ 체육의 날
2월 23일 ‣ 일왕탄생일	**7월 셋째 주 월요일** ‣ 바다의 날	**11월 3일** ‣ 문화의 날
3월 21일 ‣ 춘분春分의 날	**8월 11일** ‣ 산의 날	**11월 23일** ‣ 노동 감사의 날
4월 29일 ‣ 쇼와의 날	**8월 13~17일** ‣ 오봉 명절	

기후　한국처럼 사계절의 변화가 뚜렷한 편으로 봄에는 벚꽃, 여름은 불꽃축제, 가을은 단풍, 겨울은 일루미네이션 등 계절마다 색다른 풍경을 만나볼 수 있다. 선선한 날씨가 계속되는 봄철의 4~5월과 가을철의 10~11월이 가장 여행하기 좋은 시기다. 단, 6월의 장마, 7~8월의 무더위, 9월의 태풍 등 어김없이 찾아오는 불청객은 여행에 치명적인 방해 요소이므로 될 수 있으면 피하는 것이 좋다.

재료	1월	2월	3월	4월	5월	6월	7월	8월	9월	10월	11월	12월
최고 기온(°C)	9.9	11.1	14.4	19.5	23.7	26.9	30.9	32.1	28.3	23.4	17.8	12.6
평균 기온(°C)	6.6	7.4	10.4	15.1	19.4	23	27.2	28.1	24.4	19.2	13.8	8.9
최저 기온(°C)	3.5	4.1	6.7	11.2	15.6	19.9	24.3	25	21.3	15.4	10.2	5.6
강수량(mm)	68	71.5	113	117	143	255	278	172	178	73.7	84.8	84.8

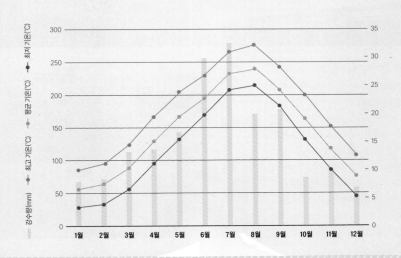

후쿠오카 입국하기

후쿠오카 도심에 위치하여 편리한 접근성을 자랑하는 후쿠오카공항福岡空港(공항 코드: FUK). 지방 도시이지만 전 세계 20여 개 지역에 취항하는 어엿한 국제공항으로 거듭나고 있다. 우리나라에서 후쿠오카 직항편을 운항하는 공항은 총 4곳으로, 인천공항, 김해공항, 대구공항, 청주공항이 있다.

후쿠오카공항은 도쿄 나리타成田국제공항, 오사카의 칸사이関西국제공항과 비교해 규모가 작고 구조가 단순해 번잡하지 않기 때문에 입국 시 큰 어려움은 없다. 후쿠오카는 비행기뿐만 아니라 배편으로도 갈 수 있는데, 부산항 국제여객터미널에서 하카타항 국제터미널博多港国際ターミナル까지 비틀 Beetle, 코비 Kobee(임시 휴항), 뉴카멜리아 Camellia Line 페리를 이용해 입국할 수 있다.

페리 이용권을 구입할 수 있는 자판기

01 입국절차

| 검역 | > | 입국 심사 | > | 수하물 찾기 | > | 세관 검사 | > | 입국 게이트 도착 |

02 Visit Japan Web(VJW)

2023년 4월 29일부터 입국 심사, 세관 신고의 정보를 온라인을 통해 미리 등록하여 각 수속을 QR코드로 대체하는 'Visit Japan Web' 서비스를 실시하고 있다. 입국 전 웹사이트에서 계정을 만들고 정보를 등록하면 된다. 탑승편 도착 예정 시각 6시간 전까지 절차를 완료하지 않았다면 서비스를 이용할 수 없으므로 주의하자. 일본 입국 당일 수속 시 QR코드를 제출하면 된다. 서비스를 이용할 수 없는 경우 원활한 입국 심사를 위해서 출입국카드는 기내에서 미리 작성해두는 것이 좋다. 모든 칸을 한자 또는 영문으로 기재하며, 뒷면의 기재사항 역시 빠뜨리지 말고 꼼꼼하게 기재하도록 하자. 출입국카드와 함께 휴대품·별송품 신고서 또한 반드시 기재하여 세관 통과 시 제출하도록 한다.

WEB www.vjw.digital.go.jp (한국어 지원)

03 수하물 찾기

입국심사장에서 빠져나오면 바로 앞에 수하물 수취소가 자리한다. 표지판에 항공사, 항공기 편명, 벨트 번호를 확인한 후 해당 벨트로 이동해 수하물을 찾는다.

04 세관검사

Visit Japan Web을 통해 발급받은 세관 수속 QR 코드를 보여주거나 세관 주변에 비치된 세관신고서를 작성하여 여권과 함께 제출하면 된다.

후쿠오카공항 관광 안내소
모든 입국 절차를 마치고 입국 게이트로 나오면, 큼지막한 관광 안내소가 보인다. 후쿠오카 관광은 물론 큐슈 전역의 관광에 필요한 각종 브로슈어와 안내 가이드북, 지도 등을 얻을 수 있다. 한국어가 가능한 직원이 있어 편리하다.
후쿠오카공항 국제선 터미널 1층 092-473-2518
08:00~21:30, 연중무휴

후쿠오카 시내로 이동하기

후쿠오카공항에서 시내로 들어가기

공항 국제선과 시내를 오가는 버스는 니시테츠西鉄 버스와 로열ロイヤル 버스 두 회사가 운행하고 있다. 니시테츠의 버스는 JR전철 하카타博多역, 텐진天神고속버스터미널, 니시테츠西鉄전철 오오하시大橋역 을, 로열 버스의 HEARTS 에어포트 버스는 캐널시티하카타キャナルシティ博多, 텐진·후쿠오카 시청 앞天神·福岡市役所前, 힐튼 후쿠오카 시호크ヒルトン福岡シーホーク를 연결하므로 숙소와 가까운 정류장을 골라 이용하면 편리하다.

● **니시테츠西鉄 버스**

운행 시간 시간당 2~4대 운행	
공항 정류장 위치 4번 정류장	
요금 하카타역 성인 ¥310, 어린이 ¥160	

특징 운행 빈도수가 높은 편이지만, 직통(하카타역)이 아닌 보통 노선을 이용할 경우 모든 정류장을 정차하기 때문에 시간이 소요되며, 출퇴근시간과 맞물리면 시간이 더 많이 걸린다.

지하철을 이용하기 위해선 우선 국제선 터미널에서 국내선 터미널로 이동해야 한다. 두 터미널 간 무료 셔틀버스를 운행하고 있으며, 약 15분 소요된다. 국내선 버스정류장에 내리면 바로 눈앞에 보이는 지하철 출입구를 통해 역으로 갈 수 있다. 무료 셔틀버스를 이용해야 하는 번거로움이 있지만, 하카타까지 환승 없이 2개 역, 텐진은 4개 역만으로 이동할 수 있다는 장점이 있다.

🚶 **무료 셔틀버스 공항 정류장 위치** 1번 정류장 🚇 **하카타역** 성인 ¥260, 어린이 ¥130, **텐진역** 성인 ¥260, 어린이 ¥130

TRAVEL TIP

콘택트리스 카드로 교통카드 활용하기
콘택트리스 결제 기능이 탑재된 VISA, JCB, 아메리칸 익스프레스, 유니온페이 등의 신용카드 또는 체크카드는 후쿠오카 시내를 오가는 지하철과 니시테츠西鉄 버스의 일부 구간에서 교통카드로 사용 가능하다. 콘택트리스 결제 기능의 탑재 여부는 카드 후면에 로고가 있는지 확인하면 된다.
지하철은 하루 640엔을 넘어 승차할 경우 이를 초과한 요금은 부과하지 않도록 설정되어 있어 자연스럽게 1일 자유 승차권으로도 이용할 수 있다. 니시테츠 버스는 후쿠오카 공항 국제선과 하카타역을 오가는 노선과 후쿠오카 시내를 도는 렌세츠連節 버스, 하카타역과 다자이후를 연결하는 관광버스 타비토 旅人 노선에서 사용 가능하다. 후쿠오카 공항에서 현금을 소지하지 않거나 교통카드가 없는 경우에 사용하면 유용하다.

콘택트리스 로고

하카타항 국제터미널에서 시내로 들어가기

항구에서 하카타와 텐진 같은 주요 번화가로 환승 없이 이동하는 방법은 일반 노선버스를 이용하는 것이다. 하카타행은 2번 정류장에서 11번, 19번, 50번, BRT 버스를 승차하고 20분 정도 소요된다. 텐진행은 1번 정류장에서 151번, 152번, BRT 버스를 승차하고 15분이 소요된다.

🚌 [하카타행] 성인 ¥260, 어린이 ¥130, [텐진행] 성인 ¥210, 어린이 ¥110

후쿠오카 주요 역과 버스터미널

후쿠오카 시내에서 다자이후, 야나가와, 유후인, 벳부 등의 근교 도시로 이동할 때는 전철 또는 버스를 이용한다. 역이나 터미널이 숙소에 인접한 거리에 위치하는지 아니면 지참한 교통패스가 무엇인가에 따라 이용하는 교통수단이 달라진다. 주로 후쿠오카 시내에서 근교 지역을 오고 가기 위해서는 시내 중심인 하카타와 텐진에 위치한 기차역과 버스터미널을 이용한다. 주요 역은 다음과 같다.

하카타

텐진

● JR·지하철 쿠코空港선 하카타博多역

● 니시테츠西鉄 전철 후쿠오카(텐진)福岡(天神)역

● 하카타 버스터미널博多バスターミナル

● 니시테츠텐진 고속버스터미널 西鉄天神高速バスターミナル

TRAVEL TIP

하카타 버스터미널 층별 안내도
1층 시내버스 승차장(1~14번 플랫폼)
2층 고속버스 승하차장(21~24번 플랫폼)
3층 고속버스 승차장(31~38번 플랫폼)
※ 유후인, 벳부 : 34번, 키타큐슈(코쿠라) : 31번

후쿠오카의 주요 교통 수단

버스

후쿠오카에서 주로 쓰이는 교통수단. 일본에서도 손꼽힐 만큼 거미줄처럼 촘촘하게 짜여진 교통망 덕분에 대다수의 관광명소는 버스로 이동 가능하다. 일본의 교통 관련 애플리케이션이나 홈페이지를 통해 이동경로와 시간표를 검색해볼 수 있지만 일본어만 지원하므로 한국인 여행자는 구글 맵Google Map을 이용하는 것이 편리하다. 버스 번호와 시간, 승하차 정류장이 비교적 정확하므로 유용하게 쓸 수 있다.

● **버스 이용 방법**

※ 기본 뒷문으로 승차하고 앞문으로 하차한다. 현금으로 낼 경우 거스름돈이 나오지 않으므로 잔돈을 미리 준비해 둬야 한다.

①

행선지를 확인한 후 뒷문으로 승차한다.

③ 하차할 정류장을 모니터로 확인한 후 하차벨을 누른다.

②

IC 교통카드 기계에 터치한다.
현금 정리권을 뽑는다.
패스 보이는 빈자리에 서거나 앉는다.

④ **IC 교통카드** 기계에 한 번 더 터치한다.
현금 전방에 설치된 요금표를 보고 정리권과 일치하는 번호의 금액을 정리권과 함께 요금함에 낸다.
패스 운전기사에게 소지한 패스를 제시한다.

버스 전방에 설치된 요금표

단돈 ¥150에 버스를 이용할 수 있는 구역

하카타, 텐진, 야쿠인 지역 내를 니시테츠 버스로 이동하면 단돈 150엔에 이용 가능하다(어린이, 장애인은 80엔). 단, 정해진 구역 내에서만 적용되는 요금이니 다음 페이지의 구역 지도를 참고한 후 이용하자.

150엔 버스 구역

---- 150엔 버스 구역

쿠라모토
蔵本

고후쿠마치
呉服町役

나카스카와바타
中洲川端役

기온
祇園役

텐진키타
天神北

나카스
中州

쿠시다 신사
櫛田神社

텐진
天神역

니시테츠 西鉄 후쿠오카(텐진) 福岡(天神)역
&니시테츠텐진 고속버스터미널
西鉄天神高速バスターミナル

캐널시티하카타
キャナルシティ博多

JR
하카타
博多역

텐진미나미
天神南역

케고진자마에
警固神社前
(케고신사 앞)

하루요시
春吉

야쿠인
薬院역

와타나베도오리
渡辺通役

야쿠인에키마에
薬院駅前(야쿠인역 앞)

렌세츠 버스 連節バス

하카타항을 출발하여 하카타역, 텐진의 주요 명소를 도는 순환 버스가 새롭게 탄생했다. 코스는 ① 하카타항 국제터미널 博多港国際ターミナル — ② 마린멧세 앞 マリンメッセ前 — ③ 국제회의장·선팔레스 앞 国際会議場·サンパレス前 — ④ 후쿠오카 시민회관 福岡市民会館 — ⑤ 텐진 天神 — ⑥ 와타나베도오리잇초메 渡辺通一丁目 — ⑦ 하카타역 博多駅 — ⑧ 고후쿠초 呉服町 — ⑨ 쿠라모토 蔵本 — ③ 국제회의장·선팔레스 앞 国際会議場·サンパレス前 — ② 마린멧세 앞 マリンメッセ前 — ① 하카타항 국제터미널 博多港国際ターミナ이다. 15분에 한 대씩 운행하며, 요금은 하카타역과 텐진은 ¥150, 텐진과 하카타항은 ¥210, 하카타역과 하카타항은 ¥260이다(6세 이상 12세 미만 어린이는 반값).

하카타항 국제터미널
博多港国際ターミナル

하카타항 포트타워
博多ポートタワー

福岡都市高速環状線

하카타 버스터미널
博多バスターミナル

텐진
天神

JR 하카타
博多

202

 지하철

후쿠오카 시내 중심가를 위주로 운행하는 교통수단. 여행자가 주로 방문하는 관광지와 번화가를 지나고 노선이 단순하므로 이용하는 데 어려움은 적은 편이다. 단지 노선과 정류장이 세분화되어 있는 버스보다는 이용 빈도수가 많지는 않다. 숙소와 목적지가 지하철역에 인접해 있다면 이용할 것을 추천한다. 승차표를 일일이 구입하기 번거롭다면 충전식 IC교통카드 '하야카켄 はやかけん, 니모카 nimoca, 스고카 SUGOCA' 또는 1일 승차권을 구입하여 사용하면 편리하다. 노선별 설명 및 지하철역에 대한 자세한 내용은 **P.132** 를 참고한다.

💰 1회 승차–성인 ¥210~380(이동 거리에 따라 상이), 어린이 ¥110~190, 1일 승차권–성인 ¥640, 어린이 ¥320, 교통카드 보증금 ¥500(단, 주말·공휴일. 여름방학 및 겨울방학 시즌에는 초등학생을 위한 ¥100 패스를 판매한다.)

● **지하철 이용 방법**

※ IC 교통카드는 한국과 동일한 방식으로 터치 후 통과한다. 단, IC 교통카드가 없다면 자동발매기로 승차권을 구입해야 한다.

① 운임표로 요금을 확인한다.

② 자동발매기 우측 상단에 한국어 버튼을 누른다.

③ 요금 버튼을 선택하고 금액을 넣는다.

④ 표를 투입하고 개찰구를 통과한다.

⑤ 행선지를 확인하고 열차에 탑승한다.

 TRAVEL TIP

심벌마크를 확인하자
지하철역마다 심벌마크를 표시해두었다. 역의 상징이 되는 요소를 디자인한 것으로 벚꽃놀이로 유명한 오호리 공원과 가까운 오호리코엔 大濠公園역은 벚꽃이, 후쿠오카시 동물원 부근의 야쿠인오오도오리 薬院大通역은 코끼리가 그려져 있다.

니시테츠西鉄전철

후쿠오카의 대중교통을 책임지는 니시테츠에서 운행하는 전철로 텐진 중심가에 위치한 후쿠오카(텐진)福岡(天神)역이 주요 역이다. 참고로 이 역사의 3층은 텐진고속버스터미널로, 지하는 지하철 텐진역으로 쓰인다.

●주요 이용 역

다자이후텐만구太宰府天満宮 – 다자이후太宰府역

야나가와柳川 – 니시테츠야나가와西鉄柳川역

카에루데라かえる寺 – 미사와三沢역

쿠루메久留米 – 니시테츠쿠루메西鉄久留米역

JR전철

키타큐슈北九州 지역과 히로시마広島, 오카야마岡山, 오사카大阪 등 지방 도시로 이동 시 이용하는 교통수단이며 큐슈지역의 거점이자 후쿠오카의 관문인 하카타博多역이 JR전철의 주요 역이다.

●주요 이용 역

코쿠라小倉 – 코쿠라小倉역

아이노시마相島 – 훗코다이마에福工大前역

우미노나카미치 해변공원海ノ中道海浜公園 – 우미노나카미치海ノ中道역

난조인南蔵院 – 키도난조인城戸南蔵院역

자전거

자전거 대여점에서 하루 동안 자전거를 빌리거나 공유자전거 '차리차리 Charichari'를 이용하는 방법이 있다. 차리차리는 현재 후쿠오카에서 널리 보급된 공유자전거로, 서울의 따릉이나 대전의 타슈와 같이 애플리케이션을 다운로드 받아 QR코드를 통해 간단하게 이용 가능한 방식이다. 애플리케이션은 일본어로 되어 있지만 이용 방법은 간단한 편이라 어렵지는 않다. 자전거는 일반 자전거와 전동 자전거 두 종류가 있으며, 일반은 분당 ¥7, 전동은 분당 ¥17의 비용이 든다. 대중교통을 이용하기 애매한 거리 또는 기분전환으로 이용하면 좋다. **차리차리** 🌐 charichari.bike

●차리차리의 이용 절차

Cahrichari
애플리케이션

1 Cahrichari 애플리케이션 다운로드 후 신규등록 新規登録 진행
↓
2 이름, 메일주소, 전화번호, 생년월일, 신용카드 정보를 입력 후 등록
↓
3 애플리케이션에서 자전거가 있는 가장 가까운 위치 체크
↓
4 사용 가능한 자전거 대수 확인 후 장소를 방문 ⟶ 5 앱에서 '열쇠를 열다 鍵をあける'를 누르고 자전거에 부착된 QR코드를 인식 ⟶ 6 자전거의 잠금장치가 열리면서 이용 가능
↓
7 다음 정류장 확인 후 자전거 타기 시작 ⟶ 8 차리차리 전용 정류장에 자전거를 두고 자물쇠를 잠그면 이용 종료 ⟶ 9 요금은 이용 다음 달 2일에 결제된다.

택시

교통비가 비싼 나라인 만큼 택시 요금도 비싼 편이다. 기본 요금은 ¥830(근거리는 ¥ 670)으로, 운행 거리가 1,600m를 넘어설 경우 268m마다 ¥80씩 가산된다. 또 도로 정체로 인해 시속 10km 이하로 운행 시 정차하는 시간을 감안해 1분 40초마다 ¥80씩 가산된다. 손을 들어 택시가 서면 저절로 문이 열리는 자동문 시스템이니, 직접 열지 않아도 된다.

판다 택시

표시등이 판다 모양으로 되어있는 택시가 간혹 보일 것이다. 기본 요금 ¥310으로 시작해 많은 후쿠오카 사람들이 애용하는 판다 택시는 저렴한 요금으로 인기가 높다. 하지만 대부분 예약제로 영업하며 거리에서 빈 차를 발견하여 승차할 경우 굉장히 운이 좋다고 할 수 있다.

☎ 예약 전화 092-716-2170(일본어)
🌐 pandataxi.com

디디 DiDi

Uber
우버택시
Uber Taxi

MK
TAXI
엠케이 MK

TRAVEL TIP

모바일 택시 배차 서비스

카카오택시와 우티 등 스마트폰 애플리케이션을 통한 모바일 차량 배차 서비스는 일본에서도 보편적으로 사용되고 있다. 후쿠오카에서 이용 가능한 대표적인 애플리케이션은 디디 DiDi, 우버택시 UberTaxi, 엠케이 MKC다.

디디 DiDi는 서비스 중인 택시 차량이 많은 편이라 후쿠오카에서 가장 배차가 빠른 서비스로 알려져 있다. 게다가 택시 예약 시 별도 요금이 부과되지 않는 점도 인기 요인으로 꼽힌다. 야나가와시를 제외한 후쿠오카의 주요 도시에서 이용 가능하다. 애플리케이션 다운로드 후 한국 전화번호로도 가입이 가능하므로 미리 등록해두는 편이 좋으며, 한국어 지원이 되지 않아 영어로 이용해야 하지만 사용 방법은 그다지 어렵지 않다.

디디 다음으로 배차가 빠른 서비스는 우버 택시 UberTaxi다. 우버택시는 애플리케이션을 설치하지 않고 이용 가능해 편리하다. 우버 택시는 우티 UT 애플리케이션을 통해서 가능한데, 애플리케이션을 켜고 현 위치를 일본으로 잡는 순간 현지 서비스로 자동 전환되어 바로 이용할 수 있다. 한국에서 사용했던 방식 그대로 이용할 수 있어 따로 이용법을 익히지 않고 사용할 수 있다. 단, 후쿠오카시를 제외한 타 지역에서 서비스가 되지 않는 애플리케이션이 있으니 참고하자.

대중교통 이용 시 주의사항

버스 승차 입구

후쿠오카의 노선 버스는 뒷문으로 승차하여 앞문으로 하차한다. 렌세츠 버스처럼 문이 여러 개 있는 경우는 예외적으로 중앙문 또는 뒷문으로 승차하여 앞문과 뒷문으로 하차한다. 고속버스는 앞문 하나뿐이므로 승하차 모두 앞문을 이용한다.

하차 출구　　　승차 입구

에스컬레이터의 통행 방향

후쿠오카현과 오이타현(벳부, 유후인) 철도 역사에 설치된 에스컬레이터 이용 시 통행 방향에 주의할 것. 좌측 통행인 한국과 반대 방향인 우측 통행이기 때문이다. 좌측에 서서 우측으로 올라가거나 내려가도록 한다.

여성 전용 차량의 운행

니시테츠 西鉄 전철 후쿠오카(텐진) 福岡(天神) 역에 7시 31분부터 8시 26분 사이에 도착하는 급행, 특급 열차의 마지막 칸은 '여성 전용 차량 女性専用車両'으로 여성, 초등학생 이하 어린이, 몸이 불편한 승객과 그의 도우미만 승차할 수 있다. 플랫폼 바닥에 표시되어 있으며, 부득이하게 차량에 승차한 경우 다음 칸으로 이동하면 된다.

急行
◄福岡(天神)方面　　　　　　　　　大牟田方面 ►

| 1両目 | 2両目 | 3両目 | 4両目 | 5両目 | 6両目 | 7両目 |

차량 내 지켜야 할 매너

대중교통에 일렬로 줄을 선 순서대로 승차하는 것은 기본이나 일본은 타 국가보다 더욱 엄격하게 지켜지고 있다. 차량 내에서 스마트폰 벨 소리는 매너모드로 전환하며, 전화 통화는 하지 않는 것을 원칙으로 한다. 부피가 큰 백팩을 메고 있다면 앞으로 바꿔 메든지 땅에 두어 다른 사람에게 방해되지 않도록 간수하도록 한다. 또한 하차 시 버스가 완전히 멈춘 후 이동하여 내리도록 한다. 일본에서는 버스가 주행할 때 움직이면 위험하다는 인식이 강하므로 정차한 다음에 움직이도록 하자.

전철의 플랫폼 확인 방법

철도 역사에 도착하여 승차할 열차의 플랫폼을 모르겠다면 역무원에게 묻거나 구글맵에서 확인하는 방법이 있다. 구글맵에서는 경로 검색 시 열차명, 출발시각, 도착시각과 함께 승차 플랫폼이 표시된다.

IC카드 이용하기

후쿠오카에서 교통패스를 사용하지 않고 대중교통을 이용하려면, 선불교통카드인 IC 교통카드를 구입하는 것이 편리하다. 이동할 때마다 일일이 티켓을 구입해야 하는 번거로움을 덜 수 있음은 물론, 일부 교통수단은 요금 할인까지 적용 받을 수 있기 때문이다.

IC카드 종류

후쿠오카에서 발급받을 수 있는 IC 교통카드는 후쿠오카시 지하철에서 발행하는 하야카켄 , JR 큐슈 JR九州의 스고카 SUGOCA, 니시테츠의 니모카 nimoca 세 종류가 있다. 세 카드 모두 후쿠오카에서 운행하는 전철, 지하철, 버스 등 대부분의 대중교통수단에서 이용할 수 있다(택시도 일부 차량에 한해 결제 가능). 세 카드 모두 도쿄, 오사카, 교토, 홋카이도, 나고야 등 전국 각지에서도 상호 이용 가능하니 참고하자.

발급방법

후쿠오카 공항에서 발급받을 수 있는 것은 니모카와 하야카켄. 니모카는 공항 도착층에 자리하는 니시테츠 버스 인포메이션에서 구매 가능하며, 하야카켄은 지하철 후쿠오카 공항역에 설치된 판매기를 통해 구매할 수 있다. 스고카는 JR 전철 하카타博多역에 있는 JR전철의 티켓 자동판매기 또는 역사 내 JR큐슈 九州 인포메이션 센터인 '미도리노마도구치 みどりの窓口'에서 구매할 수 있다.

가격

보증금 ￥500과 충전 요금 ￥1,500을 포함한 ￥2,000이다. 충전은 각 발행처에서만 가능한 점을 잊지 말자. 니모카는 니시테츠역, 스고카는 JR 전철역, 하야카켄은 지하철역 티켓 자동 발매기에서 ￥500·1,000·2,000·3,000·5,000·10,000 단위로 충전할 수 있다(한국어 지원). 환불은 각 역사 인포메이션 창구에서 가능한데, 남은 충전 요금에서 ￥220을 제외한 금액과 함께 보증금 ￥500을 돌려받을 수 있다. 참고로 후쿠오카 공항 국제선 버스 인포메이션 카운터에서는 니모카 환불이 불가능하다.

결제수단으로 사용하기

IC카드는 일본 전국 대부분의 대중교통에서 사용 가능한 교통카드다. 충전은 JP전철역 티켓 자동 발매기와 편의점 카운터에서 가능하다. 교통카드 기능 외에도 편의점, 슈퍼마켓, 백화점, 드러그스토어, 서점, 상업시설에서 결제카드로도 이용할 수 있다. IC카드 로고가 부착된 점포라면 결제수단으로 이용 가능하다는 의미이므로 점포 입구나 계산 카운터를 유심히 살펴보자. 주요 사용처는 아래와 같다.

交通系ICカード全国相互利用のシンボルマーク

편의점	세븐일레븐	카페	스타벅스	생활용품	무인양품
	로손		도토루	드러그 스토어	마츠모토키요시
	미니스톱	패스트푸드	KFC		산드러그
	패밀리마트		맥도날드		웰시야
	뉴데이즈		미스터도넛		코코카라파인
슈퍼마켓	이토요카도		마츠야	패션잡화	ABC마트
	이온몰		요시노야	서점	키노쿠니야
종합쇼핑	돈키호테		스키야	가전	빅카메라

한국에서 IC카드 미리 발급하기

최신 IOS가 설치된 아이폰8 시리즈 이후 기종과 애플 워치3 시리즈 이후 모델에서는 애플 지갑에 JR동일본 東日本에서 발행하는 IC카드 스이카 Suica, JR서일본의 西日本의 이코카 ICOCA, 도쿄메트로의 파스모 PASMO를 추가할 수 있다. 마스터카드와 비자카드로 발급한 현대카드 소지자만 애플페이를 통한 충전이 가능하다는 번거로움이 있지만 카드 소지에 불편함을 겪는 이라면 시도할 만하다.

잔액
JPY83

리더기 가까이 들고 있으십시오.

아이폰과 애플워치에 내장된 IC카드 충전 방법

·JR전철 역사 충전기계에서 충전하기(현금, 신용카드, 체크카드 사용 가능)
전철 역사에 설치된 충전 기계 중 최신 기종에 한해서만 가능하다. 아이폰과 애플워치를 이미지에 표시된 부분에 두고 인식이 되면 LANGUAGE를 누르고 한국어를 선택하여 충전을 진행하면 된다.

·편의점 ATM에서 충전하기(현금만 가능)
세븐일레븐에 설치된 ATM에서
충전을 할 수 있다.
① 충전 チャージ 버튼을 클릭한다.
② 교통계전자머니 交通系電子マネー를
   클릭한다.
③ ATM 리더기에 IC카드를 켠 아이폰
   또는 애플워치를 둔다.
④ 인식이 되면 충전 チャージ 버튼을
   클릭한다.
⑤ 충전할 금액을 선택한다.
⑥ 충전이 끝날 때까지 기다린 다음
   완료되면 스마트폰을 뗀다.

© JR East Japan
Railway Company

© SEVEN BANK

TRAVEL
TIP

후쿠오카 대중교통 노선도

노코노시마
能古島

하카타만
博多湾

시사이드 모모치 해변공원
シーサイドももち海浜公園

후쿠오카 타워
福岡タワー

후쿠오카 페이
福岡PayPayド

JR 치쿠히 筑肥線

K 01 메이노하마 姪浜
K 02 무로미 室見
K 03 후지사키 藤崎
K 04 니시진 西新
K 05 토오진마 唐人町

오호리 공원
大濠公園

TRAVEL TIP

전철과 지하철 이용 시 명심해야 할 점
각 철도 회사마다 부가하는 요금이 다르다는 점을 명심하자. 니시테츠 전철과 지하철을 동시에 이용했을 경우, 니시테츠 출발역과 환승역 사이의 요금, 환승역과 지하철역 사이의 요금이 별도로 부가된다. 또한 똑같은 역명일지라도 전철과 지하철은 각각 다른 역사를 이용한다. 예를 들어 JR 하카타 역과 지하철 하카타 역의 플랫폼은 떨어져 있어 환승하려면 어느 정도 걸어야 한다. 가급적 같은 철도 회사의 역을 이용하는 것이 저렴하며, 환승 시 어려움도 적다.

베후 別府
N 10
N 11 롯뽄마ㅊ 六本松

N 01 하시모토 橋本
N 02 지로마루 次郎丸
N 03 가모 賀茂
N 04 노케 野芥
N 05 우메바야시 梅林
N 06 후쿠다이마에 福大前
N 07 나나쿠마 七隈
N 08 가나야마 金山
N 09 자야마 茶山

FEATURE

지역별 유용한 교통패스

후쿠오카

● **후쿠오카 투어리스트 시티 패스 Fukuoka Tourist City Pass**

후쿠오카의 대중교통을 책임지는 니시테츠 西鉄가 단기 외국인 여행자를 위해
만든 1일 승차권. 후쿠오카 시내를 오가는 니시테츠 버스, JR전철, 후쿠오카시
지하철, 쇼와 昭和버스를 하루 동안 무제한 이용할 수 있다(니시테츠 전철 제외).
그 외 후쿠오카 타워, 라쿠스이엔, 나미하너유 등 입장료 할인 혜택도 주어진다.
2023년, 지류 티켓이 사라지고 애플리케이션 'my route(마이 루트)'(한국어 지
원)를 통해서만 구입이 가능하다. 애플리케이션 이용 시 신규 계정과 결제할 카
드를 등록해야 한다.

🅰 이용 가능 명소 후쿠오카공항, 후쿠오카 시내 중심가, 아사히 맥주공장, 마리노아
시티, 우미노나카미치 해변공원, 시카노시마 🅑 성인 ￥2,500, 어린이 ￥1,250 🅒
yokanavi.com/ko/tourist-city-pass, [my route] www.myroute.fun

추천

● **후쿠오카 시내 1일 자유승차권(그린 패스)**

후쿠오카시 전 지역의 니시테츠 노선 버스를 하루 동안 자유롭게 승하차할 수 있는 승차권.
단, 후쿠오카 오픈탑버스, 특급버스, 다자이후 라이너 버스 '타비토 旅人'는 이용할 수 없다.

🅰 이용 가능 명소 투어리스트 시티 패스 지역 + 노코노시마, 이온 마리나타운(아카짱혼포)
🅑 성인 ￥1,200, 어린이 ￥600 🅒 www.nishitetsu.jp/bus/jyousha/cityfree

● **후쿠오카 체험 버스 티켓 Fukuoka Taiken Bus Ticket**

후쿠오카의 관광, 음식, 온천, 기념품 등을 체험할 수 있는 티켓 두 장과 버스 1일 자유승차권을 제공하는 세트. 티
켓을 구입한 후 홈페이지에서 프로그램의 내용을 살펴보고 방문 전 체험하고 싶은 곳을 전화로 미리 예약하는 절
차를 거쳐야 한다.

🅑 ￥1,750~ 🅒 www.taiken-bus.com/ko

TRAVEL TIP

스마노리호다이 スマ乗り放題
지류 티켓 없이 스마트폰 애플리케이션의 디지털 티켓으로 니시테츠 버스를 이용할 수 있는 승차
권이다. 전용 애플리케이션인 'my route'를 통해 구입할 수 있다. 후쿠오카 시내를 오가는 버스만
이용할 경우 '후쿠오카 시내 자유 승차권'을 이용하면 편리하다. 6시간, 24시간 두 종류가 있으며,
성인 1인 구입으로 초등학생 1명까지 무료로 이용할 수 있어 어린이 동반 여행자에게 유리하다(미
취학 아동은 승차 무료). 시내 승차권 외에도 후쿠오카 시내+다자이후 라이나 버스 타비토를 묶은
승차권과 키타큐슈 지역 자유 승차권도 판매하고 있다.
🅑 [후쿠오카 시내 자유 승차권] 6시간 성인 ￥700, 어린이 ￥350, 24시간 성인 ￥1,100, 어
린이 ￥550, [키타큐슈지역 자유 승차권] 24시간 성인 ￥1,000, 어린이 ￥500, 48시간 성인
￥1,800, 어린이 ￥900 🅒 www.nishitetsu.jp/bus/sumanori

후쿠오카+근교여행

● 후쿠오카투어리스트 시티 패스(후쿠오카시내+다자이후)

후쿠오카 시내 대중교통(니시테츠 전철, 니시테츠 버스, JR전철, 후쿠오카시 지하철, 쇼와 버스)과 다자이후로 가는 니시테츠 전철을 하루 동안 무제한으로 이용할 수 있는 시티 패스. 후쿠오카 시내와 다자이후를 관광할 때 사용하면 좋다.
❶ 성인 ¥2,800, 어린이 ¥1,400

추천
● 후쿠오카시내+다자이후 라이너 버스 타비토 1일 자유승차권

후쿠오카 시내 1일 자유승차권(그린 패스)에서 다자이후 라이너 버스 '타비토旅人'를 추가한 티켓. 타비토는 하카타 버스터미널과 다자이후 간을 40분 만에, 후쿠오카공항은 25분 만에 연결하는 관광버스다. 후쿠오카 시내와 다자이후를 하루만에 돌아볼 때 사용하면 좋다.
❶ 성인 ¥2,000, 어린이 ¥1,000

● 후쿠오카 원데이 패스 Fukuoka 1Day Pass

니시테츠의 전철과 버스를 하루 동안 자유롭게 이용할 수 있는 승차권. 전철은 니시테츠 텐진오무타天神大牟田선의 텐진天神역-야나가와柳川역 구간과 다자이후太宰府선, 아마기甘木선의 모든 역에 유효하며, 버스는 후쿠오카, 쿠루메久留米, 사가佐賀, 치쿠호筑豊 지역(일부 지역 제외)에서 이용이 가능하다. 후쿠오카와 근교를 하루만에 둘러보면서 전철과 버스를 동시에 이용할 때 사용하면 좋다.
❶ 성인 ¥2,800, 어린이 ¥1,400 ◐ www.ensen24.jp/kippu/32

근교여행

● 다자이후·야나가와 관광티켓 太宰府·柳川観光きっぷ

니시테츠 전철 후쿠오카(텐진)福岡(天神)역과 야쿠인薬院역과 다자이후, 야나가와역 간 왕복 승차권과 뱃놀이 승선권 세트. 전철 이용 도중 하차는 다자이후, 야나가와만 가능하며, 개시일로부터 2일간 유효하다. 각종 할인 특전도 있다.
❶ 디지털티켓 성인 ¥3,210 어린이 ¥1,610 지류티켓 성인 ¥3,340 어린이 ¥1,680
◐ www.ensen24.jp/kippu/1

● 다자이후 산책 티켓 太宰府散策きっぷ

니시테츠 전철 후쿠오카(텐진) 福岡(天神)역과 야쿠인薬院역과 다자이후 간 왕복 승차권과 다자이후의 명물 떡인 우메가에모찌梅ヶ枝餅 교환권이 세트로 된 티켓. 사용 기간은 이틀이다.
❶ 성인 ¥1,060, 어린이 ¥680 ◐ www.ensen24.jp/kippu/2

● 후쿠키타 티켓 福北きっぷ

니시테츠 후쿠오카(텐진)역과 다자이후역 간 편도 승차권과 후쿠오카(텐진) 버스 터미널과 코쿠라 간 편도 승차권을 결합한 세트 티켓. 구입 후 7일간 사용 가능. 역 사이 도중 하차는 불가능하다.
❶ ¥1,560 ◐ www.ensen24.jp/kippu/11

● 쿠루메 고메 티켓 くるめグルメきっぷ

니시테츠 전철 후쿠오카(텐진) 역과 쿠루메 久留米 역 간 왕복 승차권과 라멘, 야키토리 등 음식을 먹을 수 있는 식사권 2장이 세트로 구성된 티켓. 이용 가능한 식당과 메뉴는 홈페이지를 참고하면 된다.

● 후쿠오카역 출발 기준 ¥2,110 ● www.ensen24.jp/kippu/25

● 야나가와토쿠모리 티켓 柳川特盛きっぷ

니시테츠 전철 오무타 大牟田선의 역과 야나가 간 왕복 승차권과 뱃놀이 승선권, 야나가와의 향토요리 식사권이 세트로 된 티켓.

● 니시테츠 전철 후쿠오카(텐진) 福岡(天神)역 출발 기준 ¥5,500 ● www.ensen24.jp/kippu/5

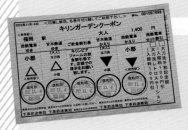

● 기린 가든 쿠폰 キリンガーデンクーポン

니시테츠 전철 텐진오무타 天神大牟田선, 후쿠오카(텐진) 福岡(天神)선 또는 야쿠인 薬院역과 니시테츠오고오리 西鉄小郡역 간 왕복 승차권과 아마기 철도 甘木鉄道 오고오리 小郡역과 타치아라이 太刀洗역 왕복 승차권, 레스토랑 '기린 비어 팜 キリンビアファーム'의 할인 쿠폰으로 구성된 티켓.

● 니시테츠 전철 후쿠오카(텐진) 福岡(天神) 출발 기준 성인 ¥1,650, 어린이 ¥840 ● www.ensen24.jp/kippu/9

큐슈 지역

후쿠오카가 위치한 큐슈 지역을 여행할 때 비싼 교통비를 절감할 수 있는 패스가 있다. 니시테츠 西鉄 버스를 이용해 지역 간을 이동하는 '산큐 패스 SUNQ PASS'와 JR전철을 이용해 열차로 이동하는 'JR레일패스 JR RAIL PASS'는 후쿠오카를 비롯해 나가사키長崎, 쿠마모토熊本, 미야자키宮崎, 카고시마鹿児島 등 큐슈의 유명 관광도시를 3~5일간 무제한 이용할 수 있다. 지역마다 이동이 용이한 수단이 다른데, 버스인 경우 열차보다 시간은 다소 소요되지만 일부 노선은 직통으로 운행하여 갈아타야 할 필요가 없다. 열차 역시 버스보다 시간은 빠르지만 일부 노선은 환승해야 하는 경우가 있어 번거롭다는 단점이 있다. 다음 행선지가 어디냐에 따라 모두 달라지기 때문에 동선을 짠 다음 패스를 선택해야 한다. 일본으로 출발하기 전 국내 인터넷 소셜커머스나 여행사를 통해 구입하는 것이 저렴하므로 미리 준비해두자.

산큐패스 ● 3일권 북큐슈+시모노세키·나가토 ¥12,000, 남큐슈 ¥10,000, 전큐슈+시모노세·나가토 ¥14,000 4일권 전큐슈+시모노세·나가토 ¥17,000 ● www.sunqpass.jp/kr

JR레일패스 ● 3일권 성인 ¥20,000, 어린이 ¥10,000, [북큐슈] 성인 ¥12,000, 어린이 ¥6,000, [남큐슈] 성인 ¥10,000, 어린이 ¥5,000, 5일권 [전 큐슈] 성인 ¥22,500, 어린이 ¥11,250, [북큐슈] 성인 ¥15,000, 어린이 ¥7,500, 7일권 [전 큐슈] 성인 ¥25,000, 어린이 ¥12,500 ● www.jrkyushu.co.jp/sp/korean
*어린이 만 6~11세

NEW ● JR 큐슈 모바일 패스

후쿠오카 시내와 인근 지역을 달리는 JR전철의 보통열차와 특급열차 자유석을 2일간 연속 무제한 승하차 가능한 패스. 온라인 여행 플랫폼 또는 my route 애플리케이션에서 구매할 수 있다.

● 성인 ¥3,500, 6~11세 ¥1,750 ● www.jrkyushu.co.jp/korean/railpass/mobilepass.html

TRAVEL TIP

산큐패스&JR레일패스 이용 절차(두 패스 공통)
출발 전 패스 구입 → 예약제 일정인 경우 홈페이지에서 미리 예약 → 이용 당일 각 회사 발매 창구에서 티켓을 개시 → 승차 전 승무원에게 패스를 제시 → 연속 3~5일간 무제한으로 사용
● 예약 홈페이지 버스 www.highwaybus.com, 열차 kyushurailpass.jrkyushu.co.jp/reserve

Plan the Travel

137

관광 투어 버스

여행사와 버스 회사에서는 여행자가 선호하는 관광지를 중심으로 한
버스 투어를 운영하고 있어 후쿠오카와 근교 여행을 더욱 편리하게 즐길 수 있다.

● 후쿠오카 시내를 도는 버스 투어

지붕 없는 2층 버스를 타고 후쿠오카 시내 주요 관광지를 도는 '후쿠오카 오픈탑버스福岡オープントップバス'는 짧은 일정 내에 다채로운 풍경을 즐기고 싶을 때 적극 추천하는 투어다. 4세 이하는 승차할 수 없으므로 주의하자.
◎ 탑승장 텐진·후쿠오카시야쿠쇼마에(天神·福岡市役所前) ● 혜택 승차 당일은 후쿠오카 시내의 니시테츠버스를 자유롭게 승하차할 수 있으며 기타 시설의 입장료를 할인받을 수 있다 ● 성인 ¥2,000, 어린이 ¥1,000 ● 0120-489-939 ●
fukuokaopentopbus.jp

오픈탑버스
정류장

후쿠오카 시청 1층에
위치한 승차권 카운터

● 운행 코스

시사이드 모모치 후쿠오카 타워와 후쿠오카돔이 있는 항만 지역을 달리는 코스
소요시간 60분 출발 시각 10:00 12:00 14:00

하카타 도심 후쿠오카의 옛 모습이 담긴 쿠시다신사, 후쿠오카성터를 달리는 코스
소요시간 60분 출발 시각 16:30

후쿠오카 야경 후쿠오카의 멋진 야경을 즐기는 코스
소요시간 80분 출발 시각 18:30
※시내 야경을 보고 공항도 둘러보는 나이트크루즈 에어포트 코스도 있다.

● 구입 방법

한국 여행사나 여행 예약 플랫폼 사이트에서 온라인 구매가 가장 편리하고 저렴하다. 일본 현지에서 구입할 경우 전화로 예약하거나 승차 당일 후쿠오카 시청福岡市役所 1층에 있는 승차권 카운터에서 출발 시간 20분 전까지 구입하면 된다. 단, 좌석이 남아 있을 때만 가능하다.

후쿠오카를 처음 가는
여행자를 위한 정통 코스

일수	3박 4일
여행지	후쿠오카, 유후인, 다자이후

1일째

후쿠오카공항 → 버스 2시간 20분 또는 열차 2시간 10분 → JR 유후인역 또는 유후인역 앞 버스센터 → 바로 → 유노츠보 거리 ❶ P.277 → 도보 20분 →

온천이 있는 료칸에서 숙박 P.318~319 ← 도보 이동 또는 송영버스 이용 ← 킨린코 ❷ P.280

2일째

JR 유후인역
또는 유후인역
앞 버스센터
→ 버스 2시간
20분 또는
열차 2시간
10분 →
하카타 도착
⋯ 지하철
15분 ⋯→
오호리 공원 **3**
P.236
⋯ 버스 20분 ⋯

텐진
번화가 구경
←⋯ 버스 30분 ⋯
후쿠오카 타워 **5**
P.212
←⋯ 도보 3분 ⋯
시사이드 모모치
해변공원 **4**
P.213

3일째

숙소
(후쿠오카)
⋯→
완간시장 **6**
P.223
⋯ 도보 2분 ⋯→
하카타
포트타워
P.222
⋯ 도보 2분 ⋯
나미하노유에서
온천 타임 **7**
P.224
⋯ 버스 20분
(지하철
기온 祇園역
기준)

나카스
야타이 즐기기 **8**
P.48
▶ 맵북 P.8-A3·B3
←⋯ 도보 5분 ⋯
캐널시티 하카타
P.154
←⋯ 도보 10분 ⋯
하카타 & 기온
일대 산책 **P.158~163**
(**P.143** 후쿠오카의 옛 정취를
느끼는 코스 1일째 참조)

4일째

숙소
(후쿠오카)
⋯ 전철 20분
(텐진 출발
기준) ⋯→
다자이후텐만구 **9**
P.250

전철+지하철
1시간
↓

한국 입국
←⋯⋯
후쿠오카공항
도착

후쿠오카 추천 여행 일정

후쿠오카를 재방문하는
여행자를 위한 리피터 코스

일수	2박 3일
여행지	후쿠오카, 이토시마, 뇨이린지 또는 난조인

1일째

아타고신사 ❷
P.90

↑ 지하철 20분

니시진
P.218

↑ 지하철 6분

후쿠오카공항 → 버스 2시간 20분 또는 열차 2시간 10분 → 야쿠인 **P.202** → 지하철+전철 20분 → 롯뽄마츠 ❶ **P.244**

2일째

숙소 → 하카타/텐진 출발 기준 지하철 30~35분 → 이토시마 **P.262** → 자동차 30분 → 이토시마 해선당에서 점심식사 **P.266** → 버스 30분 → 케야노오오토 ❸ **P.264**

사쿠라이 후타미가우라 부부암 ❹ **P.264** ← 자동차 20분 ← 바다를 따라 해안도로 달리기 ← 케야노오오토 공원 **P.265** ← 자동차 10분 ←

↓ 자동차 1분 또는 도보 8분

팜 비치 가든에서 저녁식사 ❺ **P.267**

3일째

숙소 출발 ┈ **난조인** 하카타/텐진 출발 기준 30분, **뇨이린지** 하카타/텐진 출발 기준 1시간 → 뇨이린지 또는 난조인 ❻ **P.74** 또는 **P.76**

난조인 전철+지하철 45분, **뇨이린지** 전철+지하철 1시간

한국 입국 ← 후쿠오카공항

일수	3박 4일
여행지	후쿠오카, 벳부

온 가족이 함께 하는
패밀리 코스

1일째

후쿠오카 공항 → 버스 2시간 15~25분 또는 열차 2시간 20분 → JR 벳부역

버스 25분 ↓

벳부 료칸에서 온천 즐기기 P.320~321 ← 벳부지옥순례 ❶ ❷ P.287

2일째

 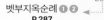

숙소 출발 ⋯⋯ JR 벳부역 → 열차 3시간 → 국영 우미노나카미치 해변공원 ❸ P.226 → 도보 25분 → 마린월드 우미노나카미치 ❹ P.227 → 열차 50분 → JR 하카타 시티 ❺ P.150

3일째

후쿠오카 타워 ❽ P.212

도보 3분 ↑

시사이드 모모치 해변공원 P.213

버스+도보 16분 ↑

숙소 출발 ⋯⋯ 하카타/텐진 출발 기준 버스+페리 1시간 30분~45분 → 노코노시마 ❻ P.80, P.220 → 페리+버스 1시간 → 이온 마리나타운 ❼ P.215

4일째

숙소 출발 ⋯⋯ 캐널시티 하카타 ❾ P.154 → 도보+지하철 17분 → 후쿠오카 공항 → 한국 입국

후쿠오카 추천 여행 일정

식도락&쇼핑 집중 공략 코스

일수	2박 3일
여행지	후쿠오카 시내 구석구석

1일째

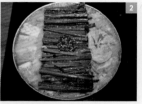

맛있는 명과부터 세련된 의류까지,
JR하카타시티
P.150

→ **하카타 라멘**으로
점심 식사
P.36

→ 한국인 여행자들의
필수 코스 **캐널시티 하카타 ❶**
P.154

후쿠오카 명물
모츠나베 ❷로
저녁식사
P.35, p.164

2일째

멘타이쥬 ❸로
아침식사
P.167

→ 아기자기한 상품이 모인
텐진지하상가 ❹에서 쇼핑 타임
P.193

→ 유명 패션브랜드의 총집합!
**텐진 3대 백화점
(후쿠오카 미츠코시, 이와타야, 다이마루)** 순회
P.196~P.197

하루의 마무리는
야타이에서!

← 텐진 곳곳에 있는
**돈키호테,
드러그스토어,
슈퍼마켓** 둘러보기
P.56

← **파르코 ❻&솔라리아 플라자** 등
패션몰에서
쇼핑 즐기기
P.197~198

← 모츠나베와 함께
후쿠오카 명물로
꼽히는 **미즈타키 ❺**로
점심식사
P.34, P.164

3일째

젊은이의
패션거리 **다이묘**

→ 요즘 뜨는 이곳!
야쿠인 ❼에서
현지인만 아는
맛집 방문하기
P.202

→ 셀렉트숍과
잡화점이 즐비한
이마이즈미&야쿠인
둘러보기

일수	2박 3일
여행지	후쿠오카, 야나가와, 다자이후

후쿠오카의 옛 정취를 느끼는 코스

1일째

후쿠오카
공항 → 하카타역
P.148 → 조텐지 ❶
P.162 → 토초지
P.162 → 카미카와바타
상점가 ❷
P.159 → 구 후쿠오카현
공회당 귀빈관 ❸
P.161 → 후쿠오카시
아카렌가
문화관
P.161

2일째

숙소
출발 ⟶ 하카타/텐진
출발 기준
전철 1시간 ⟶ 니시테츠야나가와
西鉄柳川역 ⟶ 도보
5분 ⟶ 야나가와 뱃놀이
선착장 ❹
P.258 ⟶ 배
1시간 ⟶ 야나가와 영주
타치바나 저택
오하나 ❺
P.260

다자이후텐만구
P.250 ⟵ 도보
5분 ⟵ 다자이후 大宰府역 ⟵ 도보+버스+전철
1시간 30분 ⟵ 야나가와 명물,
세이로무시로 점심식사
P.261 ⟵ 도보 3분

도보 5분 ⟶ 다자이후
스타벅스 ❻
P.253 ⟶ 도보+버스
15분 ⟶ 카마도
신사 ❼
P.84 ⟶ 버스+전철
50분 ⟶ 텐진에서
야타이로 마무리
P.48

3일째

숙소
출발 ┈┈⟶ 나카타팡에서 아침 식사
P.99 ⟶ 하코자키궁
P.163 ┈지하철
25분┈⟶ 후쿠오카공항

하카타・나카스

예부터 지리적 조건이 뛰어나 무역의 거점으로 이용되던 지역으로 현재도 큐슈九州의 중심지 역할을 톡톡히 해내고 있다. 초대형 역사와 '캐널시티 하카타'라는 거대한 쇼핑 명소를 비롯해 높은 건물이 즐비한 오피스 밀집 지역으로 대도시의 풍모가 느껴지지만, 곳곳에 자리한 시대의 잔상들을 통해 과거의 전통문화를 엿볼 수 있다. 하카타라멘, 우동, 미즈타키, 히토쿠치교자(한입교자) 등 후쿠오카의 향토음식이 탄생한 발상지답게 최고의 맛집들이 한데 모여 있어 입도 즐거운 지역이다.

MUST DO

01

볼거리, 즐길거리 가득한 복합시설 캐널시티 하카타에서 맛있는 음식, 즐거운 쇼핑 시간!

02

하카타의 사찰과 전통박물관을 방문하여 후쿠오카의 과거로 떠나보자.

03

없는 게 없는 후쿠오카의 쇼핑 명소, JR하카타시티에서 원 없이 쇼핑하기.

04

나카스 강변을 따라 펼쳐지는 일본식 포장마차 야타이에서 길거리 음식 즐기기.

MAP

하카타 개념도

- 고후쿠마치 呉服町
- 쇼후쿠지 聖福寺
- 하카타 리버레인 博多リバレイン
- 덴야마치 店屋町
- 토초지 東長寺
- 죠텐지 承天寺
- 나카스카와바타 中洲川端
- 기온 祇園
- 후쿠오카시 아카렌가 문화관 福岡市赤煉瓦文化館
- 카미카와바타 상점가 上川端商店街
- 수성공원 水上公園
- 나카스 中州
- 쿠시다 신사 櫛田神社
- 기온마치 祇園町
- 하카타 버스터미널 博多バスターミナル
- ←텐진
- 구 후쿠오카현 공회당 귀빈관 旧福岡県公会堂貴賓館
- JR 하카타 博多
- JR하카타시티 JR博多シテイ
- 텐진미나미 天神南
- 캐널시티 하카타 キャナルシティ博多
- 3초메 하카타에키마에 3丁目博多駅前
- 하루요시 春吉
- 라쿠스이엔 落水園
- 스미요시 住吉
- 스미요시 신사 住吉神社

N

0 175m 350m

하카타역 종합안내소

찾아가는 법

▸ 니시테츠 西鉄 버스

하카타 博多 정류장

▸ JR전철 · 지하철

하카타 博多역 또는 나카스 카와바타 中洲川端역

주요 시설

▸ 관광 안내소

- 하카타역 종합안내소 総合案内所

🏢 福岡市博多区博多駅中央街1-1 ☎ 092-431-3003
🕐 08:00~19:00, 연중무휴 ※영어, 한국어, 중국어 가능

- 후쿠오카공항 국제선 관광안내소

🏢 福岡市博多区青木739福岡空港国際ターミナル1F ☎ 092-473-2518 🕐 08:00~21:30

▸ 코인라커

- 하카타역 : 종합안내소 옆, 패밀리마트 옆, 역 출구 부근

- 캐널시티 하카타 : 동쪽 빌딩 1층, 남쪽 빌딩 지하 2층, 크리스털 캐니언 2층

- 아사히 맥주공장 내

1

JR하카타시티 구경하기 P.150

2

하카타 대표 사찰 산책
(조텐지, 토초지, 쇼후쿠지) P.162, p.163

3

나카스 인근에서
후쿠오카 옛 정취 만끽하기 P.161

4

카미카와바타 상점가 둘러보기 P.159

5

캐널시티 하카타에서 즐기기 P.154

6

나카스 강변 야타이에서
하루를 마무리하기 P.48 맵북 P.8-A3·B3

하카타 · 나카스의 볼거리

하카타역 博多駅

큐슈 지역의 현관문 역할을 하는 JR전철의 역사이자 관광, 맛집, 쇼핑 명소가 집결한 복합시설. 하카타 역사 내에 있는 JR하카타시티 JR博多シティ(아뮤플라자 하카타, 하카타 한큐, 하카타 1번가), 마잉구 マイング, 하카타 데이토스 博多デイトス, 아뮤에스트 アミュエスト를 비롯해 역사 북쪽에 있는 하카타 버스터미널 건물과 남쪽에 있는 킷테 하카타, JRJP하카타빌딩 전체를 아우르는 규모를 자랑한다. 후쿠오카에서 다른 지역으로 이동하기 전 잠시 짬을 내어 둘러보기 좋은 위치이기도 하지만 쇼핑적인 부분에서 보아도 강력 추천할 만큼 제품군도 다양해 쇼핑족이라면 시간을 내어 들르길 추천한다. 건물 안에 다수의 시설이 들어서 있어 길을 헤매기 십상이니 층별 안내도를 참고하여 움직이도록 하자.

맵북 P.9-D3, P.10 · 하카타에키 · 福岡市博多区博多駅中央街1-1 · 092-431-8484 · 매장마다 상이. · JR·지하철 쿠코空港선 하카타 博多역에서 바로 연결. · hakata station

JR하카타시티 숨은 명소, 옥상정원
JR하카타시티 옥상에 마련된 자그마한 광장 '츠바메노모리히로바 つばめの杜ひろば'에는 여행 중 안전을 기원하는 철도신사 鉄道神社와 어린이들이 즐기기 좋은 츠바메 열차가 있어 소소하게 즐길 수 있다.

하카타역 구조도 및 층별 안내

하카타 데이토스(지하 1층~지상 8층)
博多デイトス(DEITOS)

아뮤 에스트(지하 1층~지상 1층)
アミュエスト(AMU EST)

하카타 버스터미널
博多バスターミナル

마잉구
マイング(1층)

JR하카타
博多역

치쿠시 출구 筑紫口

JR하카타시티
JR博多シティ

하카타 출구
博多口

킷테
하카타
KITTE 博多

JRJP 하카타빌딩
JRJP博多ビル

아뮤 플라자 하카타
アミュプラザ博多(AMU Plaza Hakata)
하카타한큐 博多阪急
하카타1번가 博多一番街

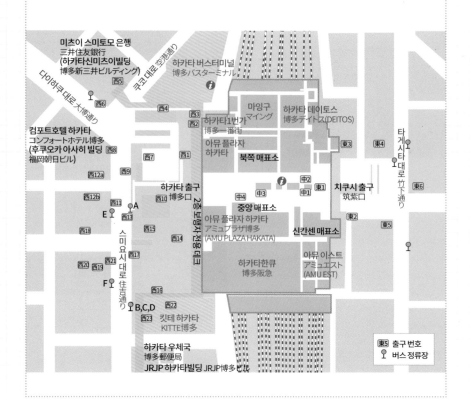

FEATURE

하카타역 구석구석 둘러보기

JR하카타시티
JR博多シティ

전 층에 아뮤 플라자 하카타 アミュプラザ博多(AMU PLAZA)가 입점해 있지만 1~5층 일부는 실용적인 생활용품을 총집합시킨 핸즈 Hands, 지하 1층~지상 8층은 고급 패션 브랜드 위주로 입점한 백화점 하카타한큐博多阪急, 식당가 데이토스DEITOS, 패션 잡화 매장이 모여 있는 아뮤 이스트AMU EST가 들어서 있다. 많은 사람이 방문하는 곳으로는 디즈니 스토어(5층), 포켓몬센터(8층), 무인양품(6층) 등이 있다.

🌐 www.jrhakatacity.com ⏱ 아뮤 플라자 하카타 1~8층 10:00~20:00, 9~10층 11:00~22:00(영화관 09:00~24:00), 지하 1층 09:30~23:00, 옥상정원 10:00~22:00 (1/4~2/28 ~21:00) ※매장에 따라 영업시간이 변경될 수 있음. 🏷 면세카운터 2층

하카타 버스터미널
博多バスターミナル

유후인, 벳부, 나가사키 등 인근 도시로 가거나 들어오는 버스들이 총집합하는 터미널. 1~3층은 버스터미널, 4층은 중저가 패션 브랜드 시마무라しまむら, 5층은 다이소ダイソー, 6층에는 키노쿠니야 서점紀伊国屋書店이 있다.

🌐 www.h-bt.jp

> **TRAVEL TIP**
>
> **하카타 버스터미널 층별 정보**
> 1층 시내버스 승차장(1~14번 홈, 7~10번은 하차장), 종합안내소
> 2층 고속버스 하차장
> 3층 고속버스 승차장(31~38번 홈), 안내카운터 및 매표소

마잉구
マイング

후쿠오카의 기념품이 총집합한 대형 기념품 상가. 식품, 화과자, 양과자, 잡화, 패션으로 구분되어 있다.

☎ 092-431-1125 🌐 www.ming.or.jp ⏱ 09:00~21:00 (마잉구요코초 07:00~23:00), 연중무휴

아뮤 에스트
アミュエスト(AMU EST)

1층 일부와 지하 1층을 활용해 패션잡화, 화장품, 카페 등이 입점한 상가. ⏱ 10:00~20:00

하카타잇번가
博多一番街

모츠나베, 라멘, 회전초밥, 소바, 카레, 정식 등 맛있다고 소문난 음식점이 한데 모여 있는 식당가.

🌐 www.hakata-1bangai.com ⏰ 07:00~23:00(일부 점포는 다를 수 있음)

하카타 데이토스
博多데이토스(DEITOS)

다양한 밥집이 모여 있는 하카타노고항도코로 博多のごはん処, 하카타의 면 요리를 모은 하카타 멘카이도 博多めん街道, 간단하게 술 한잔 기울이기 좋은 하카타 호로요이도오리 博多ほろよい通り, 후쿠오카의 명과를 중심으로 기념품을 판매하는 미야게몽이치바 みやげもん市場로 구성되어 있다.

🌐 www.jrhakatacity.com ⏰ 숍 08:00~21:00, 레스토랑 09:00~24:00 ※매장에 따라 영업시간이 변경될 수 있음.

킷테 하카타
KITTE博多

지하 1층과 지상 9층, 10층은 유명 프랜차이즈 음식점이 모인 식당가, 1~7층엔 20~30대 여성을 겨냥한 쇼핑몰 하카타마루이 博多マルイ가 있다.

🌐 hakata.jp-kitte.jp ⏰ 1~8층 10:00~21:00, 9~10층 11:00~23:00

JRJP 하카타빌딩
JRJP博多ビル

일본 전국의 유명 맛집과 후쿠오카의 인기 맛집 등 음식에 중점을 둔 상업시설.

🌐 www.jrhakatacity.com ⏰ 매장마다 상이함.

하카타 한큐
博多阪急

셀린느, 디올, 비비안웨스트우드, 산리오, 다이소 등 한국인 여행자가 선호하는 브랜드가 모여 있는 유명 백화점. 접근성이 좋아 더욱 인기가 높다.

📍 福岡市博多区博多駅中央街1番1号 🌐 www.hankyu-dept.co.jp/hakata ⏰ 10:00~20:00 ☎ 092-461-1381 휴무 부정기 🏷 면세카운터 M3층

> 단기 외국인 여행자는 1층 인포메이션 카운터에서 여권을 제시하면 5% 할인 혜택을 받을 수 있는 게스트 쿠폰을 증정한다.

하카타역 맛집 탐방

FEATURE

> 맵북 P.9-D3
> ◉ 다이후쿠 우동
> ⚑ JR하카타시티 지하 1층
>   하카타 1번가 입구
> ☎ 092-413-5707
> ⏰ 07:00~21:00
> 🖥 www.hakata-daifuku.com

다이후쿠 우동 大福うどん

하카타 1번가 입구에 위치한 우동전문점. 1950년에 개업해 코로나로 사라진 본점의 명맥을 다이후쿠 우동 하카타점이 이어나가고 있다. 저렴한 가격으로 다양한 맛을 즐길 수 있는 우동과 덮밥 세트가 인기인데, 우동을 소바로 변경할 수도 있다.

> 맵북 P.9-D3
> ◉ 멘타이료오리 하카타 쇼보앙
> ⚑ 아유플라자 9층
> 🖥 www.kubara.jp/shoplist/
>   shobouan
> ☎ 092-409-6611
> ⏰ 11:00~15:30, 17:00~21:00,
>   휴무는 아유플라자에 따름.

멘타이요리 하카타 쇼보앙 めんたい料理博多 椒房庵

후쿠오카의 인기 조미료 전문점 카야노야 茅乃舍가 운영하는 정식집. 특제 매운 명란젓을 중심으로 정갈한 한 상차림을 선보인다. 화학조미료와 보존료를 일절 사용하지 않은 미소된장국에도 주목.

하카타아마노 はかた天乃

연예인과 운동선수가 즐겨 찾는 하카타의 고급 음식점 하카타아마노의 분점으로, 킷테 하카타에 자리한다. 특히 누구나 부담 없이 방문할 수 있는 가격대인 것이 특징. 해산물 중심의 메인 요리와 4~5가지의 반찬을 곁들인 정식을 아침부터 늦은 밤까지 즐길 수 있다. 본점은 나카스 부근에 위치한다.

📖맵북 P.9-D3 ▶ 하카타아마노 ⌂ 킷테 하카타 지하 1층 ☎ 050-5594-3610 ⏱ 07:00~23:00, 휴무는 킷테 하카타에 따름.

무츠카도카페 パン屋むつか堂カフェ

텐진의 인기 빵집이 선사하는 카페. 간판 메뉴이자 부드럽고 폭신한 식감이 특징인 식빵과 함께 점심식사 또는 커피 한 잔의 여유를 즐겨보자.

📖맵북 P.9-D3 ▶ 무츠카도오카훼 ⌂ 아뮤 플라자 5층 ☎ 092-710-6699 ⏱ 10:00~20:00, 휴무는 아뮤 플라자에 따름.

마루후쿠커피점 丸福珈琲店

1934년 오사카에서 시작된 일본식 다방 킷사텐 喫茶店의 하카타 지점. 독자적인 배전기술과 원두추출법으로 만든 진하고 깊은 커피를 느낄 수 있다. 다채로운 디저트 메뉴와 더불어 즐겨볼 것.

📖맵북 P.9-D3 ▶ 마루후쿠코오히텐 ⌂ 하카타한큐 4층 ☎ 092-419-5410 🌐 marufukucoffeeten.com ⏱ 10:00~20:00, 휴무는 하카타 한큐에 따름.

캐널시티 하카타 キャナルシティ博多 면세

약 4만 5,000평에 가까운 넓은 부지에 쇼핑몰, 맛집, 영화관, 호텔, 놀이시설, 극장, 사무실 등이 들어선 복합시설. 명실상부 한국인 여행자의 필수코스로 고객이 원하는 볼거리, 먹거리, 쇼핑을 충족시켜주는 곳이다. 완만한 곡선 형태의 건물 사이로 흐르는 운하에서 매일 정시(10:00~22:00)에 화려한 분수쇼가 펼쳐진다. 낮 시간대에는 음악에 맞춰 분수가 춤을 추는 '댄싱워터' 가, 저녁 시간대에는 3D 영상, 조명 연출과 함께 초대형 분수쇼를 선보이는 '아쿠아파노라마' 가 실시된다. 또한 주말 오전과 오후 시간대에는 무대를 설치해 라이브 공연이나 다양한 퍼포먼스 이벤트가 열린다.

맵북 P.8-B3, P.11-하단 캬나루시티하카타 福岡市博多区住吉1-2 092-282-2525 숍 10:00~21:00, 음식점 11:00~23:00, 연중무휴. JR·지하철 쿠코空港선 하카타博多역 앞 A버스 정류장 또는 텐진다이마루마에4A天神大丸前4A 정류장에서 캐널시티 라인버스キャナルシティラインバス에 승차하여 캐널시티 하카타キャナルシティ博多 정류장에서 하차. canalcity.co.jp # 캐널시티 하카타

캐널시티 하카타 구조도

남쪽 빌딩
(South Bldg.)

그랜드 빌딩
(Grand Bldg.)

북쪽 빌딩
(North Bldg.)

센터 워크
(Center Walk)

선 플라자 스테이지

센터 워크
(Center Walk)

•캐널시티 후쿠오카 워싱턴 호텔
キャナルシティー福岡ワシントンホテル

면세 카운터

관광안내소

비즈니스 센터 빌딩
(Business Center Bldg.)

그랜드 빌딩
남쪽 빌딩
북쪽 빌딩
센터 워크
비즈니스 센터 빌딩

• 면세카운터(센터 워크 지하 1층)

당일 구입한 일반 물품과 소모품 합산 세금 제외 ¥5,400 이상인 경우 수수료를 제하고 현금으로 세금을 돌려 받을 수 있다. 면세 매장은 홈페이지(canalcity.co.jp/korea/taxfree) 참조.

• 관광안내소(센터 워크 1층)

매장 종합 안내 및 유모차와 휠체어 대여.

TRAVEL TIP

단기 외국인 여행자는 대상 점포에 여권을 제시하면 할인 또는 무료 서비스 혜택을 받을 수 있다. 공식 홈페이지(https://canalcity.co.jp/service/sale/passport_campaign)를 확인하면 자세한 사항을 확인할 수 있다.

캐널시티 하카타 맛집 탐방

비프 타이겐 Beef 泰元

고급 소고기 품종인 쿠로게와규黑毛和牛를 사용
한 각종 소고기 요리를 선보인다. 햄버그ハンバ
ーグ, 스테이크ステーキ를 중심으로 일본식 불고
기 야키니쿠燒肉도 판매한다.

📍 맵북 P.8-B3
▶ 비이후타이겐 🏠 북쪽 빌딩 지하 1층
☎ 092-283-4389 🌐 www.taigen.jp
🕐 일~목요일 11:00~21:00(마지막 주문 20:30),
　금·토요일 11:00~23:00(마지막 주문 22:00)
　휴무 캐널시티에 따름

헤이시로 平四郎

키타큐슈와 후쿠오카에 지점을 둔 회전초밥 전문점으
로, 캐널시티에 있는 유일한 초밥집이다. 한국어를 지
원하는 태블릿 메뉴가 있어 쉽게 주문이 가능하다. 한
접시에 138엔부터 550엔까지 가격대도 다양하다.

📍 맵북 P.8-B3
▶ 헤에시로 🏠 센터 워크 북쪽 4층
☎ 92-263-7400
🕐 11:00~23:00(마지막 주문
　22:00) 휴무 부정기
🌐 heishirou.com

하카타텐뿌라 타카오 博多天ぷら たかお

일본식 튀김 텐뿌라天ぷら 전문점. 요리사가 갓 튀겨낸 튀김
을 앞에 하나하나씩 올려놓으면 준비된 정식과 함께 맛있게
먹으면 된다.

📍 맵북 P.8-B3
▶ 하카타텐뿌라 타카오
🏠 센터 워크 북쪽 4층 ☎ 092-263-1230
🕐 11:00~23:00(마지막 주문 22:00)

라멘스타디움
ラーメンスタジアム

하카타, 텐진, 쿠루메 등 후쿠오카
의 대표 라멘 맛집은 물론 도쿄, 교
토, 삿포로의 유명 라멘집까지 집
결시킨 라멘 전문 식당가. 각 라멘
집의 메뉴를 찬찬히 살펴보고 발매
기에서 식권을 구입해 가게로 들어
가면 된다.

맵북 P.8-B3
▶ 라아멘스타지아무
🏢 센터 워크 남쪽 5층
☎ 092-282-2525
🕐 매장마다 상이

카페 무지
CAFÉ MUJI

맵북 P.8-B3
▶ 카훼무지
🏢 북쪽 빌딩 3층
☎ 092-263-6355
🕐 10:00~21:00
(마지막 주문 20:30)

무인양품 無印良品 한쪽에 마련된 카
페. 커피, 홍차, 녹차, 탄산음료 등
음료 메뉴가 충실한 편이며, 케이
크, 타르트, 푸딩, 커피젤리, 아이스
크림 등 디저트 메뉴도 풍부하다. 공
간은 다소 협소한 편으로 잠깐의 휴식
을 취할 때 이용하자.

워보 UOVO

맵북 P.8-B3
▶ 워보
🏢 센터워크 남쪽 지하 1층
☎ 092-292-0008
🕐 10:00~21:00(마지막 주문 20:30)
휴무 부정기

후쿠오카 시내에서 1시간이면 도착하는 인근 도시 이토시
마 糸島에서 탄생한 디저트 브랜드. 달걀로 만든 케이크와
샌드위치를 맛볼 수 있다.

▲ 쿠시다신사 櫛田神社

하카타 수호신을 모시는 신사로 '오쿠시다상 お櫛田さん' 이라는 애칭으로 불리며 후쿠오카 시민들의 사랑을 받고 있다. 7월에 열리는 성대한 축제 '하카타 야마카사 博多山笠'의 시작을 알리는 출발점이자 마지막 대미를 장식하는 무대로 사용되기도 하여 축제 기간에는 많은 이들로 북적거린다. 현지인에게는 매우 친숙한 존재이지만 명성황후를 시해한 칼 '히젠토 肥前刀'가 안치된 곳이라는 것을 알게 된다면 섬뜩한 기분이 들 것. 이곳에서 참배하는 행위는 자제하도록 하자.

🗺 맵북 P.8-B2 ▶ 쿠시다진자 🏠 福岡市博多区上川端 1-41 ☎ 092-291-2951 🕐 09:00~17:00 휴무 연중무휴 🚇 지하철 쿠코空港선 기온 祇園역 2번 출구에서 도보 5분. ⊕ 구시다신사

▼ 하카타리버레인 博多リバレイン

숙박시설, 음식점, 쇼핑, 미술관, 극장 등 문화공간과 상업시설을 모두 갖춘 복합시설. 방문하면 좋을 곳은 호빵맨 어린이 박물관과 각종 숍이 들어선 리버레인 몰과 리버레인 센터 7층에 위치한 후쿠오카 아시아미술관. 리버레인 몰은 생활잡화를 중심으로 한 숍과 기념품으로 좋은 식료품점 등이 입점해 있다. 미술관은 아시아 근현대 미술작품을 소장, 전시한 곳으로 독특하고 재미있는 작품이 많다.

🗺 맵북 P.8-A1 ▶ 하카타리바레인 🏠 福岡市博多区下川端町3-1 ☎ 092-714-6051 🌐 www.hakata-riverain mall.jp 🕐 [몰] 10:00~19:00, [미술관] 일~목요일 09:30~18:00, 금·토요일 09:30~20:00 휴무 [몰] 12/31, 1/1, [미술관] 수요일, 12/26~1/1 💴 [미술관] 성인 ¥200, 고등·대학생 ¥150, 중학생 이하 무료 🚇 지하철 쿠코空港선·하코자키箱崎선 나카스카와바타 中洲川端역 5번 출구에서 바로 연결. ⊕ 하카타 리버레인

▲ 카미카와바타 상점가 上川端商店街

하카타 리버레인에서 캐널시티 하카타까지 이르는
400m의 아케이드 상점가. 하카타와 관련된 과자나
기념품을 판매하는 상점을 비롯해 100여 가게가 성업
중이다. 소박하면서 꾸밈없는 보통의 상가지만 7월이
면 이곳에서 후쿠오카에서 가장 큰 마츠리(축제)인 하
카타 야마카사博多山笠가 열린다. 마츠리 기간에 방문
하면 실제 축제에서 사용하는 전시해 둔 대형 가마를
상점가 곳곳에서 볼 수 있다.

맵북 P.8-A2·B2 ▶ 카미카와바타쇼오텐가이 ⊙ 福岡
市博多区上川端町 ☎ 092-281-6223 ⊙ kawabata
dori.com ⊙ 가게마다 상이 휴무 가게마다 상이 ⊙ 지하
철 쿠코호센선·하코자키箱崎선 나카스카와바타中洲川端역 5
번 출구에서 바로. ⊕ hakata kamikawabata

▼ 스미요시 신사 住吉神社

드넓은 숲 사이에 자리한 1800년의 역사를 지닌 유서
깊은 신사. 예부터 일본식 씨름인 스모와 관련된 행사
가 행해질 만큼 인연이 깊은 곳으로 강하고 좋은 기운
을 얻을 수 있는 파워스폿으로도 인기가 높다. 경내에
있는 또 하나의 작은 신사 밋카에비스三日恵比須 신사
는 사업 번창의 신을 모시는 곳인데, 환하게 웃고 있는
석상을 부위별로 만지면 좋은 일이 일어난다고 한다.
참고로 얼굴은 가정 안전, 배는 병 퇴치, 도미는 사업
번창, 어깨는 교통 안전을 의미한다.

맵북 P.9-C4 ▶ 스미요시진자 ⊙ 福岡市博多区住吉
3-1-51 ☎ 092-291-2670 ⊙ www.nihondaiichisumi
yoshigu.jp ⊙ 09:00~17:00 휴무 연중무휴 ⊙ 무료 ⊙
JR·지하철 쿠코 호센선 하카타博多역 앞 A버스 정류장에서
6, 6-1, 100번 또는 텐진잇초메天神一丁目 정류장에서 100번
버스에 승차하여 TVQ마에TVQ前 정류장에서 하차. ⊕ 스미
요시 신사

▲ 라쿠스이엔 落水園

빌딩 숲 사이에 있다는 것이 믿겨지지 않을 정도로 고요하고 아늑한 공간. 연못 주변으로 산책길이 조성된 일본식 전통 조경양식인 지천회유식으로 꾸며진 정원이다. 1906년 하카타의 한 상인의 별장으로 지어져 료칸으로도 사용되었고, 후에 재정비하여 지금의 모습으로 일반에게 개방되었다.

📍맵북 P.9-C4 　▶ 라쿠스이엔 　🏠 福岡市博多区住吉 2-10-7 　📞 092-262-6665 　🌐 rakusuien.fukuoka-teien.com 　🕘 09:00~17:00 휴무 화요일(공휴일인 경우 다음 날), 12/29~1/1 　💴 고등학생 이상 ￥100, 중학생 이하 ￥50, 미취학 아동 무료 　🚇 JR·지하철 쿠코 空港선 하카타 博多역 앞 A버스 정류장에서 6, 6-1, 100번 또는 텐진잇초메 天神一丁目 정류장에서 100번 버스에 승차하여 TVQ마에 TVQ前 정류장에서 하차. 　🏷 라쿠스이엔

▼ 수상공원 水上公園

후쿠오카 번화가의 양대 산맥인 텐진과 나카스 사이나카 那珂 강변에 있는 공원. 휴식과 여유로움이 느껴지는 걷고 싶은 거리를 조성한다는 목적으로 만들어졌다. 선박을 모티브로 한 건물에는 우리나라에도 입점한 레스토랑 빌즈 bills와 미즈타키와 모츠나베로 유명한 하카타로 博多廊가 들어서 있다. 옥상도 누구나 이용할 수 있도록 항시 개방되어 있다.

📍맵북 P.13-D1 　▶ 스이죠오쿠오엔 　🏠 福岡市中央区西中洲6-36 　🌐 suijo-park.jp 　🕘 24시간, 연중무휴 　🚇 지하철 쿠코 空港선 텐진 天神역 16번 출구에서 도보 2분. 　🏷 ship's garden suijo park

구 후쿠오카현 공회당 귀빈관
旧福岡県公会堂貴賓館

후쿠오카에서 개최된 한 행사의 내빈객을 접대할 장소로 쓰이기 위해 지어진 건물이다. 당시 숙소 겸 저녁 회장으로 사용되다가 행사가 끝난 후엔 고등재판소, 수산고등학교, 교육청사 등의 시설로 쓰였고 공원에 귀속되면서 일부는 철거되었다. 하지만 귀빈관만큼은 메이지 시대의 프렌치 르네상스 양식이 잘 나타난 목조 건축물로, 그 가치를 평가 받아 중요 문화재로 지정되었고 현재까지 잘 보존되어 일반인에게 공개하고 있다.

맵북 P.8-A2 ▶ 큐 후쿠오카켄코오카이도오키힌칸
⚑ 福岡市中央区西中洲6番29号 ☎ 092-751-4416 ⚓
www.fukuokaken-kihinkan.jp ⚓ 09:00~18:00 휴무
월요일(공휴일인 경우 다음 날)·12/29~1/3 ⚓ 중학생 이상
¥200, 15세 미만 ¥100, 6세 미만, 65세 이상 무료 ⚓
지하철 쿠코 후港선 텐진 天神역 16번 출구에서 도보 4분. ⚓
구 후쿠오카현 공회당 귀빈관

후쿠오카시 아카렌가 문화관
福岡市赤煉瓦文化館

일본의 굵직한 근대 건축물을 완성시킨 타츠노 킨고辰野金吾와 카타오카 야스시片岡安의 설계로 지어진 메이지明治 시대의 건축물로, 한 생명보험회사의 후쿠오카 지점에 사용될 목적으로 준공되었다. 돔형과 작은 탑으로 이루어진 청동 지붕과 흰 화강암 외벽은 19세기 영국의 건축 양식을 응용한 것으로 보인다. 현재 1층이 후쿠오카시 문학관을 개설하여 문학에 관한 정보를 수집 및 제공하고 있다.

맵북 P.8-A2, P.13-D1 ▶ 후 후쿠오카시아카렌가 분카
칸 ⚑ 福岡市中央区天神1-15-30 ☎ 092-722-4666
⚓ 09:00~22:00 휴무 월요일(공휴일인 경우 다음 날)·
12/29~1/3 ⚓ 무료 ⚓ 지하철 쿠코 후港선 텐진 天神역 16번
출구에서 도보 3분. ⚓ fukuoka akarenga

▲ 토초지 東長寺

불교 종파 중 하나인 진언종을 창시한 불교 사상가 쿠카이空海가 일본에서 처음으로 창건한 사찰. 사찰 안에는 4년간 공들여 완성한 높이 10.8m, 무게 30t의 일본에서 가장 큰 목조좌상이 자리한다. 목조좌상 받침대 안쪽에는 '지고쿠 고쿠라쿠 메구리(지옥 극락순례)'라는 통로가 설치돼 있다. 어둠의 통로를 따라 가다 보면 등장하는 부처의 반지(호토케노 린仏の輪)를 만지면 극락에 간다는 전설이 내려져 온다. 사찰 밖 높이 23m의 오층탑 상륜부 복발에는 쿠카이가 가지고 온 석가의 뼈가 들어있다고 한다.

🗺 맵북 P.9-C1 ▶ 토오쵸오지 🏠 福岡市博多区御供所町2-4 ☎ 092-291-4459 🌐 www.tochoji.net ⏰ 09:00~16:45, 연중무휴 💰 무료 🚇 지하철 쿠코空港선 기온祇園역 1번 출구에서 도보 1분. 🔍 도초지

▼ 조텐지 承天寺

중국에 쇼이치 국사聖一国師가 창건한 사찰. 송나라에서 수행을 하고 돌아올 당시 송나라 문화로서 불법 교양 이외에 우동, 소바, 양갱, 만주 등의 제법 기술을 들여왔고 이것을 널리 알리는 결정적 역할을 했다. 경내에는 이곳이 발상지임을 알리는 비석이 세워져 있다. 또한 후쿠오카의 대표 축제인 하카타 야마카사博多山笠의 발상지이기도 한데, 하카타에 역병이 돌던 때 병마를 퇴치할 목적으로 가마를 타고 전역을 돌며 신에게 기원한 것이 유래라 한다.

🗺 맵북 P.9-C2 ▶ 죠오텐지 🏠 福岡市博多区博多駅前1-29-9 ☎ 092-431-3570 ⏰ 08:30~16:30, 연중무휴 💰 무료 🚇 지하철 쿠코空港선 기온祇園역 4번 출구에서 도보 4분. 🔍 조텐지

쇼후쿠지 聖福寺

일본 최초의 선종불교 사찰. 칙사문부터 삼문, 불전, 방장 등 7개의
건물을 모두 갖춘 칠당가람의 형태를 띠고 있다. 기본적으로 사찰
내부는 개방되어 있지 않아 경내 건물 외부만 견학이 가능한 점이
아쉽다. 하지만 넓은 경내에 비해 인적이 드문 데다 고즈넉하고 한
적한 분위기를 풍기므로 잠시 쉬어가기에 좋다.

🗺 맵북 P.9-C1 ▶ 쇼오후쿠지 ⌂ 福岡市博多区御供所町6-1 ☎ 092-
291-0775 🌐 shofukuji.or.jp/wp ⏰ 08:00~17:00, 연중무휴 💴 무료
🚇 지하철 쿠코空港선 기온祇園역 1번 출구에서 도보 5분. # Shofukuji

하코자키궁 筥崎宮

프로야구팀 소프트뱅크 호크스와 프로축구팀 아비
스파 후쿠오카의 선수단과 응원단이 승리를 기원하
기 위해 방문하는 신사. 승리의 신을 참배할 목적 외
에도 매년 9월에 개최하여 100만 명이 방문할 정도
로 인기를 끌고 있는 '방생회放生会' 행사가 치러지는
곳으로도 유명하다. 매화, 벚꽃, 수국이 피는 꽃정원
도 함께 둘러보자.

🗺 맵북 P.5-D3 ▶ 하코자키구 ⌂ 福岡市東区箱崎1-22-1
☎ 092-641-7431 🌐 www.hakozakigu.or.jp ⏰ 경내
08:30~17:30, 꽃정원 09:30~17:00(겨울철은 ~16:30)
휴무 경내 연중무휴, 꽃정원 수요일 💴 무료(꽃정원 이용
시 ¥100 추가) 🚇 지하철 하코자키箱崎선 하코자키미야
마에箱崎宮前역 1번 출구에서 도보 3분. # 하코자키궁

하카타 · 나카스의 식당

모츠나베 오오야마

もつ鍋 おおやま

📍 맵북 P.8-B1
- ▶ 모츠나베오오야마
- 🏠 福岡市博多区店屋町7-28
- ☎ 092-262-8136
- 🌐 www.motu-ooyama.com
- ⏰ 16:00~23:00(마지막 주문 음식 22:00, 음료 22:30) 휴무 부정기 · 12/31~1/1
- 🚇 지하철 하코자키箱崎선 고후쿠마치呉服町역 1번 출구에서 도보 2분.
- ⊕ 오오야마 본점 모쯔나베

일본식 곱창전골을 전문으로 하는 음식점 중 가장 높은 인지도를 자랑하는 곳. 큐슈나 교토 등지의 유명 미소된장을 조합해 다시마와 가다랑어포를 우린 육수와 특제 소스를 더한 미소맛みそ味*(1인분 ¥1,980)이 대표 메뉴다. 입안에 넣는 순간 사르르 녹는 곱창과 얼큰한 국물이 절묘한 조화를 이루며 남녀노소 누구나 부담 없이 즐길 수 있다. 책에서 소개하는 본점은 나카스 쪽에 위치하며, 하카타역 데이토스와 킷테 하카타에도 분점이 있다.

하카타 하나미도리

博多 華味鳥

📍 맵북 P.9-C3
- ▶ 하카타하나미도리
- 🏠 福岡市博多区博多駅前3-23-17 第2福岡ONビル 1F
- ☎ 092-432-1801
- 🌐 www.hanamidori.net
- ⏰ 월~토요일 11:30~15:00(마지막 주문 14:00), 17:00~23:00 (마지막 주문 22:00), 일요일, 공휴일 11:30~15:00(마지막 주문 14:00), 17:00~22:00(마지막 주문 21:00) 휴무 12/31~1/3
- 🚇 JR·지하철 쿠코 空港선 하카타 博多역 서쪽 22번 西22 출구에서 도보 4분.
- ⊕ 하카타 하나미도리

후쿠오카를 대표하는 닭 요리이자 닭 전골 요리인 미즈타키(1인분 ¥4,000) 전문점. 사용되는 닭은 다양한 종류의 해조류와 허브를 배합한 먹이로 키운 것으로 육질이 잡내가 없고 두툼하고 실한 것이 특징이다. 콜라겐이 듬뿍 들어간 육수와 감귤류 과즙이 들어간 간장식초 폰즈ぽん酢는 여러 번의 시행착오를 겪고 나서 탄생한 이곳만의 자랑거리로 우선 따로 음미한 후 즐기라며 자신 있게 권하고 있다. 후쿠오카 전 지역에 여러 개의 분점이 있다.

카와타로 河太郎

속이 훤히 다 보이는 살아 있는 오징어를 건져 올려 숙련된 솜씨로 20초 만에 회를 떠서 제공하는 이카노이키즈쿠리 いかの活き造り가 간판 메뉴인 음식점. 투명도로 증명되는 신선한 오징어회는 오도독 씹히는 식감과 씹으면 씹을수록 달달함이 퍼지는 맛이 발군이다. 점심 정식 메뉴(¥3,850)에는 회와 더불어 오징어딤섬, 오징어튀김, 일본식 계란찜인 차왕무시 등이 함께 제공된다.

- 맵북 P.8-B3
- 카와타로오
- 福岡市博多区中洲1-6-6
- 092-271-2133
- www.kawataro.jp
- 월~토요일 11:45~14:30, 17:30~22:00 (마지막 주문 21:00), 일요일·공휴일 11:45~14:30, 17:00~21:30(마지막 주문 20:30, 음료 21:00) 휴무 연말연시
- 지하철 쿠코空港선·하코자키箱崎선 나카스카와바타中洲川端역 1번 출구에서 도보 7분.
- 카와타로 나카스본점

요시즈카우나기야
吉塚うなぎ屋

1873년 문을 연 장어덮밥 전문점. 하라비라키腹開き라 하여 배 부분을 잘라 그대로 굽는 칸사이関西식(관서지방) 장어덮밥 うな重(¥3,570)으로, 엄선된 장어를 비비거나 치면서 굽는 독자적인 방식을 취해 표면이 고르고 알맞게 구워지고 식감도 폭신하고 부드럽다. 오랜 세월에 걸쳐 내려온 특제 소스를 발라 더욱 맛깔스럽고 진한 맛을 느낄 수 있다.

- 맵북 P.8-B2
- 요시즈카우나기야
- 福岡市博多区中洲2-8-27
- 092-271-0700
- yoshizukaunagi.com
- 10:30~21:00(마지막 주문 20:15) 휴무 수요일, 2·4번째 화요일, 연말연시
- 지하철 쿠코空港선·하코자키箱崎선 나카스카와바타中洲川端역 1번 출구에서 도보 5분.
- 요시즈카 우나기야

테츠나베 鉄なべ

한입에 쏙 들어가는 자그마한 크기의 일본식 만두 히토쿠치
교자 一口餃子(한입교자)(8개 ¥545) 전문점. 1963년 하카타
역 주변 야타이로 출발해 현재는 3개 점포를 운영할 정도의
인기 전문점으로 겉은 바삭바삭하고 속은 따끈따끈하면서
쫀득한 식감이 특징이다. 간장소스에 수제 유자후추를 넣어
찍어 먹으면 더 맛있게 즐길 수 있다. 또 다른 명물 메뉴 감
자샐러드 ポテトサラダ(¥616)와 조개버터찜 あさりバター(¥858)
도 함께 먹어보자.

🗺 맵북 P.8-A3
▶ 테츠나베
🏠 福岡市中央区西中洲1-5
☎ 092-725-4688
🌐 www.tetsunabe.jp
🕐 월~금요일 17:00~24:00
　(마지막 주문 23:30), 토·일요일
　및 공휴일 11:30~15:00,
　17:00~02:00(마지막 주문 01:30)
　휴무 화요일(공휴일인 경우 영업)
🚇 지하철 나나쿠마七隈선 텐진미나미
　天神南역 6번 출구에서 도보 5분.
＠ 테츠나베 나카스혼텐

조개버터찜

후지요시
藤よし

🗺 맵북 P.8-A3
▶ 후지요시
🏠 福岡市中央区西中洲9-6
☎ 092-761-5692
🌐 hakata-fujiyoshi.com
🕐 16:00~23:00 휴무 일요일
🚇 지하철 쿠코空港선 텐진天神역
　16번 출구에서 도보 5분.
＠ 후지요시

60년간 한결같은 맛으로 일본식 닭꼬치 야키토리 焼き鳥(¥165~550)를
선보여온 음식점. 식재료 본연의 맛을 한껏 살리기 위해 각기 조미료를
달리 하여 맛을 내고 닭꼬치 하나에도 정성을 다해 구워낸다. 보자마자
먹고 싶어질 만큼 먹음직스러운 겉모양을 만들고자 닭을 자르는 모양
새와 꼬치를 꽂는 방법에도 세심하게 신경을 쓴 모습이 눈에 띈다.

원조 하카타 멘타이주
元祖博多めんたい重

일본식 명란젓 멘타이코를 밥 위에 올려 찬합에 넣은 '멘타이주'를 고안해 식사로 제공하기 시작한 음식점. 주문을 하면 김을 깐 밥 위에 다시마를 만 멘타이코가 얹어진 멘타이코주(¥1,980)가 모습을 드러내는데, 풍미를 더욱 풍부하게 이끌어내고자 함께 제공된 특제 소스를 뿌려 먹는다. 면을 찍어먹는 츠케멘, 모츠나베, 멘타이코수프 등 부수적인 메뉴도 갖추고 있다.

> **맵북 P.8-A3**
> ○ 간소하카타멘타이주
> ○ 福岡市中央区西中洲6-15
> ☎ 092-725-7220
> ○ www.mentaiju.com
> ○ 07:00~22:30, 연중무휴
> ○ 지하철 쿠코空港선 텐진天神역 16번 출구에서 도보 4분.
> ＃ 멘타이쥬

하카타 모츠나베 야마야
博多もつ鍋やまや

모츠나베 전문점이지만 일본식 명란젓인 멘타이코, 매운 갓무침, 밥을 무한리필할 수 있는 점심식사로 더욱 알려져 있는 곳. 생선구이, 멘타이코 풍미의 닭튀김, 돼지고기 생강구이 등 매일 다르게 선보이는 정식 메뉴(¥1,600~1,900)를 주문하면 테이블에 구비된 멘타이코와 매운 갓무침을 마음껏 먹을 수 있다. 물론 혼자서도 즐길 수 있는 모츠나베もつ鍋(¥2,500)도 주문 가능하다.

무한리필 가능한
멘타이코와 갓무침

> **맵북 P.9-D3**
> ○ 야마야
> ○ 福岡市博多区博多駅中央街1-1
> ☎ 092-412-0888
> ○ restaurant-yamaya.com
> ○ 일~목요일 11:00~15:00(마지막 주문 14:00), 17:00~22:00(마지막 주문 21:30), 금·토요일 11:00~15:00(마지막 주문 14:00), 17:00~22:45(마지막 주문 22:00) 휴무 연말연시
> ○ JR·지하철 쿠코空港선 하카타博多역 치쿠시筑紫 출구에서 도보 2분.
> ＃ 모츠나베 야마야

다이치노 우동
大地のうどん

맵북 P.9-C3
다이치노우동
福岡市博多区博多駅前2-1-1 福岡
朝日ビルB2
092-481-1644
10:20~15:30, 17:00~21:00,
연중무휴
JR·지하철 쿠코空港선 하카타博多역
하카타博多출구에서 도보 3분.
daichinoudon.com
다이치노 우동

우동의 발상지인 후쿠오카에서 현지인이 소울푸드라 칭하며 선호하는 것은 부드러운 면과 우엉튀김의 조합인 고보텐우동 ごぼう天うどん(¥550)이다. 우동 전문점으로 도쿄에도 진출할 정도로 인기를 얻고 있는 이곳에서도 단연 고보텐우동이 으뜸. 뜨끈한 국물과 함께 어우러져 술술 넘어간다. 차가운 면과 채소튀김을 멘쯔유에 찍어 먹는 카키아게 붓카케 かき揚げぶっかけ(¥750)도 추천 메뉴.

신슈소바 무라타 信州そばむらた

하카타의 옛 정취가 느껴지는 레센冷泉 지역에 딱 어울리는 분위기를 풍기는 소바(¥1,000~) 전문점. 후쿠오카에서 맛있는 소바라 하면 반드시 꼽히는 곳이기도 하다. 농약을 전혀 쓰지 않은 메밀가루로 뽑은 수타면과 매일 아침 좋은 재료로 시간을 들여 끓인 육수로 깊은 맛을 낸다. 덮밥 그랑프리에서 금상을 거머쥔 닭고기와 계란의 조합 오야코동 親子丼(¥1,000~)도 함께 먹어보자.

맵북 P.8-B2
신슈소바무라타
福岡市博多区冷泉町2-9-1
092-291-0894
11:30~21:00, 휴무 월요일(공휴일인 경우 다음날)
지하철 쿠코空港선 기온祇園역 2번 출구에서 도보 3분.
신슈 소바 무라타

하카타잇소
博多一双

🏷️ 맵북 P.9-C2
▶️ 하카타잇소
🏠 福岡市博多区祇園町博多区祇園町3-2
☎️ 092-282-3957
🕐 11:00~24:00 휴무 부정기
🚇 지하철 쿠코空港선 기온祇園역
5번 출구에서 도보 2분.
🌐 www.hakata-issou.com
#️⃣ 하카타 잇소우

정통 하카타라멘(¥900)을 맛볼 수 있는 인기 라멘집. 크리미한 카푸치노 같은 톤코츠 육수는 새끼 돼지의 머리뼈, 대퇴부, 등뼈를 황금비율로 배합해 하루 종일 끓여낸다. 면 역시 밀가루와 물의 적절한 배합을 통해 매끈하고 부드러운 맛을 낸다. 육수를 한층 더 살려주는 소스는 간장쇼유에 각종 해산물을 넣어 감칠맛을 더하고 라멘 맛에 방해되지 않도록 깔끔한 맛을 낸 차슈도 일품이다.

하카타 잇코샤
博多一幸舎

🏷️ 맵북 P.9-C3
▶️ 하카타잇코오샤
🏠 福岡市博多区博多駅前3-23-12
☎️ 092-432-1190
🕐 월~토요일 11:00~22:30,
일요일 11:00~21:00
휴무 연말연시
🚇 JR·지하철 쿠코空港선 하카타博多역
하카타博多 출구에서 도보 4분.
🌐 www.ikkousha.com
#️⃣ 하카타 잇코샤

일본에서의 인기를 넘어 미국, 중국, 호주, 인도네시아 등 세계를 향해 뻗어나가는 글로벌 라멘체인점의 본점. 카푸치노처럼 거품이 나는 라멘(¥950)을 처음 내세운 원조다. 돼지머리와 돼지 뼈를 바꿔 넣으면서 맛을 조정한 육수에 간장쇼유와 해산물, 20여 가지가 넘는 조미료를 배합한 소스를 넣어 최고의 맛을 내며, 쫄깃한 얇은 면과의 궁합도 그만이다.

브라질레이로 ブラジレイロ

후쿠오카에서 가장 오래된 일본식 다방 킷사텐喫茶店
으로 1934년 브라질커피를 보급하기 위해 문을 열었
다. 쓴맛과 산미가 적당히 느껴지는 순한 커피와 더불
어 많이 찾는 메뉴는 일본식 양식(¥1,200~¥1,600).
다진 고기를 빵가루에 묻혀 튀긴 민스커틀릿은 예약
을 하지 않으면 먹기 힘들 정도다. 이외에도 오믈렛,
오므라이스, 함바그스테이크, 드라이커리, 비프커리
등 종류도 다양한 편이다.

🏷️ 맵북 P.8-B1
▶ 브라지레이로
📍 福岡市博多区店屋町1-20
📞 092-271-0021
🌐 brasileiro.base.shop
🕙 10:00~19:00(마지막 주문 18:30)
　휴무 일요일·공휴일
🚇 지하철 하코자키箱崎선 고후쿠마치呉服町역 1번
　출구에서 도보 3분.
🔖 브라질레이로

토이치 豚ステーキ十一

돼지고기 스테이크로 만족스러운 한 끼 식사를 즐기고 싶다면 토이치로 가자. 달궈진 철판 위에 내오는 스테이크(¥1,200)를 더욱 맛있게 먹는 팁은 테이블에 구비된 조미료를 사용하는 것. 마늘을 넣은 매운 미소된장과 고추냉이즙 적당량을 고기 위에 얹은 다음 정식 가운데 놓인 간장쇼유에 살짝 찍어 먹으면 된다. 주문 시 밥 위에 얹는 토핑으로 멘타이코와 매실절임 중 하나를 선택할 수 있다.

> 🗺 맵북 P.8-B4
> ▶ 토이치
> 🏠 福岡市博多区住吉3-6-4
> ☎ 092-272-5510
> 🕐 11:00~14:00, 17:00~20:00
>   휴무 목요일
> 🚇 지하철 나나쿠마 七隈선 와타나베 도오리 渡辺通역에서 도보 10분.
> ⊕ 토이치 스미요시점

마노마 MANOMA

제대로 된 인도 카레를 선보이는 숨은 맛집으로 저민 돼지고기로 만든 국물이 적은 키마카레 キーマカレー, 치킨카레 チキンカレー 등 매일 다른 맛을 선보인다(점심 ¥800, 저녁 ¥900). 망고와 시트러스를 섞은 음료나 라씨, 차이티 등 인도스러운 음료도 함께 주문해볼 것. 꾸민 듯 안 꾸민 듯한 에스닉한 내부 인테리어도 참 멋스럽다.

> 🗺 맵북 P.8-B1
> ▶ 마노마
> 🏠 福岡市博多区御供所町5-28
> 🕐 12:00~22:00 휴무 일요일
> 🚇 지하철 쿠코 空港선 기온 祇園역 1번 출구에서 도보 3분.
> ⊕ manoma hakata

스즈카케 鈴懸

🗺 맵북 P.8-A2
▶ 스즈카케
🏠 福岡市博多区上川端12-20 ふくぎん博多ビル
☎ 092-291-2867
🕐 09:00~19:00(카페 11:00~19:00) 휴무 1/1~1/2
🚇 지하철 쿠코호港선·하코자키箱崎선
　 나카스카와바타中洲川端역 5번 출구에서 바로.
🌐 www.suzukake.co.jp
🔍 스즈카케 본점

도쿄의 고급 백화점 이세탄伊勢丹의 푸드코너에서 부동의 인기를 끌고 있는 화과자의 본점이 후쿠오카에 있다. 대표 상품인 종 모양의 모나카 오테즈메おつづめ를 비롯해 최고의 재료로 완성시킨 각종 디저트를 판매한다. 카페에서는 바닐라, 캐러멜, 말차와 함께 흑깨맛 아이스크림 위에 양갱, 콩, 과일을 얹은 파르페すずのバフェ(¥1,050)가 인기다.

카페 미엘
カフェ·ミエル

후쿠오카의 스페셜티 커피 체인점 허니커피ハニー珈琲가 운영하는 일본식 다방. 40년간 다방을 이끌어온 주인장이 은퇴를 하면서 허니커피가 물려받았다고 한다. 오랜 세월이 짙게 묻어나는 아늑한 공간 속에서 이곳의 자랑인 샌드위치는 꼭 먹어보자. 머스터드에그, 햄치즈 두 종류가 있다(¥950).

🗺 맵북 P.9-C3
▶ 카훼미에루
🏠 福岡市博多区博多駅前2-2-1 福岡センタービルB2F
☎ 092-441-2757
🕐 월~금요일 09:00~19:00(마지막 주문 18:30), 토·일요일
　 09:00~18:00(마지막 주문 17:30) 휴무 부정기
🚇 JR·지하철 쿠코호港선 하카타博多역 하카타博多 출구에서 도보 1분.
🌐 www.honeycoffee.com/shop
🔍 카페 미엘

산스이미즈다시커피
山水水出珈琲

전용 드리퍼로 장시간 우려낸 더치커피 전문점. 사사구리篠栗 지역의 천연지하수를 사용하여 8~10시간 동안 정성스럽게 추출하여 하루 재운 다음 원두 본연의 맛과 향이 느껴질 타이밍에 제공된다. 향은 강하지만 뒷맛이 깔끔한 커피는 차갑거나 뜨거운 상태 둘다 즐길 수 있다. 우유, 두유를 더한 라테 음료도 준비되어 있다.

🗺 맵북 P.8-A1
- 산스이미즈다시코오히
- 福岡市博多区下川端町3-1 博多リバレイン
- ☎ 092-282-0101
- ⏰ 08:00~17:00, 휴무 연중무휴
- 🚇 지하철 쿠코空港선·하코자키箱崎선 나카스카와바타中洲川端역 5번 출구에서 바로 연결.
- # 산스이 미즈다시커피

🗺 맵북 P.8-A2·B2
- 리루베이구루
- 福岡市博多区上川端町 9-35冷泉荘1F
- ☎ 092-263-1220
- ⏰ 09:00~17:00 휴무 화요일
- 🚇 지하철 쿠코空港선·하코자키箱崎선 나카스카와바타中洲川端역 5번 출구에서 도보 3분.
- 🌐 rillbagel.business.site
- # rill bagel

릴베이글 RILLBAGEL

지어진 지 60년이 넘은 낡은 건물을 리모델링하여 다양한 문화를 발신하는 숍이 입점해 있는 레센소冷泉荘 1층에 자리한 카페. 이름에서도 알 수 있듯 대표 상품인 베이글은 큐슈산 밀가루와 천연효모를 사용하고 설탕, 계란, 유제품은 일절 사용하지 않은 것이 특징이다. 빈티지 가구로 꾸며진 공간에서 베이글을 먹으며 잠깐의 휴식을 취해보자.

타케시타 竹下

타케시타는 2022년 4월에 새롭게 문을 연 라라포트 후쿠오카로 인해 단숨에 핫 플레이스로 자리매김한 지역이다. 9개의 광장을 조성해 1층부터 5층까지 배치해둔 모습을 보면 단순히 쇼핑을 즐기기보다는 체험을 통한 다채로운 즐거움을 선사하려고 하며 활기찬 공간을 지향한다. 무엇보다도 다수의 마니아를 보유한 애니메이션 '건담'의 로봇 조형물을 설치해 여행자의 이목을 집중시켰다. 쇼핑, 먹거리, 즐길 거리를 한번에 해소할 수 있어 특별한 일정이 없는 이들에게 좋은 대안책이 될 것이다.

➕ 미츠이쇼핑파크 라라포트 후쿠오카
三井ショッピングパーク ららぽーと福岡

후쿠오카에서 손에 꼽히는 대규모 쇼핑센터. JR전철 하카타 博多 역의 다음 역인 타케시타 竹下 역에서 도보 10분이면 도착하는 거리에 있어 여행자들도 부담 없이 방문할 수 있다. 5층 건물 내에는 미술관, 영화관, 푸드코트, 슈퍼마켓, 의류 잡화 전문점 등 총 222개에 달하는 점포가 입점해 있다. 아기 용품 전문점인 아카짱혼포, 생활용품 전문점 로프트, 한국인이 사랑하는 브랜드 무인양품과 유니클로, 신발 편집숍 ABC마트, 저가형 잡화점 다이소 등 일본 방문객의 필수 명소가 모여있어 둘러보기에 좋다.

▶ 맵북 P.5-D4 ◑ 라라포토후쿠오카 ◉ 福岡市博多区那珂 6丁目23-1他 ☎ 092-707-9820 ◈ mitsui-shopping-park. com/lalaport/fukuoka ◷ [쇼핑 서비스] 10:00~21:00 [음식점·푸드코트] 11:00~22:00(가게마다 상이) 휴무 부정기(연말연시는 영업시간이 단축되므로 홈페이지 확인 후 방문하자) ◉ JR전철 타케시타 竹下역 동쪽 출구에서 도보 10분. 면세 카운터 1층. @ 라라포트 후쿠오카

TRAVEL TIP
홈페이지 쿠폰 *쿠폰란*에서 각 점포의 할인과 무료 서비스 혜택을 확인할 수 있다. 방문 전 체크해두자.

건담 특별 연출 시간표

▶ 낮의 연출
건담 기동 - 메인 테마에 맞춰 건담
조형물이 움직이는 퍼포먼스
🕐 10:00, 11:00, 12:00, 13:00,
14:00, 15:00, 16:00, 17:00, 18:00
▶ 밤의 연출
기동전사 건담 ALC
ENCOUNTER
🕐 19:00, 20:30
RX-93ff vGUNDAM from
SIDE-F
🕐 19:30
우주세기 히스토리 아무로&샤아
🕐 20:00
BEYOND THE TIME 메비우스
우주를 너머 아크시즈 저지 ver
🕐 21:00

➕ **건담 파크 후쿠오카** ガンダムパーク福岡

건담 팬들의 가슴을 설레게 할 새로운 명소가 후쿠오카에 탄생했다. 2022년 4월에 새롭게 등장한 건담 파크 후쿠오카 ガンダムパーク福岡는 오직 건담만을 위한 복합 엔터테인먼트 시설이다. 건담의 다양한 정보 제공과 기념품을 판매하는 'GUNDAM SIDE-F'를 중심으로 건담의 제작사인 남코 ナムコ의 전문점, 실내 놀이시설인 VS PARK 등 다채로운 체험을 즐길 수 있는 액티비티 시설을 갖추고 있다.

무엇보다도 압권인 건 라라포트 정문에 설치된 실제 크기의 건담 조형물인 RX-93ff v 건담. 역대 최대 크기를 자랑하는 이 조형물은 극장판 애니메이션 〈기동전함 건담 역습의 샤아〉에서 소행성 액시즈를 물리치는 장면을 재현한 것으로, 얼굴과 오른팔이 움직이며 특수효과를 통해 몸통의 62개 부위가 빛까지 난다. 밤이 되면 건물에 비친 영상에 맞춰 다양한 효과를 연출하여 야경을 즐기기에도 좋다.

📕 맵북 P.5-D4 ◐ 간다무파아쿠 후쿠오카 🏠 福岡県福岡市博多区那珂6丁目23-1 🌐 www.gundampark.net 🕐 (조명 들어오는 시간) 10:00~19:00 1시간 간격, 19:00~21:00 20분 간격 ⓝ 라라포트 후쿠오카 포레스트 파크 입구 フォレストパークエントランス에 위치. 🌐 Gundam Park Fukuoka

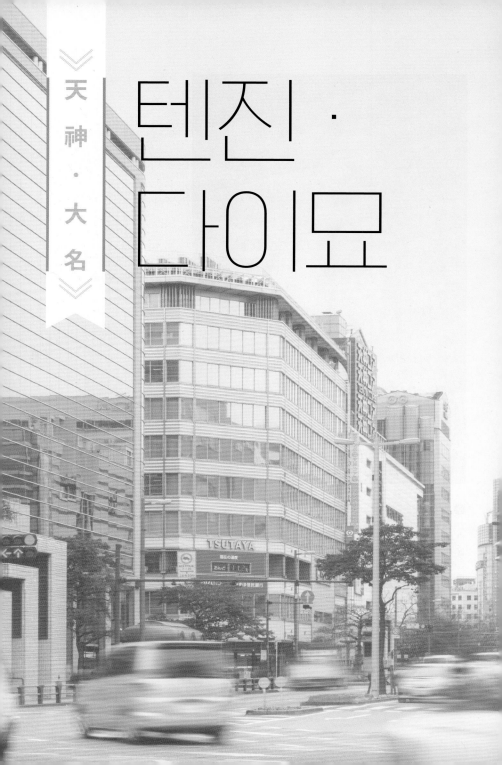

天神・大名

텐진・다이묘

후쿠오카를 넘어서 큐슈九州지역 최대의 번화가로 꼽히는 텐진. 백화점, 패션 빌딩, 상업시설 등 굵직한 쇼핑 명소들이 전철역 주변으로 빽빽이 들어서 있으며, 쇼핑 명소들은 대규모 지하공간으로 연결되어 있어 하나의 거대 쇼핑 천국을 이루고 있다. 중심가 북쪽에 위치한 다이묘大名와 남쪽 이마이즈미 今泉, 야쿠인 藥院은 최신 트렌드에 부합하는 편집숍과 부티크로 즐비하다. 관광지로서의 역할은 다소 약하지만 후쿠오카의 현재를 가장 잘 보여주는 곳이기 때문에 거리를 거니는 것만으로 후쿠오카를 만끽할 수 있을 것이다.

MUST DO

01

사방이 쇼핑 명소! 아침부터 저녁까지 자나 깨나 쇼핑! 쇼핑! 쇼핑!

02

향토음식부터 최신 유행 맛집까지 오감을 만족시키는 푸드 투어를 떠나보자.

03

바쁜 일정 중 지나가다 마주친 관광명소에서 휴식 시간 갖기.

04

후쿠오카의 핫플레이스가 여기 다 모였다! 야쿠인에서 트렌드세터가 된 기분 느껴보기.

MAP

텐진 개념도

0 — 120m — 240m

↑ 하카타항
博多港

후쿠오카시 아카렌가 문화관
福岡市赤煉瓦文化館

나카강

수상공원
水上公園

텐진
天神

스이쿄텐만구
水鏡天満宮

아크로스 후쿠오카
문화관광 정보광장

쇼와 대로 昭和通り

아크로스 후쿠오카
アクロス福岡

텐진
天神

파르코 PARCO

솔라리아 스테이지
Solaria Stage

텐진중앙공원
天神中央公園

후쿠오카시 관광안내소

니시테츠텐진 고속버스터미널
西鉄天神高速バスターミナル

텐진지하상가
天神地下街

니시테츠 西鉄
후쿠오카(텐진) 福岡(天神)역

다이묘
大名

이와타야
岩田屋

후쿠오카 미츠코시
福岡三越

다이마루
大丸

하카타&나카스
博多&中洲

텐진미나미
天神南

케고공원
警固公園

쇼후엔
松風園

케고신사
警固神社

야쿠인
薬院↓

찾아가는 법

> 지하철

쿠코 空港 선 텐진 天神역, 나나쿠마 七隈선 텐진미나미 天神南역

> 니시테츠 西鉄 전철

텐진오무타 天神大牟田선 후쿠오카(텐진) 福岡(天神)역

> 니시테츠 西鉄 버스

니시테츠텐진 고속버스터미널 西鉄天神高速バスターミナル 외 인근 정류장

주요 시설

> 후쿠오카시 관광안내소

📍 맵북 P.13-C2 ◎ 福岡市中央区天神2-1-1 ライオン広場内 ☎ 092-751-6904
🔗 yokanavi.com/tourist-information/27483 ⏰ 09:30~19:00 휴무 12/31, 1/1

> 아크로스 후쿠오카 문화관광 정보광장

📍 맵북 P.13-D2 ◎ 福岡市中央区天神1-1-1 アクロス福岡2F ☎ 092-725-9100 ⏰ 10:00~18:00

> 코인라커

- 니시테츠 西鉄 전철 후쿠오카(텐진) 福岡(天神)역 2층

- 텐진 지하상가 안내소 부근

- 니시테츠텐진 고속버스터미널 3층

1

텐진역 서쪽 쇼핑 구역 P.196~199

2

아크로스 후쿠오카&텐진 역
동쪽 쇼핑 구역 P.196~199

3

케고신사 P.181

4

다이묘&이마이즈미 번화가

5

야쿠인 P.202

텐진 · 다이묘의 볼거리

아크로스 후쿠오카 アクロス福岡

텐진에서 나카강 쪽을 향해 걷다 보면 초록의 녹지로 뒤덮인 신기한 건축물을 만날 수 있다. 아시아와의 연대를 강화하고 후쿠오카를 국제, 문화, 정보의 교류 거점으로 삼고자 만들어진 복합시설인 아크로스 후쿠오카다. 건물 내부는 클래식 음악 공연과 미술 전시회가 열리는 문화홀로 활용되고 있으며, 1~2층에는 여행자를 위한 관광 정보를 모아둔 공간도 마련해두었다. 계단식 건물답게 나무들에 둘러싸인 외관 정원을 직접 타고 올라갈 수 있는데, 옥상 전망대에서는 후쿠오카 시내를 한눈에 조망할 수 있다.

맵북 P.13-D1
- 아크로스후쿠오카
- 福岡市中央区天神1-1-1
- 092-725-9111
- www.acros.or.jp
- [정원] 3~10월 09:00~18:00,
  11~2월 09:00~17:00,
  [옥상전망대] 토·일요일 및
  공휴일 10:00~16:00
  휴무 12/31~1/2
- 지하철 쿠코空港선 텐진天神역
  16번 출구에서 도보 1분.
- 아크로스 후쿠오카

스이쿄텐만구
水鏡天満宮

아크로스 후쿠오카의 맞은편에는 도심 속에 자리한 작은 신사 하나가 있다. 소박하고 조용한 사찰이지만 역사적으로 의미가 큰데, 텐진이라는 지역명이 바로 이 신사에서 비롯되었기 때문이다. 이곳에서 모시는 학문의 신 '스가와라노 미치자네菅原道真'가 천신(天神)으로 불렸던 것에서 유래하여 '텐진天神'이라는 지명이 붙여졌다. '스이쿄텐만구'라는 이름은 다자이후大宰府로 좌천된 스가와라노 미치자네가 강물에 비친 자신의 모습을 보고 슬퍼한 데에서 비롯됐다고 한다.

맵북 P.13-D1
- 스이쿄오텐만구
- 福岡市中央区天神1-15-4
- 092-741-8754
- 09:00~18:00, 연중무휴
- 지하철 쿠코空港선 텐진天神역
  16번 출구에서 도보 1분.
- 스이쿄텐만구

케고신사 警固神社

후쿠오카의 최대 번화가이자 중심가인 텐진 거리에서 잠깐의 휴식을 취할 수 있는 신사. 나쁜 일과 병들로부터 경계하고 지킨 다는 의미를 지니고 있다. 번잡한 도심 한 가운데 자리했다고는 느껴지지 않을 만큼 깔끔하게 정돈된 경내가 인상적이다.

● 맵북 P.13-C3
● 케고진자
● 福岡市中央区天神2丁目2-20
● 092-771-8551
● kegojinja.or.jp
● 06:30~18:00, 연중무휴
● 니시테츠西鉄 전철 후쿠오카(텐진)福岡 (天神)역 중앙 출구에서 도보 5분.
● 케고 신사

쇼후엔 松風園

중심가에서 다소 떨어져 있고 대중교통과의 접근성도 좋지 않지 만 다실과 어우러진 아담한 정원의 풍경이 참 아름다워 한 번쯤 방문해 볼 만한 곳이다. 일본의 옛 주거 형태를 들여다보며 그리 넓지 않은 정원을 천천히 둘러보는 것이 이곳을 즐기는 방법. 수령 100년이 넘는 단풍나무와 잔잔하지만 울긋불긋한 꽃들이 공간을 더욱 풍성하게 만든다.

● 맵북 P.5-C4
● 쇼오후우엔
● 福岡市中央区平尾3-28
● 092-524-8264
● shofuen.fukuoka-teien.com
● 09:00~17:00 휴무 화요일·12/29~1/1
● 고등학생 이상 ¥100, 중학생 이하 ¥50
● 텐진 버스정류장에서 56번 또는 58번 버스를 승차하여 큐덴타이이쿠칸마에九電 体育館前 정류장에서 하차 후 도보 15분.
● 쇼후엔

텐진 · 다이묘의 식당

모츠나베 타슈 もつ鍋田しゅう

엄선한 4종류의 미소된장味噌을 배합하여 깊고 부드러운 모츠나베(1인분 ¥1,793)를 맛볼 수 있는 곳. 가장 인기가 많은 미소된장 외에도 큐슈산 간장을 사용해 깔끔한 맛을 내는 간장쇼유醬油, 일본의 미소된장과 한국의 고추장을 섞어 만든 오리지널 매콤한 맛 타슈나베田しゅう鍋 등 세 가지 맛을 선보인다.

📍 맵북 P.12-B3
▶ 모츠나베타슈우
🏠 福岡市中央区大名1-3-6 フラップスビル1F
☎ 092-725-5007
🌐 www.motsunabe-tashu.com
🕐 17:00~24:00(마지막 주문 23:30) 휴무 연중무휴
🚇 니시테츠西鉄 전철 후쿠오카(텐진)福岡(天神)역 중앙 2번中2출구에서 도보 8분.
🔗 모츠나베 타슈

하카타로
博多廊

📍 맵북 P.12-B3
▶ 하카타로오 🏠 福岡市中央区白金1-12-12
☎ 092-406-7277 🌐 www.hakatarou.jp
🕐 11:30~15:00(마지막 주문 14:00), 17:30~24:00 (마지막 주문 23:00) 휴무 부정기, 연말연시
🚇 지하철 나나쿠마 七隈선·니시테츠 西鉄 전철 텐진오무타선 天神大牟田線 야쿠인 薬院역 2번 출구에서 도보 7분.
🔗 hakatarou

점심시간에 잘 차려진 미즈타키水炊き 코스(¥5,000)를 제공하는 음식점. 큐슈에서 찾아낸 좋은 품질의 식재료를 이용해 본연의 맛을 최대한 살려 내는데 신경을 쓴다. 특히 닭고기는 숙련된 기술로 길러진 사가佐賀현 고급 브랜드를 사용해 7시간 이상 푹 삶아 부드러우면서도 씹히는 맛이 있다. 고기와 채소를 맘껏 즐긴 후 면이나 죽을 넣어 마무리를 짓는다.

효탄스시 | ひょうたん寿司

외길 인생 25년에 빛나는 베테랑 장인이 빚어내는 맛있는 초밥을 먹고자 하면 이곳으로 가자. 합리적인 가격에 맛도 좋다는 입소문때문에 웬만한 한국인 여행자라면 반드시 이름을 들어봤을 것이다. 후쿠오카에서 나는 제철 재료를 사용한 50여 종류의 초밥을 ¥130~620 가격대에 제공한다. 대기 행렬이 어마어마하므로 오픈 시간에 맞춰 가거나 테이크 아웃하는 것도 하나의 방법이다. 솔라리아스테이지 지하 2층에도 분점이 있으니 참고하자.

🗺️ 맵북 P.13-C2
- 🔵 효오탄스시
- 🏠 [본점] 福岡市中央区天神2-10-20 新天閣ビル2F
  [분점] 福岡市中央区天神2-11-3 ソラリアステージ専門店街 B2F
- ☎️ [본점] 092-722-0010 [분점] 092-711-1951
- 🕐 [본점] 11:30~14:30, 17:00~20:30 [분점] 11:00~20:00 휴무 연중무휴
- 🚇 지하철 쿠코空港선 텐진天神역 북쪽 2번 北2 출구에서 도보 2~5분.
- Ⓕ [본점] 효탄스시 [분점] 효탄스시 솔라리아

아지노마사후쿠 | 味の正福

1976년 패션몰 텐진코어天神コア가 생기면서 함께 탄생한 정식집(현재는 재개발로 인해 아크로스점만 운영 중). 인근에서 일하는 직장인들의 단골 맛집으로 유명하다. 인기 메뉴인 은대구 구이 銀だらの西京焼き(¥1,800)를 비롯해 계란말이 玉子焼き, 가지미소된장볶음 なすみそ, 닭고기 간장쇼유튀김 チキン南蛮 등은 초창기부터 있던 메뉴들로 현재도 꾸준한 사랑을 받고 있다.

🗺️ 맵북 P.13-D1
- 🔵 아지노마사후쿠
- 🏠 福岡市中央区天神1·1·1 アクロス福岡 B2F
- ☎️ 092-712-7010
- 🌐 www.masafuku.com
- 🕐 11:00~21:00(마지막 주문 20:00) 휴무 목요일
- 🚇 지하철 쿠코空港선 텐진天神역 16번 출구에서 도보 1분.
- Ⓕ 아지노마사후쿠

멘게키조겐에이 | 麺劇場玄瑛

제대로 된 돈코츠라멘을 제공하기 위해 다시마, 가다랑어, 전복, 건새우, 고등어 등을 조합한 간장쇼유 소스와 무화학조미료, 직접 뽑은 수타면을 고집하는 라멘집. 마늘과 참기름을 볶아 만든 마유를 첨가한 겐에이류라멘玄瑛流ラーメン(¥1,100)이 가장 인기가 높다. 쇼유라멘醤油ラーメン(¥1,000)과 탄탄멘(¥1,600)을 비롯해 매번 색다른 한정 메뉴도 선보인다.

🗺️ 맵북 P.12-A4, P.18-A1
- 🔵 멘게키쿄오 게네 🏠 福岡市中央区薬院2-16-3 ☎️ 092-732-6100
- 🕐 월~목요일 11:30~14:30, 18:00~21:00, 금·토요일 11:30~14:30, 18:00~22:00, 일요일 11:30~15:30, 18:00~22:00 휴무 화요일
- 🚇 지하철 나나쿠마七隈선 야쿠인오오도오리 薬院大通역 1번 출구에서 도보 5분.
- Ⓕ mengekijyo genei

빅쿠리테이 びっくり亭

1963년 모습을 드러내고부터 후쿠오
카 사람들 마음속에 자리 잡은 영혼의
음식. 마늘향이 스며든 돼지고기구이
焼肉(¥900) 하나만을 판매한다. 돼지
고기와 양배추를 특제 소스와 함께 볶
은 단순한 조리법이지만 어떤 곳에서도
흉내 낼 수 없는 맛을 낸다. 따끈따끈한
철판 위에 얹어 제공되며, 테이블에 구
비된 매운 미소된장 소스에 찍어 먹으
면 더욱 맛있다.

🗺 맵북 P.12-A2
▶ 빅쿠리테에
🏠 福岡市中央区大名2-12-17
☎ 092-713-2170
🔎 www.bikkuritei-honke.com
🕐 11:00~23:00(마지막 주문 22:30)
　휴무 세 번째 목요일
🚇 지하철 쿠코 호港선 아카사카 赤坂역
　3번 출구에서 도보 2분.
🔗 빗쿠리테이

카마키리우동 釜喜利うどん

20종류 이상의 우동(¥550~1,000)을 제공하는 우동집으로 모시조개
あさり, 간장으로 간을 한 곱창 もつしょうゆつけ, 카레カレー 등 다른 곳에서
는 잘 볼 수 없는 독특한 메뉴로 인기를 끌고 있다. 특제 육수를 사용한
덮밥 종류도 자신 있게 권하고 있는데, 닭고기와 계란을 얹은 덮밥 오
야코동親子丼이 함께 제공되는 세트 메뉴를 추천한다.

🗺 맵북 P.12-A4
▶ 카마키리우동
🏠 福岡市中央区大名1丁目7-8
☎ 092-726-6163
🔎 www.niwakaya-chosuke.com/
　kamakiri-udon
🕐 11:30~22:00(마지막 주문 21:30)
　휴무 화요일
🚇 지하철 쿠코 호港선 아카사카 赤坂역
　4번 출구에서 도보 8분.
🔗 카마키리우동

구루메 후게츠 グルメ風月

1968년부터 2005년까지 후쿠오카의 소울푸드로 사랑 받았던 음식 '비프버터야키 ビーフバター焼き'가 니시테츠 西鉄전철 텐진 天神역 건물에 다시 등장하며 전통을 계승하고 있다. 비프버터야키는 철판에 구운 파스타면과 비프 소테 위에 간장으로 만든 일본풍 바베큐 소스를 부어 완성한 이곳만의 오리지널 메뉴이다. 단품으로 주문 가능하나 대부분 스프와 밥(또는 빵)이 포함된 세트 메뉴를 주문한다.

- 맵북 P.13-C2
- ▶ 구루메 후우게츠
- ⌂ 福岡市中央区天神2-11-3ソラリアステージ 2F
- ☎ 092-733-3512
- ⊕ www.fugetsu.co.jp/business/gourmet-fugetsu
- ⊙ 11:00~21:00(마지막 주문 20:30) 휴무 솔라리아 스테이지에 따름
- ⊗ 지하철 쿠코 空港선 텐진 天神역 서쪽 6, 7번 출구에서 바로 연결.
- # 구루메 후게츠

군만두

테무진 テムジン

후쿠오카 젊은 청춘들에게 히토쿠치교자 一口餃子의 맛집을 물으면 백이면 백 이곳을 답할 만큼 널리 알려진 맛집이다. 군만두(10개 ¥580), 물만두(10개 ¥698), 수프만두(10개 ¥898) 세 종류가 있으며, 한입에 쏙 들어가는 작은 크기라 혼자서도 2~3인분(20~30개)은 거뜬하게 먹을 수 있다. 볶음밥やきめし(¥768)과 함께 곁들여 먹으면 더욱 맛있으니 함께 주문해보자.

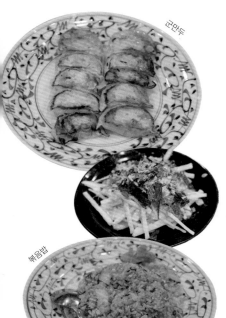
볶음밥

- 맵북 P.12-B3
- ▶ 테무진
- ⌂ 福岡市中央区大名1-11-2
- ☎ 092-751-5870
- ⊕ www.gyouzaya.net
- ⊙ 12:00~24:00(마지막 주문 23:00) 휴무 부정기
- ⊗ 니시테츠 西鉄전철 후쿠오카(텐진) 福岡(天神)역 중앙 2번2 출구에서 도보 8분.
- # 테무진 다이묘점

야키토리 야시치 やきとり弥七

입소문을 타고 서서히 알려져 지금은 이른 시간에 방문하거나 예약을 하고 가지 않으면 언제 들어갈지 모를 만큼 기다란 대기행렬을 감수해야 하는 인기 맛집이 되었다. 숯불로 구워낸 일본식 닭꼬치 야키토리(¥198~638)는 탱글한 식감과 풍부한 육즙, 소스와 불맛이 잘 어우러져 입이 멈추질 않는다. 한꺼번에 제공되지 않고 하나하나 정성 들여 구워낸 후 차례대로 나와 뜨끈뜨끈한 맛을 느낄 수 있다(자리세 1인당 ¥550 부과).

맵북 P.18-B1
야키토리 야시치
福岡市中央区高砂1-22-2 ARK七番館 1F
092-526-2589
17:30~24:00(마지막 주문 23:30) 휴무 부정기
지하철 나나쿠마七隈선
와타나베도오리渡辺通역에서 도보 4분.
야키토리 야시치

우미노쇼쿠도 うみの食堂

싱싱한 회덮밥(¥1,628)이 대표 메뉴인 시푸드 전문점. 당일 들여온 해산물만 사용한다. 회덮밥을 비롯해 생선구이, 해물튀김 등 다양한 해산물을 곁들인 한끼 식사를 즐길 수 있다. 다섯 가지 종류인 회덮밥 중 하나와 반찬을 고르면 밥과 미소된장국도 함께 나온다. 여러 종류의 회가 얹어진 덮밥이 먹고 싶다면 나가하마 직송 우미노동 長浜直送うみの丼 또는 하카타카이센동 博多海鮮丼 을 선택해보자.

▶ 맵북 P.13-C2
- 우미노쇼쿠도오
- 福岡市中央区 天神2-11-1 福岡パルコ本館B1F
- 092-235-7376
- umino-shokudo.com
- 11:00~22:00(마지막 주문 21:15) 휴무 파르코에 따름
- 지하철 쿠코 후쿠선 텐진 天神역 서쪽 5번 西5 출구에서 도보 1분.
- # 우미노쇼쿠도

히나 이마토미
鄙いまとみ

▶ 맵북 P.18-B1
- 히나이마토미 ⚲ 福岡市中央区 高砂1-22-9
- 092-526-4504
- www.hina-imatomi.com
- 11:30~13:00, 17:30~21:00 (마지막 입점 19:00, 저녁은 완전 예약제) 휴무 연중무휴
- 지하철 나나쿠마 七隈선 와타나베도오리 渡辺通역에서 도보 5분.
- # 소바구이 이마토미

엄격한 공정을 통한 정통 소바를 맛볼 수 있는 소바 전문점. 맑은 공기와 물을 마시고 자란 쿠마모토 熊本산 메밀을 두 대의 전동 돌절구로 각각 제분한 후 그 가루를 배합하는 과정을 거쳐 소바가 완성된다. 가루의 종류는 굵게 간 아라비키와 곱게 간 호소비키 두 종류가 있다. 차가운 소바와 따끈한 소바(¥900~) 모두 맛있다고 정평이 나 있다.

텐뿌라 히라오
天麩羅処ひらお

맛있고 싸고 빠른 그리고 갓 튀겨내어 바삭바삭한 일본식 튀김 텐뿌라를 전면에 내세운 전문점. 후쿠오카에서 알 만한 사람은 모두 알 정도의 유명 음식점으로 중심가에서 벗어난 곳에만 지점이 있다가 처음으로 진출하게 된 곳이라 연일 대기행렬이 끊이질 않는다. 새우, 오징어, 돼지고기, 흰 살 생선, 채소 세 가지로 구성된 오코노미정식 お好み定食(¥1,090)이 균형이 잘 맞아 인기가 높다.

🗺 맵북 P.12-B2
▶ 히라오
🏠 福岡市中央区大名2-6-20
☎ 092-752-7900
🌐 www.hirao-foods.net
🕙 10:30~20:00(마지막 주문 19:30) 휴무 부정기, 12/31~1/2
🚇 지하철 쿠코空港선 아카사카赤坂역 5번 출구에서 도보 3분.
🔤 덴푸라 히라오 다이묘점

텐진호르몬 天神ホルモン

곱창전골, 곱창구이와 같은 곱창요리를 전문으로 하는 음식점으로 후쿠오카에서 곱창의 인기를 이끌어낸 선구자. 탱글탱글하고 살살 녹는 곱창과 잘 어우러지는 소스의 맛이 일품이다. 육고기와 곱창을 모두 맛볼 수 있는 코스 요리를 추천한다. 텐진의 쇼핑 명소 중 하나인 솔라리아 스테이지 지하 2층에 위치한다.

🗺 맵북 P.13-C2
▶ 텐진호르몬
🏠 福岡市中央区天神2-11-3 ソラリアステージ 専門店街B2F
☎ 092-733-7080
🌐 www.tenhoru.jp
🕙 월-금요일 11:00~22:00,
   토·일요일 10:00~22:00 휴무 1/1
🚇 지하철 쿠코空港선 텐진天神역 서쪽 6, 7번 출구에서 바로 연결.
🔤 텐진호르몬 솔라리아스테이 지점

키와미야極味や

후쿠오카를 방문하는 한국인 여행자라면 반드시 방문할 정도로 높은 인지도와 인기를 구가하는 음식점. 각 지점마다 내세우는 요리가 다른데, 우리나라 사람들이 선호하는 것은 파르코지점에서 선보이는 함바그ハンバーグ(¥1,078~2,508)다. 표면만을 구운 함바그를 뜨거운 돌판과 함께 제공하여 본인이 선호하는 굽기 정도를 따져서 직접 구울 수 있도록 한 것이 특징이다.

맵북 P.13-C2
▶ 키와미야
⌂ 福岡市中央区 天神2-11-1 福岡パルコB1F
☎ 092-235-7124
🔗 www.kiwamiya.com
🕐 월~금요일 11:30~23:00, 토·일요일 11:00~22:30
휴무 파르코에 따름.
🚇 지하철 쿠코 호港선 텐진天神역 7번 출구에서 바로 연결.
키와미야 함바그 parco

잇카쿠식당
いっかく食堂

큐슈산 식재료를 사용한 가정식을 선보이는 식당. 매번 색다른 정식을 선보여 질리지 않는다.

맵북 P.13-D4
▶ 잇카쿠쇼쿠도오
⌂ 福岡市中央区渡辺通2-10-82
☎ 092-982-5012
🔗 ikkakusyokudo.com
🕐 11:30~15:00
휴무 토·일요일
🚇 지하철 쿠코 호港선 아카사카 赤坂역 2번 출구에서 도보 8분.
ikkaku shokudou tenjin

더 시티 베이커리
THE CITY BAKERY

뉴욕의 유명 베이커리가 후쿠오카에도 진출! 취식 공간이 마련되어 있어 간단한 식사나 커피 한 잔을 즐길 수 있다. 샐러드, 수프, 파스타 등 식사 메뉴도 충실한 편이며 주류도 판매한다. 후쿠오카에서만 판매하는 한정 메뉴도 선보인다.

📖 맵북 P.13-C2
▶ 자 시티 베에카리
🏠 福岡市中央区天神2-2-43
 ソラリアプラザ B2F
📞 092-738-2221
🌐 thecitybakery.jp
🕐 10:00~21:00
🚉 지하철 쿠코 空港선 텐진 天神역 서쪽 7번 西7출구에서 도보 1분.
더 시티 베이커리

야키소바 소후렌
焼そばの想夫恋

야키소바만을 전문으로 한 음식점. 일반적인 야키소바 焼そば를 비롯해 야키소바 면을 날달걀에 찍어 먹는 츠케야키소바 つけ焼そば(중 ¥1,100), 돼지고기 김치볶음을 얹은 부타김치야키소바 豚キムチ焼そば(중 ¥1,300)가 있다. 대(大), 보통(並), 소(小)로 양을 고를 수 있다. 한 입 교자 一口餃子도 인기메뉴.

📖 맵북 P.13-D2
▶ 야키소바노소후렌
🏠 福岡市中央区渡辺通5-1-22コージプラス天神1F
📞 092-406-3474
🌐 sofuren-watanabedori.com
🕐 11:00~15:30, 17:00~22:30 휴무 부정기
🚉 지하철 나나쿠마 七隈선 텐진미나미 天神南역 6번 출구에서 도보 2분.
야키소바 소후렌 와타나베도오리

오이시이코오리야 おいしい氷屋

73년의 전통을 자랑하는 일본식 빙수 카키고오리かき氷 전문점. 장시간에 걸쳐 천천히 얼린 순빙얼음에 말차, 딸기우유, 일본식 미숫가루, 커피 등의 시럽을 뿌려 제공하는 빙수(¥1,200~2,000) 메뉴가 기본이다. 좀처럼 볼 수 없는 재료들의 조합으로 만든 창작 메뉴가 눈에 띄는데, 말차, 두유, 흑임자를 비롯해 후쿠오카산 딸기 브랜드 아마오あまおう를 사용한 빙수를 추천한다.

🗺 맵북 P.13-D3
▶ 오이시이코오리야 🏠 福岡市中央区渡辺通5-14-12
☎ 092-732-7002 🌐 oishiikoori.com
🕐 13:00~18:00 휴무 수요일
🚇 지하철 쿠코호港선 텐진天神역 동쪽 12C번東12c 출구에서 도보 4분.
🔗 오이시이 코리야

일본식 빙수 카키코오리 かき氷

TRAVEL
TIP

여름 시즌이면 일본 곳곳에서 '氷(얼음 빙)'이라 적힌 깃발을 볼 수 있다. 바로 일본식 빙수 '카키고오리'를 판매한다는 의미다. '카쿠(欠く; 깎아 내다)'와 '코오리(氷; 얼음)'을 합친 말로, 곱게 간 얼음 위에 시럽을 뿌린 것이 기본. 여러 가지 토핑을 푸짐하게 얹어낸 우리나라식 빙수와는 다르게 굉장히 심플한 모양이다.

그린 빈 투 바 초콜릿
Green Bean To Bar CHOCOLATE

카카오 원두가 초콜릿으로 변신하기까지 전체 공정을 수작업으로 만드는 '빈 투 바 초콜릿(Bean to Bar)' 방식을 사용한 초콜릿 전문점. 전 세계에서 고르고 고른 카카오가 초콜릿이 되는 과정에서 본래 맛과 향을 잃지 않도록 시간을 공들여 제조하기 때문에 일반적인 초콜릿보다는 가격이 다소 비싼 편이다. 매장 내 마련된 카페에서 초콜릿 관련 제품을 다양하게 선보인다.

🗺 맵북 P.13-C3
▶ 그리인빈투바
🏠 福岡市中央区今泉1-19-22西鉄天神CLASS1F
☎ 092-406-7880
🌐 greenchocolate.jp
🕐 11:00~21:00 휴무 연중무휴
🚇 지하철 쿠코호港선 텐진天神역 서쪽 12C번西12c 출구에서 도보 5분.
🔗 그린 빈 투 바 초콜릿 후쿠오카 하카타점

시로우즈커피 シロウズコーヒー

맵북 P.12-A4
- 시로우즈코오히
- 福岡市中央区警固2-15-10
- 092-791-1369
- www.shirouzucoffee.com
- 월~목요일 08:00~19:00,
  금·토요일 08:00~24:00,
  일요일 08:00~23:00 휴무 부정기
- 지하철 쿠코호港선 아카사카赤坂역
  2번 출구에서 도보 7분.
- 시로즈 커피 케고점

멋스러운 물고기 벽화가 반기는 카페. 가게 내부도 물속을 자유롭게 거니는 물고기들과 인어의 모습이 벽 전체를 가득 메우고 있다. 배전사, 바리스타, 푸드코디네이터 등 전문인력을 두어 언제나 좋은 퀄리티를 유지할 수 있도록 심혈을 기울인다. 케냐, 콜롬비아, 브라질, 에티오피아 등 커피 강대국의 원두를 직접 들여와 사용한다.

카페 티롤 Cafe チロル

1976년부터 텐진 지하상가를 지켜온 카페. 매장은 협소하나 이용객 대부분이 잠깐 들러 쉬었다 가거나 테이크아웃을 이용하므로 회전율이 좋다. 커피, 홍차, 주스, 코코아 등 음료와 소프트 아이스크림이 대표 메뉴. 지하상가에서 쇼핑 중 휴식공간으로 이용하면 좋다.

맵북 P.13-B2
- 카훼 치로루
- 福岡市中央区天神地下1-3 500号
- 092-733-4704
- www.fugetsu.co.jp/business/
  gourmet-fugetsu
- 월~금요일 07:00~21:00,
  토·일요일 08:00~21:00
  휴무 부정기
- 지하철 쿠코호港선 텐진 天神역
  서쪽 6, 7번 출구에서 바로 연결.
- TYROL

텐진 · 다이묘의 쇼핑

텐진지하상가 면세

天神地下街

지하철 쿠코空港선 텐진天神역에서 텐진미나미天神南
역까지 길이 약 590m의 지하도를 활용한 대형 지하
상가. 여성복, 패션잡화, 생활용품 등 패션 브랜드를
중심으로 150여 개의 점포가 줄지어 있다. 19세기 중
세 유럽을 콘셉트로 하여 상가 곳곳에 고풍스러운
느낌의 스테인드글라스, 벽화, 시계 등이 장식되어
있어 단순히 쇼핑만을 즐기기보다는 휴식공간으로
서도 활용하기 좋다.

맵북 P.13, P.14~15
텐진지카가이
福岡市中央区天神地下1~3
092-711-1903
www.tenchika.com
쇼핑 10:00~20:00, 음식점 10:00~21:00 휴무 부정기
※면세 일부 매장에서 실시.
지하철 쿠코호港선 텐진天神역에서 바로 연결.
텐진 지하가

TRAVEL TIP

지하상가 전체가 Wi-Fi 구역
텐진지하상가는 전 구역에서 무료로 와이파이를 이용할 수
있다. 별도 등록 절차나 비밀번호 입력이 필요 없어 이용하
기에도 쉽다.

텐진지하상가 간략도

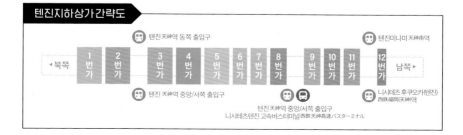

텐진天神역 동쪽 출입구   텐진미나미天神南역

◀북쪽   1번가 2번가   3번가 4번가 5번가 6번가 7번가 8번가   9번가 10번가 11번가   12번가   남쪽▶

텐진天神역 중앙/서쪽 출입구   니시테츠 후쿠오카(텐진)
西鉄福岡天神역

텐진天神역 중앙/서쪽 출입구
니시테츠텐진 고속버스터미널西鉄天神高速バスターミナル

텐진 지하상가 구조도 & 추천 숍

내추럴 키친앤
Natural Kichen&

우수한 디자인의 주방용품을 저렴한
가격에 구입할 수 있다.

사류!
salut!

¥324~1,296 가격대의 인테리어 잡화
를 다루는 중저가형 잡화점.

후쿠오카 중앙우체국
福岡中央郵便局
동-1b

미나텐진
ミーナ天神,
노스텐진
ノース天神

후쿠오카 다이아몬드 빌딩
福岡ダイヤモンドビル

동-2

동-3a

지하철 쿠코 空港線
텐진 天神역(동쪽 출구 東口)
K 08

후쿠오카 빌딩
福岡ビル

333 331

서-1a

동1번가

309 307 305 303 301

동-3b

342

332

동2번가

341

334 330

245 243 241

동-4

1번가
북쪽 광장
1番街北広場

340

서1번가

320 308 306 304 302 300

237 225 223 221

동-5

339 337 335

324 316 314 312 310

서2번가

322

동3번가

205 203

서-1

서-2a
서-2b

321 319 317

250 242 240

동4번가

208 206 204

텐진 후타타 빌딩
天神フタタビル

315 313 311

서-3a

248 246

236 234 232 230 228 226 224 222 220

동5번가

218 216 212

텐진 빌딩 天神ビル

카페 티롤 Cafe チロル
K 08

247

235 233 231 229 227

서4번가

217 215 211

지하철 쿠코 空港線
텐진 天神역
(중앙/서쪽 출구 中央口/西口)

파르코 PARCO

서-3b

서-4

244

서5번가

니시테츠
후쿠오카(텐진)
福岡(天神)역

서-5

솔라리아 스테이지
Solaria Stage,
니시테츠텐진
고속버스터미널
西鉄天神高速
バスターミナル,
니시테츠
후쿠오카(텐진)
福岡(天神)역

솔라리아
스테이지
Solaria St

산리오 비비틱스
Sanrio Vivitix

헬로우 키티로 대표되는 캐릭터 전문
브랜드의 기념품 숍.

쿠츠시타야
靴下屋

다양한 디자인과 종류를 총망라한 양
말전문점.

동2번가305호
라티스
Lattice

¥300~1,000 가격 대의 액세서리 전문점.

동4번가221호
비플 바이 코스메키친
Biople by CosmeKitchen

유기농 화장품을 비롯해 건강을 생각한 먹거리, 잡화를 엄선해 판매한다.

동11번가15호
마르셰 드 블루엣 플러스
Marche de Bleuet Plus

깜찍하고 귀여운 생활잡화 전문점.

아크로스 후쿠오카
アクロス福岡,
후쿠오카시청
福岡市役所,
텐진중앙공원
天神中央公園,
KEB하나은행 후쿠오카 지점
KEBハナ銀行 福岡支店

다이마루 大丸

10번가
정원 광장
10番街中庭広場

지하철 나나쿠마 七隈線
텐진미나미 天神南駅

12번가
남쪽 광장
12番街南広場

텐진 로프트
天神ロフト

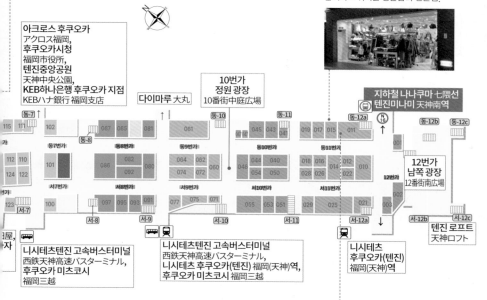

니시테츠텐진 고속버스터미널
西鉄天神高速バスターミナル,
후쿠오카 미츠코시
福岡三越

니시테츠텐진 고속버스터미널
西鉄天神高速バスターミナル,
니시테츠 후쿠오카(텐진) 福岡(天神)역,
후쿠오카 미츠코시 福岡三越

니시테츠
후쿠오카(텐진)
福岡(天神)역

동11번가11호
칼디 커피 팜
Kaldi Coffee Farm

30여 종류의 원두를 비롯해 해외 식료품을 판매하는 식료품점.

후쿠오카미츠코시
福岡三越

일본의 대표적인 백화점 브랜드 가운데 하나.
1673년 전통 의상인 기모노를 전문으로 한 포
목점으로 시작했던 영향으로 세계적인 유명 브
랜드를 비롯한 패션의류·잡화에 집중한 구성
이 눈에 띈다. 한국인 여행자는 비비안 웨스트
우드, 랑방, 갭(GAP), 다이소를 목적으로 방문
하는 경우가 많다.

📍 맵북 P.13-C3
▶ 후쿠오카미츠코시
🏠 福岡市中央区天神2-1-1
☎ 092-724-3111
🌐 www.iwataya-mitsukoshi.mistore.jp/
   mitsukoshi.html
🕐 10:00~20:00 휴무 부정기
🏪 면세카운터 지하 2층
🚇 지하철 쿠코空港선 텐진天神역 서쪽 7번, 9번
   출구에서 바로 연결.
📷 fukuoka mitsukoshi

TRAVEL TIP
단기 외국인 여행자에 한해 3,000엔 이상 구매 시 5% 할인 우대
를 받을 수 있는 '게스트 카드'를 발행한다(유효기간 3년). 지하
2층 면세 카운터에서 여권을 제시하면 받을 수 있다.
※ 우대 대상 외 상품-일부 제외 브랜드, 세일 상품, 식품, 음식점
등의 외식비, 서비스 비용

다이마루 大丸

1953년부터 후쿠오카 사람들의
생활을 책임져 온 노포 백화점. 본
관 지하 2층부터 지상 8층, 동관 지
하 2층부터 지상 6층까지 두 건물
을 이용해 음식부터 패션까지 다양
한 브랜드가 입점해있다. 본관과 동
관 지하 2층 전체를 차지한 푸드 코
너에는 후쿠오카는 물론이고 일본
전국의 인기 명과가 한데 모여 있어
디저트를 좋아하는 이라면 반드시
둘러보자.

📍 맵북 P.13-C3
▶ 다이마루
🏠 福岡市中央区天神1-4-1
☎ 092-712-8181
🌐 www.daimaru-fukuoka.jp
🕐 10:00~20:00 휴무 부정기
🏪 면세카운터 본관 지하 1층
🚇 지하철 나나쿠마七隈선
   텐진미나미天神南역 2번 또는
   3번 출구에서 바로.
📷 다이마루 백화점 텐진

맵북 P.13-C2
▶ 파르코
📍 福岡市中央区天神2-11-1
☎ 092-235-7000
🌐 fukuoka.parco.jp
🕐 숍 10:00~20:30, 음식점
11:00~23:00 휴무 부정기
🛍 면세카운터 일부 매장에서 실시
🚇 지하철 쿠코空港선 텐진天神역 7번
출구에서 바로 연결.
🔖 파르코백화점

파르코 PARCO

일본의 젊은 연령층에게 패션과 문화예술에 영향을 끼치는 패션몰의 대표 격. 빔즈 BEAMS, 저널 스탠더드 Journal Standard, 어반 리서치 Urban Research 등 감각 있는 패션 셀렉트숍 브랜드가 전부 모여 있는 것이 특징이다. 예쁘고 아기자기한 생활잡화점 프랑프랑 Francfranc(5층), 애니메이션과 만화 관련 기념품과 서적을 전문으로 한 애니메이트(8층), 음반 전문 매장 타워레코드 タワーレコード(6층), 만화 원피스의 캐릭터숍 무기와라 스토어 麦わらストア(7층) 등 둘러볼 만한 곳이 많다.

이와타야 岩田屋

1754년 문을 연 후쿠오카의 오리지널 백화점 브랜드. 본관과 신관 두 건물로 나뉘어 고급 의류부터 대중적인 패션 브랜드까지 다수 입점해 있는데, 한국인 여행자에게 인기가 높은 일본 브랜드 '꼼 데 갸르송 COMME DES GARCONS'이 본관 1층(포켓), 5층(남성복), 신관 3층(여성복)에 있으니 참고해보자.

맵북 P.13-C2
▶ 이와타야
📍 福岡市中央区天神2-5-35
☎ 092-721-1111
🌐 www.i.iwataya-mitsukoshi.
co.jp
🕐 10:00~20:00 휴무 부정기
🛍 면세카운터 신관 7층
🚇 지하철 쿠코空港선 텐진天神역
서쪽 6번 출구에서 바로 연결.
🔖 이와타야 백화점 본점

TRAVEL TIP

단기 외국인 여행자에 한해 3,000엔 이상 구매 시 5% 할인 우대를 받을 수 있는 '게스트 카드'를 발행한다(유효기간 3년). 신관 7층 면세 카운터에서 여권을 제시하면 받을 수 있다.
※ 우대 대상 외 상품-일부 제외 브랜드, 세일 상품, 식품, 음식점 등의 외식비, 서비스 비용

맵북 P.13-C2
소라리아스테에지
福岡市中央区天神2-11-3
092-733-7111
www.solariastage.com
10:00~20:30 휴무 부정기
면세카운터 일부 매장에서 실시
지하철 쿠코空港선 텐진天神역 서쪽 6, 7번 출구에서 바로 연결.
솔라리아 스테이지

솔라리아 스테이지 Solaria Stage

슈퍼마켓처럼 매일 가벼운 기분으로 둘러보며 생활에 필요한 물품을 구입할 수 있게 도와주는 쇼핑몰. 다른 쇼핑 명소에서도 판매하는 패션의류, 화장품 외에 미용잡화, 문구, 서적, 가정용품, 인테리어 등 생활잡화 매장이 2층부터 5층까지 입점해 있다. 지하 2층에는 모츠나베, 야키토리, 곱창구이, 우동 등 후쿠오카의 명물 음식을 전문으로 하는 음식점이 즐비하다.

솔라리아 플라자 Solaria Plaza

맵북 P.13-C2
소라리아프라자
福岡市中央区天神2-2-43
0570-01-7733
www.solariaplaza.com
숍 월~금요일 11:00~20:00, 토·일요일·공휴일 10:00~20:00, 음식점 11:00~22:00 휴무 1/1
면세카운터 일부 매장에서 실시
지하철 쿠코空港선 텐진天神역 서쪽 7번 출구에서 바로 연결.
solaria plaza tenjin

패션 브랜드를 위주로 한 숍 외에 영화관, 라디오 스튜디오, 호텔, 스포츠센터, 음식점이 들어선 복합시설. 지하 2층은 미국의 유명 그로서리숍 '딘앤델루카'와 인기 빵집 '시티베이커리' 등 서양식 식문화 위주의 식품 코너가 들어서 있고 지하 1층부터 지상 5층까지는 20~40대 연령대가 선호하는 다양한 패션 브랜드가 입점해 있다.

비오로 VIORO

'나를 입는다'라는 캐치프레이즈에서도 알 수 있듯이 건물 전체가 최신 유행 패션 의류 브랜드로 이루어진 패션몰. 유나이티드 애로즈 United Arrows, 십스 Ships, 에밤 에바 evam eva와 같은 우아하고 여성스러운 스타일을 내세운 셀렉트숍 브랜드와 에르베 샤플리에 Hervé Chapelier, 일 비손테 IL BISONTE, 레페토 Repetto, 스카겐 SKAGEN 등 일본인에게 인기가 높은 유럽 패션 브랜드가 대거 들어서 있는 점이 특징이다.

📖 맵북 P.13-C2
▶ 비오로 📍 福岡市中央区天神2-10-3
☎ 092-771-1001 🌐 vioro.jp
🕐 숍 10:00~20:00. 음식점 시간 매장마다 상이
휴무 부정기
💳 면세카운터 일부 매장에서 실시
🚇 지하철 쿠코空港선 텐진天神역
서쪽 7번 출구에서 도보 1분.
vioro

TRAVEL TIP

단기 외국인 여행자는 1층 인포메이션 카운터에서 여권을 제시하면 500엔 할인 쿠폰을 받을 수 있다.

바니즈 뉴욕
Barneys New york

뉴욕 맨해튼에 위치한 고급 백화점의 일본 지점. 기본적으로 고급스럽고 세련된 하이패션 브랜드 위주로 구성되어 있으며 최신 트렌드를 반영한 제품도 많이 판매하고 있다. 지하 1층은 남성복, 지상 1층은 여성 액세서리를 중심으로 향수와 안경, 2층은 바니즈 뉴욕의 자체 컬렉션 제품과 여성복, 3층은 2층에 이은 여성복과 브라이덜 Bridal 상품(신부들을 위한 웨딩상품)을 판매한다.

📖 맵북 P.13-C3
▶ 바아니즈뉴요쿠
📍 福岡市中央区天神2-5-55
☎ 050-3615-0887
🌐 www.barneys.co.jp/
stores/fukuoka
🕐 11:00~19:00 휴무 부정기
🚇 지하철 쿠코空港선 텐진天神역
서쪽 7번 출구에서 도보 2분.
barneys new york tenjin

텐진 백화점별 식품부 베스트 추천 먹거리

일본의 백화점 지하 1층에는 '데파치카데파地下'라 불리는 고급 식품 매장이 있다. 주로 디저트 중심으로 판매하며 이외에도 도시락, 반찬, 주류 등 다양한 제품을 판매한다. 백화점 및 쇼핑센터가 즐비한 텐진에서도 각양각색의 먹거리를 판매하는 데파치카를 만날 수 있는데, 그중에서도 대표 3대 백화점의 추천 먹거리를 소개한다.

미츠코시 三越백화점

이시무라만세도 石村萬盛堂의
츠루노코 鶴乃子

말랑한 머시멜로우 속에 달달한 앙금을 넣은 과자. 1978년 화이트데이에 처음 만들어 보급한 디저트 전문점 이시무라만세도의 대표 화과자이다.

© 2014 ishimuramanseido Co,.Ltd.

데파치카 デパ地下

백화점의 일본식 발음인 '데파토 department'와 지하를 뜻하는 일본어 '치카 地下'의 합성어인데, 그 역사는 1930년대로 거슬러 올라간다. 나고야의 마츠자카야 松坂屋 백화점에서 지하에 식품부를 배치한 것이 시작이었다. 저렴한 가격의 먹거리로 고객을 끌어들인 다음 상층부에 자리한 비싼 제품들도 더불어 사게 만드는 것이 백화점의 전략이었던 것. 그리고 전략은 제대로 통했고, 지금까지도 일본 대부분의 백화점은 지하 1층에 식품부를 배치해 두었다.

히요코혼포요시노야
ひよこ本舗吉野屋의
히요코휘낭시에
ひよこのフィナンシェ

병아리 만주로 유명한 후쿠오카의 과자점이 큐슈 지역 한정으로 선보이는 병아리 모양의 휘낭시에.

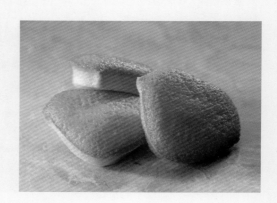

이와타야 岩田屋 백화점

키노쿠니야 紀ノ国屋의
애플파이 アップルパイ

64년 이상 사랑 받고 있는 스테디 셀러.
점포에서 직접 갓 구운 제품을 판매하고 있다.
일본 전국 슈퍼마켓 협회에서 실시하는
'도시락·반찬 대상 2023' 에서 빵 부문 특별상을
수상했다.

스즈카케 鈴懸의
스즈노마루모찌 鈴乃○餅

후쿠오카를 대표하는 화과자 전문점 스즈카케. 밀가
루, 계란 등을 섞은 반죽을 동그랗게 구운 도라야키의
미니 버전인 스즈노마루모찌가 최고 인기상품이다.

© suzukake co., ltd.

다이마루 大丸 백화점

© 2018 Patisserie ichiryu
Corporation.

파티세리이치류
パティスリーイチリュウ의
샬롯오쇼콜라 Charlotte Au Chocolat

1919년에 창업한 사탕가게가 디저트 전문점으로. 초코스펀
지빵이 초코크림에 둘러싸인 디저트가 베스트셀러.

문 MOON의
나마붓세 生ブッセ

유명 제과 브랜드 모로조프가 후쿠오카 다
이마루 한정으로 선보이는 붓세 전문점. 후
쿠오카산 딸기와 말차, 치즈를 사용해 만들
어 더욱 특별하다.

야쿠인

薬院

현재 후쿠오카에서 가장 인기가 높다고 하는 음식점은 모두 모여있다고 해도 과언이 아닌 지역. 홍대에서 시작한 핫플레이스의 영역이 연남동, 상수동, 합정동으로 뻗어나갔듯이 텐진에서 시작한 번화한 거리가 남쪽으로 뻗어 야쿠인까지 도달했고 현재는 그것을 넘어 케고 警固, 히라오 平尾 등으로 점차 확장해가고 있는 추세다. 중심이 못지 않은 멋스럽고 세련된 분위기의 가게가 주택가 골목에 조용히 자리하고 있어 발견하는 재미가 쏠쏠한 곳. 다채로운 여행의 한 장면을 장식할 순간을 야쿠인에서도 느껴보길 바란다.

🚇 야쿠인 지역이 넓게 퍼져 있어 인근 여러 개의 지하철 역 중 가게 위치 인근에 자리한 역에서 하차하면 된다.

맛! 멋! 카페

➕ 아베키 Abeki

후쿠오카를 여행하는 한국인이라면 반드시 방문한다는 핫한 카페. 조용한 주택가 골목 한 귀퉁이에 자리해 있다. 주인장의 피땀눈물이 서려 있다고 표현해도 과언이 아닐 정도로 정성스레 만드는 커피와 치즈 케이크가 이 집의 간판 메뉴다.

📍맵북 P.18-A2 ▶ 아베키 🏠 福岡市中央区薬院3-7-13 ☎ 92-531-0005 🌐 abeki-f.blogspot.com ⏰ 12:00~17:30 휴무 일요일·첫째/셋째/다섯째 주 월요일, 12/31~1/3 🚇 지하철 니시테츠 西鉄 전철 텐진오무타선 天神大牟田線 야쿠인 薬院역 2번 출구에서 도보 8분. 🔖 아베키

➕ 굿 업 커피 Good Up Coffee

두툼하고 바삭한 토스트 위에 달콤한 팥소와 버터를 얹은 앙코토스트 あんこトースト가 대표 메뉴인 카페. 커피맛도 좋은 평을 얻고 있다.

📍맵북 P.18-B2 ▶ 굿또아뿌코오히 🏠 福岡市中央区白金2-2-14 テラスシロガネ1F ⏰ 08:00~18:00 휴무 목요일 🚇 지하철 나나쿠마 七隈선·니시테츠 西鉄 전철 텐진오무타선 天神大牟田線 야쿠인 薬院역 2번 출구에서 도보 10분. 🔖 good up coffee fukuoka

➕ 야마야 3 테라스 YAMAYA 3 TERRACE

넓찍한 공간과 시원한 개방감이 매력적인 카페. 규모가 큰 만큼 테이블 수가 많고, 음료부터 간단한 식사류까지 메뉴 또한 다양하다. 아침, 점심, 저녁 시간대 별로 세트 메뉴를 제공한다.

📍맵북 P.18-A1 ▶ 야쿠인 산 테라스 🏠 福岡市中央区薬院3-2-23 ☎ 092-406-4691 🌐 www.yakuin3terrace.com ⏰ 평일 10:00~22:00, 주말 08:00~22:00 휴무 부정기 🚇 지하철 니시테츠 西鉄 전철 텐진오무타 天神大牟田선 야쿠인 薬院역 중앙 출구에서 도보 4분. 🔖 YAMAYA 3 TERRACE

이토록 정갈한 정식

➕ 와파정식당 わっぱ定食堂

'정식 백화점'이란 콘셉트로 푸짐한 일본 가정식을 선보이는 집. 추가 요금을 내면 미소된장국 みそ汁을 돼지고기된장국 豚汁으로, 일반 백미 ご飯를 잔물고기밥 じゃこ飯이나 카레밥 カレー으로 변경 가능하다.

📖 맵북 P.13-C3 ● 왓파테에쇼쿠도오 🏠 福岡市中央区今泉1-11-7 ☎ 092-771-8822 ●
teisyoku.net/tenjin ● 11:30~21:30
휴무 수요일 ● 지하철 쿠코 空港선
텐진 天神역 서쪽 12C번 西12c출구
에서 도보 2분. ● 왓파테이쇼쿠
도(가정식)

➕ 우메야마텟페이식당 梅山鉄平食堂

현해탄에서 잡은 싱싱한 생선을 주재료로 하여 맛있는 정식을 선보이는 집. 매일 들어오는 생선 종류에 따라 메뉴가 달라지고 부정기적으로 휴무가 되기도 한다.

📖 맵북 P.13-D4 ● 우메야마텟페에쇼쿠도오 🏠 福岡市中央区渡辺通3-6-1 ☎ 092-715-2344
● umeyamateppei.com ●
11:30~21:00 휴무 수요일 ● 지하
철 나나쿠마 七隈선 텐진미나
미 天神南역 1번 출구에서
도보 5분. ● 우메야마 텟
페이 쇼쿠도

➕ 효탄 ひょうたん

저녁에만 문을 여는 이자카야에서도 따뜻한 일본 정식을 즐길 수 있다. 술 한 잔 곁들여 하루를 마무리하기에도 그만인 곳.

📖 맵북 P.18-A1 ● 효탄 🏠 福岡市中央区薬院1-10-5 Shin-Yakuin105 1F ☎ 092-711-0955 ● 17:00~24:00
휴무 부정기 ● 지하철 나나쿠마 七隈선 야쿠인오오도오리 薬院大通역 2번 출구에서 도보 1분. ● 33.581104, 130.397597(좌표값)

➕ 봄버키친 ボンバーキッチン

함바그스테이크, 카레, 나폴리탄, 햄커틀릿 등 다양한 일본식 양식을 주메뉴로 다루는 정식집. 물론 닭튀김, 굴튀김, 생선구이 등 일본 가정식 메뉴도 충실하다.

📖 맵북 P.18-A1 ● 봄바키친 🏠 福岡市中央区薬院2-2-18 ☎ 092-732-3116 ● www.bomberkitchen.org ●
11:30~15:30, 17:30~21:00 휴무 부정기 ● 지하철 나나쿠마 七隈선 야쿠인오오도오리 薬院大通역 1번 출구에서 도보 3분. ● 봄버키친

분위기와 맛에 취하는 맛집

➕ 우오추 魚忠

메뉴에서 생선구이, 돈카츠, 새우튀김 등 메인 요리를 한 가지 또는 두 가지를 선택하면 회, 계란말이, 절임 반찬 등이 포함된 근사한 정식이 나온다.

📍맵북 P.13-C4 ➡ 우오츄우 🏠 福岡市中央区今泉1-18-26 📞 092-732-9292 🌐 uochuu.net 🕐 11:30~21:30 휴무 수요일 🚇 지하철 쿠코 空港선 텐진 天神역 서쪽 12C번 西12c출구에서 도보 6분. 📷 우오츄

➕ 베지사라식당 べじさら食堂

채식 위주의 건강한 식사를 제공하는 음식점. 유기농 채소와 엄선한 재료를 사용해 깔끔한 한 끼 식사를 만들어낸다.

📍맵북 P.12-A4 ➡ 베지사라쇼쿠도오 🏠 福岡市中央区赤坂3-1-2 📞 050-3637-8314 🌐 vegesarah.jp 🕐 12:00~16:30 휴무 월요일, 부정기 🚇 지하철 나나쿠마 七隈선 사쿠라자카 桜坂역 2번 출구에서 도보 5분. ⊕ 33.580851, 130.387745(좌표값)

➕ 후라고항 ふらごはん

주인장 혼자서 꾸려가는 자그마한 정식집. 돼지고기로 만든 메인 메뉴와 함께 채소반찬이 가지런히 놓인 플레이트가 먹음직스럽고 예쁘다.

📍맵북 P.18-B2 ➡ 후라고항 🏠 福岡市中央区平尾2-17-22 🕐 11:30~14:00 휴무 수·목요일 🚇 지하철 니시테츠 西鉄 전철 텐진오무타선 天神大牟田線 히라오 平尾역에서 도보 5분. ⊕ hibito fukuoka(바로 옆에 위치)

➕ 히요리비 今泉小路 日和日

큐슈九州산 신선한 식재료로 만든 정갈한 정식을 일본의
전통가옥에서 즐기고 싶다면 이곳으로 가자. 일본식과 양
식을 혼합한 요리를 선보인다.

🗺 맵북 P.18-A1 ⬆ 히요리비 ⬆ 福岡市中央区今泉2-4-6 ☎
050-5263-2507 ⏰ 화~토요일 11:00~15:00/18:00~24:00,
일·공휴일 11:00~15:00 휴무 월요일 🚇 지하철 나나쿠마 七隈
선 야쿠인오오도오리 薬院大通역 1번 출구에서 도보 5분.
📍 33.583573, 130.396755(좌표값)

➕ 코모에스 이마이즈미 コモエス今泉

감각적이고 세련된 분위기의 레스토랑 카페. 음악과 미술을 사랑하
는 사람이라면 반할 수밖에 없는 공간이다. 1층에서 주문과 계산 후 2
층에서 식사 및 음료를 즐길 수 있다.

🗺 맵북 P.18-A1 ⬆ 코모 에스 이마이즈미 ⬆ 福岡市中央区今泉2-1-75
☎ 092-516-3996 ⏰ 월·금요일 11:00~18:00, 토·일요일 11:00~19:00
휴무 화요일 🚇 지하철 나나쿠마 七隈선·니시
테츠 西鉄 전철 텐진오무타 天神大牟田선
야쿠인 薬院역 1번 출구에서 도보 5분.
📍 como es imaizumi

후쿠오카에서 만나는 해외음식

✚ 교자리 餃子李

1988년 문을 연 중화요리점으로 일본인 입맛에 맞춘 중국음식을 맛볼 수 있다. 가게명에 들어간 중국식 만두를 비롯해 라멘, 볶음밥 등 메뉴가 다양한 편이다.

맵북 P.18-A1 ◑ 교오자리 ◑ 福岡市中央区薬院 3-1-11 ☎ 092-531-1456 ◑ gyouza-lee.com ◑ 11:30~14:30, 17:00~21:50 휴무 화요일 ◑ 지하철 나나쿠마 七隈線 · 니시테츠 西鉄 전철 텐진오무타선 天神大牟田線 야쿠인 薬院역 1번 출구에서 도보 3분. ⓐ gyoza lee yakuin

➕ 더 샌드위치 스탠드 The Sandwich Stand

아낌없이 속재료를 넣어 한 입 베어물 때마다 입을 커다랗게 벌려야만 먹을 수 있는 샌드위치를 제공한다. 속재료는 물론 빵도 신선도가 높은 것만 엄선해 사용하고 있어 아주 맛있다.
🗺 맵북 P.18-A1 ▶ 자산도잇치스탄도 🏠 福岡市中央区薬院 4-7-11 ☎ 092-534-6033 🌐 m.sandwich-stand.webnode. jp ⏰ 화~토요일 08:00~18:00, 일요일 08:00~16:00 휴무 월요일 🚇 지하철 나나쿠마 七隈선 야쿠인오오도오리 薬院大通역 1번 출구에서 바로. @ sandwichstand

푸짐한 양의 크레페

➕ 르 브르통 Le Breton

프랑스식 전통 디저트를 판매하는 카페. 특히 디저트는 물론 한 끼 식사 대용으로도 손색이 없는 크레페 crêpe와 프랑스식 전통 디저트인 갈레트 Galette를 전문으로 한다. 이외에도 과자 및 케이크 등 다양한 디저트 메뉴가 있다.
🗺 맵북 P.13-C4 ▶ 루부루통 🏠 福岡市中央区今泉2-1-65 ☎ 092-716-9233 🌐 www.lebreton.jp ⏰ 11:00~20:00 휴무 부정기 🚇 지하철 쿠코 空港선 텐진 天神역 서쪽 12C번西12c출구에서 도보 6분. @ le breton tenjin

항만
지역

후쿠오카가 항구 도시임을 제대로 느낄 수 있는 지역. 범위가 워낙 넓어 여행자 필수 코스인 후
쿠오카 타워와 시사이드 모모치 해변공원으로 대표되는 모모치, 하카타항 국제 터미널이 위치
한 베이사이드 하카타, 드넓은 부지를 활용한 공원과 수족관이 있는 우미노나카미치 등 크게
세 지역으로 나뉜다. 눈앞에 바닷가가 훤히 보이는 공통점을 제외하곤 각 지역이 지닌 특징과
볼거리가 달라 다채로운 풍경을 경험할 수 있다.

01

후쿠오카 타워에서 시내 조망과 야경
감상하기.

02

인공해변 vs 자연해변! 모모치 해변과
우미노나카미치 바다 비교해보기.

03

하카타 포트타워에서 무료로
항구 전경을 즐기고 초밥 사먹기.

04

노코노시마, 아이노시마, 시카노시마 등
후쿠오카의 아름다운 섬 탐방하기.

MAP

항만지역 개념도

시카노시마
志賀島

국영 우미노나카미치 해변공원
国営 海の中道海浜公園

우미노나카미치
海ノ中道

우미노나카미치
海ノ中道

사이토자키
西戸崎

하카타만
博多湾

노코노시마
能古島

하카타항 국제터미널
博多港国際ターミナル

베이사이드 하카타
ベイサイド博多

하카타 포트타워
博多ポートタワー

시사이드 모모치 해변공원
シーサイドももち海浜公園

후쿠오카 타워
福岡タワー

모모치
百道

텐진
天神

하카타
博多

하카타
博多

JR

이마즈만
今津湾

오호리공원
大濠公園

찾아가는 법

▶ 모모치 지역

니시테츠 西鉄 버스 : 후쿠오카타와(TNC호소카이칸) 福岡タワー
(TNC放送会館), 후쿠오카타와미나미구치 福岡タワー南口 정류장

▶ 베이사이드 하카타 지역

니시테츠 西鉄 버스 : 하카타후토 博多ふ頭 정류장

▶ 우미노나카미치 지역

JR전철 : 우미노나카미치 海ノ中道역

주요 시설

▶ 관광 안내소

- 하카타항 국제터미널 博多港国際ターミナル 내

📍맵북 P.17-D3 🏠福岡市博多区沖浜町14-1 ☎092-283-8808 🕐07:00~19:40

▶ 코인라커

- 후쿠오카 타워 1층 입장 홀
- 베이사이드 플레이스 하카타 ベイサイドプレイス博多
  (하카타 포트타워 맞은편) C관 1층
- 국영 우미노나카미치 해변공원 각 입구

1

하카타 포트타워 P.222

2

완간시장 P.223

3

니시진 P.218

4

후쿠오카 페이페이 돔 구경 P.216

5

시사이드 모모치 해변공원 P.213

6

후쿠오카 타워 P.212

항만 지역의 볼거리

모모치 百道

일루미네이션
이벤트

후쿠오카 타워 福岡タワー

후쿠오카를 상징하는 랜드마크. 1989년 후쿠오카시 제
정 100주년을 기념하여 개최한 아시아 태평양 박람회
기념비로 세워진 것이다. 234m 높이의 정삼각형 건물
외벽은 8,000장의 매직미러로 덮여 있는 것이 특징이
다. 해변에 위치한 탑 가운데 가장 높으며, 지상 123m에
전망실이 마련되어 있어 후쿠오카 시내를 365도 파노라
마로 조망할 수 있다. 저녁 무렵부터 시작되는 일루미네
이션은 탑 본체를 사용해 오색빛을 점등하는 이벤트로
후쿠오카 야경을 대표한다. 벚꽃, 크리스마스, 핼러윈 등
시기마다 테마를 달리하여 보는 맛을 더한다.

🗺 맵북 P.16-B4 ● 후쿠오카타와 ● 福岡市早良区百道浜
2-3-26 ☎ 092-823-0234 ● www.fukuokatower.co.jp
● 9:30~22:00(마지막 입장 21:30) 휴무 부정기(2025년
6월 23~24일) ● 성인 ¥800, 초·중학생 ¥500, 65세
이상 ¥720, 미취학 아동 ¥200, 3세 이하 무료(2025년
7월 1일부터 성인 ¥1,000, 초·중학생 ¥500, 미취학 아동
¥200, 3세 이하 무료) ● 하카타버스터미널 6번 정류장에서
306·312번 또는 텐진고속버스터미널 1A정류장에서 W1·
W2·302번 승차하여 후쿠오카타와미나미구치 福岡タワー南口
정류장에서 하차. 🔍 후쿠오카 타워

TRAVEL
TIP

방문 전 체크 필수!

▶ 방문 전에 홈페이지에서 소개하는 해지는 시간과 야경을 보
기 좋은 최적의 시간을 확인한 후 방문하자. 홈페이지 하단의
'기상조건 気象条件'을 확인한다.

● www.nightview.info/detail/fukuoka_tower/

▶ 타워 전체를 물들이는 일루미네이션의 점등 테마는 계절과
특별한 이벤트에 따라 매번 달라진다. 공식 홈페이지에 한 달
간의 점등 일정과 시간을 확인할 수 있으니 방문 전 확인해두
면 좋다.

● www.fukuokatower.co.jp/lightup

시사이드 모모치 해변공원
シーサイドももち海浜公園

후쿠오카 타워 북쪽에 인공적으로 조성된 해안가 일
대. 시원한 바다 경치를 감상하면서 휴식을 취하는 쉼
터이자 비치 스포츠와 해양 액티비티를 즐기는 공간
으로 활용되고 있다. 해변가 중앙에 자리 잡은 마리존
Marizon은 서양의 중세 건축양식을 차용한 듯한 외형이
눈에 띈다. 결혼식장을 비롯해 각종 카페와 음식점, 숍
이 들어선 복합시설로 해변을 더욱 이국적인 분위기로
만들어준다. 노을 지는 해 질 녘부터 달이 뜨는 밤까지
자연광에 비치는 해변의 실루엣이 아름다워 촬영 명
소로도 유명하다.

맵북 P.16-B4 ● 시사이도모모치카이힌코오엔 ● 福
岡市早良区百道浜2~4 ☎ 092-822-8141 ● www.
marizon-kankyo.jp ● 24시간, 연중무휴 ● 하카타버
스터미널 6번 정류장에서 306·312번 또는 텐진고속버스
터미널 1A정류장에서 302·305번 승차하여 후쿠오카타와
(TNC호소카이칸) 福岡タワー(TNC放送会館) 또는 후쿠오카타
와미나미구치 福岡タワー南口 정류장에서 하차. ● 후쿠오카
모모치 해변공원

후쿠오카시 박물관
福岡市博物館

후쿠오카의 역사와 생활상을 연구, 전시하는 박물관. 후쿠오카는 인접 국가와 가까운 위치적 특성 덕분에 예부터 활발한 교류를 이어온 지역인 만큼 다른 지역에서는 미처 접해보지 못했던 문화를 처음 경험할 수 있었고, 이와 더불어 생산수단과 경제 활동에도 큰 영향을 미쳐 풍족한 도시로 발전을 거듭했다. 박물관은 이러한 발전상을 시대별로 분류해 상세히 소개하고 있다.

🗺 맵북 P.16-B4 ▶ 후쿠오카시하쿠부츠칸 ❖ 福岡市早良区百道浜3-1-1 ☎ 092-845-5011 ❖ museum.city.fukuoka.jp ⏱ 09:30~17:30(마지막 입장 17:00) 휴무 월요일(공휴일인 경우 다음 날) ⊙ 성인 ¥200, 고등·대학생 ¥150, 중학생 이하 무료 ✖ 지하철 쿠코空港선 니시진 西新역 1번 출구에서 도보 15분. ⊕ 후쿠오카 시 박물관

TRAVEL TIP

에밀 앙투안 부르델의 동상

박물관 정문 양쪽에는 프랑스의 근대조각의 거장 에밀 앙투안 부르델의 작품인 동상 4개가 자리하고 있다. 정문을 바라보고 왼쪽에는 '웅변', '힘'이란 이름의 남성 동상이, 오른쪽에는 '승리', '자유'란 이름의 여성 동상이 서 있다.

하카타 전통공예관
はかた伝統工芸館

후쿠오카시 박물관 2층에 자리한 공예관. 오색 빛깔 전통 옷감인 하카타오리 博多織와 일본을 대표하는 전통 인형 하카타닌교 博多人形 등 후쿠오카 전통공예 장인의 기술을 엿볼 수 있는 전시관이다. 하카타오리는 송나라에서 기술을 전수받은 하카타 상인에 의해 계승되고 있는 직물로 색깔마다 평화, 행복, 신용 등을 의미한다. 하카타닌교는 유약을 바르지 않고 저열로 구운 도기에 채색한 것을 말한다. 원래 기온 지역에 있었으나 2021년 후쿠오카시 박물관으로 이전하였다.

🗺 맵북 P.16-B4 ⓞ 하카타덴토오코오게에칸 ⓐ 福岡市早良区百道浜3丁目1-1 福岡市博物館内2F ☎ 092-409-5450 ⓞ hakata-dentou-kougeikan.jp ⓞ 09:30~17:30(마지막 입장 17:00) 휴무 월요일, 12/28~1/4 ⓞ 무료(일부 체험은 유료) ⓞ 지하철 쿠코 空港선 니시진 西新역 1번 출구에서 도보 15분. ⊕ 하카타전통공예관

이온 마리나타운
AEONマリナタウン

대형 유통업체 이온 AEON이 운영하는 쇼핑센터. 특히 우리나라 여행자들 사이선 아기용품 전문점 아카짱혼포 アカチャンホンポ(2층에 위치)가 있는 덕분에 방문 필수 코스로 자리 잡았다.

🗺 맵북 P.16-B4 ⓞ 이온마리나타운 ⓐ 福岡市西区豊浜3-1-10 ☎ 092-883-4147 ⓞ marina-town.aeonkyushu.com ⓞ 09:00~22:00 휴무 부정기 ⓞ 니시테츠텐진 고속버스터미널 西鉄天神高速バスターミナル 앞 1A정류장 또는 JR·지하철 쿠코 空港선 하카타 博多역 앞 A정류장에서 300~303번 버스 승차하여 아타고진자이리구치 愛宕神社入口에서 하차. ⊕ aeon marina town

미즈호 페이페이 돔 후쿠오카

みずほPayPayドーム福岡

일본 프로야구 구단 '후쿠오카 소프트뱅크 호크스福岡ソフトバンクホークス'
의 홈구장. 시즌 중에는 실제로 경기가 이루어지므로 일본 프로야구를
경험하고 싶다면 직접 관전해볼 것을 추천한다(야구 경기 티켓은 7번
게이트 부근 판매소에서 구매 가능).

경기가 없는 날에는 경기장 구석구석을 돌아볼 수 있는 돔 투어(일본
어 가이드)를 진행한다. 야구장 필드를 직접 밟아볼 수 있는 것은 물론,
실제로 선수들이 이용하고 있는 덕아웃, 대기실, 불펜, 식당, 기자회견
장 등 경기장 구석구석을 방문할 수 있다. 사진 촬영의 기회도 여러 번
주어져 야구팬이라면 반가운 서비스를 가득 제공한다(돔 투어 티켓은
보스 이이조 후쿠오카 BOSSE·ZOFUKUOKA 3층에서 구매 가능).

🔵 **맵북 P.17-C4** 📍 후쿠오카 페이페이 도오무 📮 福岡市中央区地行浜2-2-2
📞 092-847-1006 🌐 www.softbankhawks.co.jp/stadium 🕐 평일
11:00~18:00, 주말 및 공휴일 11:00~19:00 🚫휴무 부정기 💰 돔 만끽 코스 투어
고등학생 이상 ¥1,600 중학생 이하 ¥850 🚍 니시테츠텐진 고속버스터미널
西鉄天神高速バスターミナル 앞 1A 정류장 또는 JR 하카타 博多駅 앞 A정류장에서
300·301·303번 버스 승차 후 페이페이도오무마에 PayPayドーム前 정류장에서
하차. 🅰 paypay dome

FEATURE ▶ # 후쿠오카 페이페이 돔 구석구석 둘러보기

보스 이이조 후쿠오카
BOSS E・ZO FUKUOKA

경기장 우측에 생긴 새로운 상업시설 보스 이
이조 후쿠오카 4층에는 과거 소프트뱅크 감독
을 역임했고 현재는 구단 회장을 맡고 있는 일본 야
구계의 전설 오 사다하루 王貞治의 박물관이 있다. 시설
바깥에서는 60m 높이에서 레일 코스터를 경험할 수 있
는 츠리조 つりZO, 50m 높이의 클라이밍 노보조 のぼZO,
100m 길이의 미끄럼틀 스베조 すべZO 등 다양한 어트랙
션 체험도 가능하다.

🗺 맵북 P.17-C4 ▶ 보오스 이이조 후쿠오카 🏠 福岡市中央区地行浜2-2-6 ☎ 092-400-0515 🌐 e-zofukuoka.com
🕐 10:00~22:00 휴무 부정기

마크 이즈 후쿠오카 모모치
MARK IS 福岡ももち

경기장 인근에 있던 쇼핑센터가 사라지면서 한동안 돔 근처에
는 야구팬을 제외하고는 인적이 드물었다. 2018년 11월, 경기장
바로 앞 부지를 활용한 초대형 상업시설 마크 이즈 모모치 MARK
IS ももち가 문을 열면서 많은 이들을 이곳으로 이끌고 있다. 면세
대응이 가능한 25개 점포를 비롯한 쇼핑 매장과 레스토랑, 영화
관 등이 들어서 있다.

🗺 맵북 P.17-C4 ▶ 마아크이즈 후쿠오카 모모치 🏠 福岡市中
央区地行浜2-2-1 ☎ 092-407-1345 🌐 www.mec-markis.
jp/fukuoka-momochi 🕐 [숍] 10:00~21:00, [레스토랑]
11:00~22:00 휴무 부정기

산리오 캐릭터즈 드리밍 파크
サンリオキャラクターズ ドリーミングパーク

헬로키티, 마이멜로디, 폼폼푸린, 포차코, 쿠로미 등 산리오의 인기 캐릭터를 테마
로 한 실내 놀이공원. 디지털과 놀이를 융합한 게임이나 사진 촬영 스튜디오, 캐릭
터의 다양한 상품을 판매하는 기념품점 등 8개 구역으로 나뉘어 있다. 입장료는 무
료이나 5개 컨텐츠 중 하나를 골라서 즐길 수 있는 공통권을 구매할 필요가 있다.

🗺 맵북 P.17-C4 ▶ 산리오캬라쿠타아즈도리이밍구파아크 🏠 福岡市中央区地行
浜2丁目2-6 BOSS E・ZO FUKUOKA 7F ☎ 092-400-0515 🌐 e-zofukuoka.com/
dreamingpark 🕐 10:00~20:00(마지막 입장 19:30) 휴무 연중무휴 🎫 입장료
무료(콘텐츠 공통권 1장당 ￥500) 🔹 보스 이이조 후쿠오카 7층에 위치

PLUS ＋ AREA

니시진

西新

🚇 지하철 쿠코空港선 니시진西新역 또는 후지사키藤崎역 하차.

후쿠오카를 방문한 여행자가 반드시 찾는 여행 명소 후쿠오카 타워와 시사이드 모모치 해변공원. 두 곳을 둘러보고 놀라웠던 점은 여행자가 즐길 만한 음식점이나 카페가 턱없이 부족하다는 것이다. 시간을 내어 찾은 관광지에서 맥도널드를 들르거나 편의점에서 대충 끼니를 때우는 것이 나쁘다고 할 수는 없지만 그렇다고 해서 최선이라고 보기도 어렵다. 그래서 추천하는 곳! 모모치 지역 바로 밑에 있는 동네 니시진이다. 최근 멋스럽고 아기자기한 곳이 생겨나면서 차세대 핫플레이스로 거듭나고 있는 곳인 만큼 시간을 투자할 가치는 충분하다. 시사이드 모모치의 석양이나 후쿠오카 타워의 야경을 감상하기 전 애매한 시간을 보내는 방법으로도 추천하는 니시진 산책. 번화가와 다른 한적하면서도 정겨운 풍경이 당신을 기다리고 있다.

➕ 사루타히코 신사 猿田彦神社

길라잡이의 신 '사루타히코'를 모시는 신사. 재난을 없애고 복을 하사해준다는 원숭이 탈이 상징이다. 실제로 후쿠오카 시내를 돌아다니다 보면 원숭이 탈을 문 위에 내건 가게를 심심찮게 발견할 수 있다.

📍 맵북 P.19-하단　🏯 사루타히코진자　🏠 福岡市早良区藤崎1-1-41　☎ 092-823-0089　🌐
sarutahiko-fukuoka.jp　🕐 09:00~17:00, 연중무휴　⛩ sarutahiko shrine fujisaki

➕ 아카리커피 あかり珈琲

차분하고 조용한 분위기의 카페를 찾는다면 이곳으로 가자. 커피와 디저트 메뉴가 충실하다.

📍 맵북 P.19-하단　☕ 아카리코오히　🏠 福岡市早良区西新5-6-5,814　🕐 10:00~17:30
휴무 목요일·넷째 주 금요일　@ flu hair design(바로 옆 위치)

➕ 무크 Mook

중고 서적을 위주로 음반, 영화 DVD, 빈티지 잡화를 판매하는 서점. 9명의 멤버가 엄선한 작품을 전시 및 판매한다. 주로 주말과 공휴일에만 문을 연다.

🗺️ 맵북 P.19-하단 ▶ 묵크 🏠 福岡市 早良区西新5-6-5, 105 ☎ 070-4223-3408 🔗 hold-a-join-mook.tumblr.com ⏰ 토요일 12:00~18:00, 일요일 13:00~17:00 휴무 평일 ⌨ mook book music

➕ 로지우라베이커리 ロヂウラベーカリー

맛있는 빵집이 많다고 소문이 자자한 니시진에서 존재감을 드러내는 두 곳, 첫 번째! 하드, 데니시, 브리오슈, 샌드위치 등 풍부한 라인업을 자랑하는 빵집.

🗺️ 맵북 P.19-하단 ▶ 로지우라베에카리 🏠 福岡市早良区西新5-6-5 ☎ 092-847-7710 🔗 rojipan.com ⏰ 08:00~19:00 휴무 화요일 ⌨ rojiura bakery nishijin

노코노시마

能古島

계절의 변화를 몸소 체험할 수 있는 가장 쉬운 방법은 꽃이 있는 장소로 가는 것이다. 후쿠오카에는 참 예쁜 명소가 많아 버스나 도보로도 얼마든지 갈 수 있지만 배를 타고 꽃이 핀 섬으로 떠나보는 것은 어떨까. 왠지 모르게 더욱 낭만적이지 않은가. 설렘 가득 안고 출발한 배는 단 10분 만에 자그마한 섬 선착장에 도착한다. 꽃밭이 있는 곳으로 가기 위해선 앞에 대기한 버스에 몸을 맡겨보자. 15분 후 도착한 노코노시마 아일랜드파크 のこのしまアイランドパーク가 바로 공원으로 조성된 꽃밭이다. 이곳의 절경을 감상할 수 있는 시기는 노란 유채꽃이 모습을 드러내는 봄과 붉은빛과 분홍빛 코스모스가 만발하는 가을. 금강산도 식후경이라고 섬의 명물인 노코우동 能古うどん을 먹고 일정을 시작하는 것을 추천한다. 복고풍 패키지가 인상적인 노코노시마 사이다와 여름 밀감맛 탄산음료 노코리타도 꼭 한 번 맛보자.

🗺 맵북 P.16-A3 ▶ 노코노시마 🏠 福岡市西区能古島 📞 092-881-2494 💻 nokonoshima.com 🕐 월~토요일 09:00~17:30, 일요일·공휴일 09:00~18:30, 연중무휴 🚢 노코노시마 섬

노코노시마 가는 방법
지하철 쿠코空港선 메이노하마 姪浜역 북쪽 출구 앞 버스정류장에서 98번 버스 승차하거나 니시테츠텐진 고속버스터미널 西鉄天神高速バスターミナル 1A정류장 또는 하카타역 앞 博多駅前 A정류장에서 300~302번 버스 승차하여 노코토센바 能古渡船場 정류장에서 하차 → 메이노하마 姪浜 도선장에서 노코 能古 도선장까지 페리로 10분.
💰 [버스] 메이노하마 ¥170, 텐진 ¥380, [페리(편도)] 성인 ¥230, 초등학생 이하 ¥140

TRAVEL TIP 노코노시마로 향하는 페리 편수가 많지 않기 때문에 시간을 잘 계산해서 계획해야 한다. 05:15~23:00(일요일은 ~22:00)까지 시간당 1~2대를 운항하며, 08:15~16:15, 19:00~23:00는 한 시간 간격으로 1대씩 운항하니 참고하자.

➕ 노코노시마 아일랜드파크
のこのしまアイランドパーク

노코노시마의 다양한 볼거리 중 단연 핵심이라 꼽을 수 있는 곳. 선착장에서 가파른 산길을 버스로 달리다 보면 산꼭대기에 형형색색의 꽃밭이 등장한다. 계절에 따라 제철에 맞는 꽃이 만발하며 공원을 가득 채우는데, 꽃밭에서 내려다보는 하카타만의 절경이 압도적이다. 특히 유채꽃이 만발하는 봄이면 유채꽃밭을 만끽하기 위해 일부러 노코노시마를 찾는 여행객이 가득하다. 공원 내에는 옛날 과자를 판매하는 가게를 비롯해 정취가 느껴지는 식당 및 카페들도 있어 쉬어가기 좋다.

🗺 맵북 P.16-A2 ▶ 노코노시마아이란도파크 🏠 福岡市西区能古島 🕐 09:00~17:30, 일요일·공휴일 09:00~18:30, 연중무휴 💰 성인 ¥1,500, 초등·중학생 ¥800, 어린이(3세 이상) ¥500 🚌 노코노시마 선착장에서 버스 15분([편도] 성인 ¥260, 어린이 ¥130). 후쿠오카 시내 1일 자유승차권인 그린패스 이용 시 무료로 이용할 수 있다.

➕ 코짱우동 耕ちゃんうどん

노코노시마에서 만들어지는 탄력이 강하고 얇은 면이 특징인 노코우동을
판매하는 음식점. 노코노시마 아일랜드 파크 내에 위치한다. 면을 삶은 육
수에 그대로 나오는 카마아게釜揚げ와 국물 없이 소스에 차가운 면을 찍어
먹는 자루ざる 두 종류가 있으며, 일반적인 우동도 판매한다.

🗺 맵북 P.16-A3 ▶ 코오짱우동 ⏰ 11:00~17:30(마지막 주문 16:30) 휴무 부정
기

➕ 노코버거 のこバーガー

노코노시마의 명물 버거. 큼지막하게 썬 토마토와 육즙
가득 품은 두툼한 고기 패티, 신선한 양배추로 구성된 수
제 버거는 보기에는 단순해 보여도 맛이 끝내준다. 노코
노시마에 갔다면 주문이 들어가는 즉시 주인장이 정성
들여 만드는 이 수제 버거를 안 먹고 돌아올 수 없을 것이
다. 버거는 단품으로 구입할 수도 있고, 음료와 함께 세트
로도 구입 가능하다. 가격은 노코버거는 단품 ¥680, 세
트 ¥900, 치즈버거는 단품 ¥780, 세트 ¥1,000이다.

🗺 맵북 P.16-A3 ▶ 노코바가 📍 노코노시마 선착장 앞
노코노시장のこ市 내 위치 ⏰ 09:30~17:00(매진될 경우
일찍 문을 닫기도 한다)

➕ 노코노시마 사이다 能古島サイダー &
　　노코리타 Nocorita

노코노시마 특산물. 오직 노코노시마에서만 판매하는
음료이다보니 노코노시마에 왔으면 꼭 한 번은 사 마시
게 되는 음료. 노코노시마 사이다는 일반적인 사이다
맛이며, 노코리타는 오렌지맛이 나는 사이다이다. 노코
노시마 어디에서든지 구입할 수 있다.

➕ 노코 니코 카페 Noco Nico Cafe

선착장 인근에 위치한 자그마한 노천카페. 아기자기한
소품이 카페를 빼곡히 채우고 있는데, 구경하는 재미가
쏠쏠하다. 짭조름한 치즈 빵과 음료를 판매한다. 오후에
만 잠깐 영업하기 때문에 시간대가 맞지 않으면 방문하
기 힘들다. 현금 결제만 가능.

🗺 맵북 P.16-A3 ▶ 노코니코카훼 🏠 福岡市西区能古島457-
1 ⏰ 14:00~17:00, 연중무휴 📍 노코노시마 선착장 바로
앞.

베이사이드 하카타 ベイサイド博多

하카타 포트타워 博多ポートタワー

항구를 통한 입국 외국인 수 전국 1위를 차지한 하카타항의 상징. 후쿠오카 타워만큼의 화려함은 없어도 야자수와 어우러진 붉은색 탑은 나름의 운치가 있다. 1층에는 하카타항의 역할을 소개한 작은 박물관이 운영되고 있는데, 영상과 체험부스를 설치해 친절하게 소개하고 있다. 엘리베이터를 타고 올라가면 도달하는 지상 70m의 무료 전망실에서는 360도 파노라마를 통해 항구와 주변 풍경을 조망할 수 있다. 유리창에 X자 형태의 망이 촘촘하게 쳐져 있어 시야에 약간 방해가 되지만 무료임을 감안하고 감상하자.

📍 맵북 P.17-D3
▶ 하카타포오토타와
🏠 福岡市博多区築港本町14-1 ☎ 092-291-0573
🌐 www.city.fukuoka.lg.jp/kowan/somu/hakata-port/port_museum.html
🕙 10:00~20:00(마지막 입장 19:40) 휴무 수요일(공휴일인 경우 다음날),
   12/29~1/3
💴 무료
🚌 JR·지하철 쿠코호본선 하카타博多역 앞 F버스 정류장에서 99번 승차하여 하카타후토博多ふ頭 정류장 하차, 텐진 솔라리아 스테이지 앞 2A번 정류장에서 90, 161번 승차하여 하카타후토博多ふ頭 정류장 하차.
🔗 하카타 포트 타워

완간시장
湾岸市場

맵북 P.17-D3
- 완간이치바
- 福岡市博多区築港本町136
- 092-292-7595
- www.baysideplace.jp
- 10:00~20:00, 휴무 부정기
- 하카타 포트타워 건너편에 위치.
- wangan ichiba

하카타항 여객터미널 건물의 상업시설 베이사이드 플레이스
하카타ベイサイドプレイス博多 1층에 있는 식재료 시장. 해산물, 정
육, 채소, 과일부터 조미료, 과자, 식료품, 주류까지 다채로운
종류를 자랑한다. 시장의 명물은 다름 아닌 초밥. 앞바다에서
잡은 싱싱한 재료로 정성껏 빚어낸 초밥을 합리적인
가격에 즐길 수 있다. 생선 뼈로 우려낸 미
소된장국도 함께 주문해
먹을 것을 추천한다.

나가하마 선어시장
長浜鮮魚市場

생선 전문 중앙도매시장 오른편에 위치한 시장회관 1층에는
시장에서 거래되는 해산물을 사용해 맛있는 요리를 제공하
는 음식점이 입점해 있다. 후쿠오우오식당福魚食堂, 오키요식당お
きよ食堂, 하카타우오가시博多魚がし 등 총 8군데의 음식점은 이
르면 06:00부터 늦으면 22:00까지 영업을 하고 해산물덮밥,
초밥, 회 등 다양한 형태의 메뉴를 제공한다. 갓 잡은 신선한
재료로 만들기 때문에 현지인 사이에서는 이미 유명했으나
최근 외국인 관광객에게도 알려져 인기를 끌고 있다.

맵북 P.17-C4
- 나가하마센교이치바
- 福岡市中央区長浜3-11-3
- 092-711-6412 nagahamafish.jp
- 08:00~16:30 휴무 일요일, 공휴일
- 아카사카赤坂역 1번 출구에서 도보 10분.
- 나가하마 선어시장

TRAVEL TIP

나가하마 선어시장 팁
토, 일요일, 공휴일에는 텐진과 하카타에서 출발
하는 무료셔틀버스를 운행한다. 자세한 운행 시
간과 정류장 위치는 홈페이지를 참고하자.

- 텐진 승차장 : 후쿠오카 시청 동쪽 福岡市役所東側
- 하카타 승차장 : 하카타 역 하카타 출구 博多駅博多口 맞은편
- 09:15~19:10
- www.baysideplace.jp/ser-atin

후쿠오카 시내에서 즐기는 온천

일본에서 둘째가라면 서러운 최고의 온천마을이라 할 수 있는 '벳부 別府'와 '유후인 湯布院'을 쉽게 접근할 수 있어 후쿠오카 시내에서 온천을 즐기는 사람이 있을까 생각할 수도 있지만, 후쿠오카는 시간을 쪼개어 당일치기나 1박2일 같은 짧은 일정으로 방문한 여행자가 많은 여행지다. 시간이 허락하는 한 더욱 다양한 경험을 하고 싶은 이들이라면 이동 시간만이라도 아끼고 싶은 마음이 굴뚝같을 터. 시내에서 가볍게 즐길 수 있는 온천을 소개한다.

이용 방법
입장 후 보관함에 신발을 넣고 프런트에 열쇠를 맡기면 리스트밴드를 준다. 1층 탈의실에서 옷을 갈아입고 사우나나 온천장으로 입장하면 되는데, 식사나 각종 서비스 비용은 리스트밴드 바코드로 계산하고 마지막에 나가기 전 정산을 하는 방식이 일반적이다(일부 자동판매기 제외).

나미하노유 波葉の湯

하카타 포트타워 바로 옆에 위치한 온천. 지하 800m에서 솟아오르는 천연 노천 온천과 잡지, 만화, 문고책을 읽으며 암박욕을 즐길 수 있는 7개의 사우나, 에스테틱과 마사지 등 보디케어를 전문으로 하는 서비스 코너 등 다채로운 시설을 갖추고 있다.

📍 맵북 P.17-D3
🔊 나미하노유
🏠 福岡市博多区築港本町13-2
☎ 092-271-4126
🌐 www.namiha.jp
💴 [입욕] (중학생 이상) 월~금요일 ¥1,000, 토·일요일 및 공휴일 ¥1,150, (만 3~12세) ¥500, [암반욕] (중학생 이상) 월~금요일 ¥1,700, 토·일·공휴일 ¥1,850, (초등학생) ¥1,000(미취학 아동은 이용 불가), [개인욕실 대절] 90분 ¥3,900(4인 기준)
🕙 10:00~23:00(마지막 입장 22:15) 휴무 12/31~1/1
🚶 하카타 포트타워 바로 옆에 위치.
🔎 나미하노유온천

나카가와 세이류 那珂川清滝

후쿠오카 시내에서 약 1시간 떨어진 치쿠시군筑紫郡에
자리한 천연 온천으로 니시테츠 전철 오오무타大牟田선
니시테츠오오하나西鉄大橋駅역 앞에서 무료 셔틀버스를
운행하고 있어 한국인 여행자에게도 인기가 높다. 신경
통, 근육통, 혈액순환 등에 효과가 있는 온천은 자극이
적고 매끄러워 남녀노소 누구나 즐길 수 있다.

📍 맵북 P.2-A2
- 나카가와세이류
- 筑紫郡那珂川町南面里326
- 092-952-8848
- www.nakagawaseiryu.jp
- [비회원] 중학생 이상 월~금요일 ￥1,400,
  토·일요일 및 공휴일 ￥1,600, 만 3~12세 ￥600
- 10:00~22:00(마지막 입장 21:00) 휴무 목요일
- 무료 셔틀버스 이용(09:30~19:15 운행, www.
  nakagawaseiryu.jp/access.html 참조)
- 나카가와세이류

TRAVEL TIP

일본의 대중목욕시설

일본 대중목욕문화의 대표격으로 노천탕 露天風呂, 실내탕, 족욕탕 足湯 등 온천 温泉 외에도 일본식 대중목욕탕인 센토 銭湯
와 사우나 활동 サ活이라는 신조어를 탄생시킨 사우나 サウナ가 있다. 온천은 지하에서 솟아나는 자연 온천수를 이용한 목
욕 시설로, 료칸처럼 숙박시설을 겸하는 경우도 많다. 센토는 비교적 저렴하게 누구나 즐길 수 있는 일반 공중목욕탕으로
일상적으로 이용된다. 사우나는 뜨거운 증기나 건조한 열을 활용해 땀을 배출하는 공간으로, 최근 일본에서는 다양한 형
태의 사우나 문화가 확산되고 있다.

구분	정의	특징	효과
온천	자연 온천수를 사용하는 목욕시설	천연 미네랄 성분이 함유된 온천수	피부 미용, 피로 회복, 신경통 완화
센토	일반적인 공중목욕탕	도시 중심부에서 쉽게 이용 가능	간단한 목욕과 휴식
사우나	고온의 건조한 열기 또는 증기를 이용해 발한을 유도하는 시설	발한 작용(땀 배출)과 혈액순환 촉진	혈액순환 개선, 스트레스 해소, 면역력 향상

우미노나카미치 海ノ中道

국영 우미노나카미치 해변공원
国営 海の中道海浜公園

하카타만과 현해탄 두 해역에 둘러싸인 약 90만 평의 광대한 공원으로 시원한 바다, 아름다운 꽃, 귀여운 동물들을 1년 내내 만나볼 수 있다. 365일 내내 꽃 축제와 더불어 여름캠프와 크리스마스 캔들나이트 등 계절 변화에 따른 이벤트를 개최하여 풍성한 즐길 거리를 제공한다. 부지가 워낙 넓어 JR전철 우미노나카미치海ノ中道역 부근 입구에서 출발하여 공원 내를 순환하는 버스를 운영하고 있다. 어린이 놀이터 어린이 광장子供の広場과 작은 동물원인 동물의 숲動物の森, 어린이 대상 수영장이 있는 선샤인풀 サンシャインプール 등 아이들이 좋아할 만한 놀이시설을 한데 모아둔 덕분에 가족 단위의 방문객이 많다. 1년에 수차례 입장료가 무료인 날이 있으므로 방문 전 홈페이지를 확인하도록 하자.

- 맵북 P.16-B2
- 코쿠에우미노나카미치카이힌코오엔
- 福岡市東区西戸崎18-25
- 092-603-1111
- uminaka-park.jp
- 3~10월 09:30~17:30, 11~2월 09:30~17:00 휴무 12/31~1/1, 2월 첫째 주 월~금요일
- [1일권] 15세 이상 ￥450, 65세 이상 ￥210, 중학생 이하 무료, [2일권] 15세 이상 ￥500, 65세 이상 ￥250
- JR 우미노나카미치海ノ中道역에서 도보 1분.
- 우미노나카미치 해변공원

마린월드 우미노나카미치
マリンワールド海の中道

350여 종류의 해양생물을 전시하는 대형 수족관으로
대대적인 보수 끝에 재개관했다. 영상과 음향을 이용해
큐슈 지역에 인접한 바다를 수족관 속에 재현한 '큐슈
의 근해', 수심 7m에 달하는 거대 수조에 큐슈 남해의
바닷속 상층, 중층, 하층을 재현한 '큐슈의 외양', 해파
리를 통해 힐링시간을 가지는 '큐슈의 해파리' 등 지역
적 특색을 최대한 살린 전시 형태가 특징이다. 돌고래,
강치, 해달, 펭귄 등 귀여운 동물들의 퍼포먼스와 식사
시간을 구경하는 쇼를 정기적으로 개최하고 있다(시간
표는 홈페이지 참조).

맵북 P.17-C1
- 마린와루도우미노나카미치
- 福岡市 東区 西戸崎18-28
- 092-603-0400
- www.marine-world.jp
- 일반 09:30~17:30, 12~2월 10:00~17:00, 골든위크·
  하계 09:30~21:00 휴무 2월 첫째 주 월요일·화요일
- 고등학생 이상 ￥2,500, 초등·중학생 ￥1,200, 미
  취학 아동 ￥700, 65세 이상 ￥2,200
- JR 우미노나카미치海ノ中道역에서 도보 5분.
- 후쿠오카 마린월드

PLUS + AREA

志賀島

시카노시마

아이들이 좋아하는 수족관과 푸른 바다, 예쁜 꽃이 어우러진 공원이 하나가 된 우미노나카미치 海の中道 해변공원은 한국인 여행자도 많이 방문하는 관광지다. 하루 종일 공원에 투자해도 좋을 만큼 다양한 즐길 거리가 있지만 그것만 보고 시내로 돌아가는 여행자를 보면 발길을 멈추게 하고 싶다. 발을 조금만 넓히면 해변공원 부럽지 않은 아름다운 세상이 펼쳐지기 때문이다.

외지인으로 들끓는 관광지와는 차원이 다른 고요한 해변가와 거리들도 경험해봐야 진정한 후쿠오카를 느꼈다고 할 수 있지 않을까. 시카노시마는 후쿠오카의 때묻지 않은 바닷가를 몸소 느낄 수 있는 곳이다.

해변공원에서 출발한 버스는 섬으로 가는 유일한 도로를 타고 시원스럽게 달려간다. 버스를 타고 있는데 어찌된 일인지 렌터카를 타고 드라이브를 즐기는 기분이다. 열린 창문 사이로 바다내음 물씬한 바람이 들어오고 양 옆으로 파란 바다가 펼쳐진다. 상큼한 첫인상을 남기고 도착한 섬에서 조금만 걸어가면 더위를 잊고자 바다를 찾은 주민들이 신나게 물놀이를 즐기고 있다.

시카노시마 가는 방법

▶ 버스
텐진중앙우체국 天神中央郵局 앞 니시테츠 西鉄 버스정류장에서 21, 21A번 시카노시마쇼갓코 志賀島小学校행 버스를 승차하여 시카노시마 志賀島에서 하차.

▶ 전철+버스
JR 사이토자키 西戸崎역 앞 버스정류장에서 니시테츠 버스 21, 21A번 시카노시마쇼갓코 志賀島小学校행 버스를 승차하여 시카노시마 志賀島에서 하차.

시카노시마 맛집

현지인과 더불어 바다를 만끽하다 보면 어김없이 찾아오는 출출한 시간. 주민들이 강력 추천하는 식당에서 맛있는 해산물을 즐긴 다음 멋스러운 카페에서 시원한 냉커피를 음미하자. 특별할 것 없어 보이는 단조로운 하루일지도 모르지만 결코 잊혀지지 않을 진득한 추억이 될 것이다.

나카니시 식당 中西食堂

싱싱한 소라를 합리적인 가격에 제공하는 음식점. 현지인의 추천은 물론 후쿠오카 출신 연예인도 나서서 극찬을 아끼지 않는다. 이곳의 간판 메뉴는 잘게 썬 소라를 밥 위에 얹은 소라덮밥 さざえ丼(¥1,000)과 소라구이 さざえ壺焼き(¥300)다.

📍맵북 P.16-A1
▶ 나카니시쇼쿠도오
🏠 福岡市東区志賀島583-8
☎ 092-603-6546
🕐 11:00~15:00 휴무 화요일
🚶 시카노시마 버스 정류장에서 도보 2분.
🌐 shikajima beach(주변에 위치)

시카시마 사이클 シカシマサイクル

세련된 분위기의 자전거 대여점 겸 카페. 자전거를 타고 섬 안으로 들어가 산책을 즐기는 현지인 여행자도 눈에 띄게 늘어나고 있어 없어선 안 될 존재가 되었다. 점심에는 식사 메뉴도 판매.

📍맵북 P.16-A1
▶ 시카시카사이쿠루
🏠 福岡市東区東区志賀島417-1
☎ 050-6874-4398
🌐 shikashima-cycle.fun
🕐 월~금요일 09:30~18:00.
   토·일요일 09:00~18:00 휴무 부정기
🚶 시카노시마 버스 정류장에서 도보 2분.
🌐 shikashima cycle

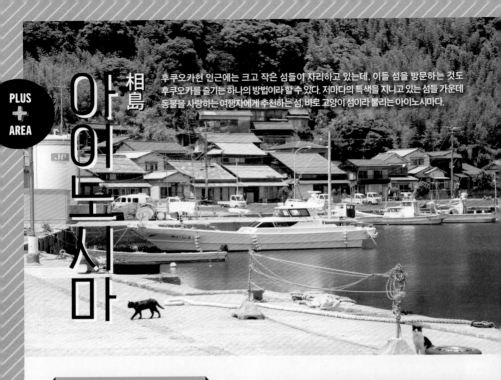

相島 아이노시마

후쿠오카현 인근에는 크고 작은 섬들이 자리하고 있는데, 이들 섬을 방문하는 것도 후쿠오카를 즐기는 하나의 방법이라 할 수 있다. 저마다의 특색을 지니고 있는 섬들 가운데 동물을 사랑하는 여행자에게 추천하는 섬, 바로 고양이 섬이라 불리는 아이노시마다.

아이노시마 가는 방법

JR 훗코다이마에 福工大前역 북쪽 출구 앞 마링크스 マリンクス 버스정류장에서 아일랜드 相らんど선 시계 방향 時計回り 루트 버스에 승차하여 아이노시마토센바 相島渡船場에서 하차, 정류장 바로 앞 승선장에서 여객선 '신구 しんぐう'로 약 17분. 버스와 여객선의 편수가 많은 편이 아니므로 시간 계산을 잘 하고 움직여야 한다.

🚢 [마링크스 버스] ¥100, [여객선] 성인 ¥480, 12세 미만 ¥240, 5세 이하 무료

<u>TRAVEL TIP</u> 섬 관광 시 주의사항
- 고양이에게 먹이를 주는 행위는 금한다.
- 어미 고양이와 아기 고양이를 떨어뜨리는 행위는 삼가자.
- 주민이 사는 주택가에서는 조용히 하자.

하트 모양을 거꾸로 한 형태의 작은 섬에는 마을 주민들과 200여 마리의 고양이가 함께 어우러져 생활하고 있다. 주로 항구와 방파제 주변에서 만나볼 수 있는데, 동네를 어슬렁거리는 귀여운 고양이들을 발견하는 기쁨도 잠시 그들의 무관심하면서도 도도한 행동에 당황스럽기도 하지만 그것이야말로 고양이의 최대 매력이 아닐까 싶다.

고양이가 한가득 있는 것만으로도 방문할 이유가 충분한데 실은 우리나라 역사와도 관련이 있는 섬이다. 400년 간 612차례 일본에 파견되었던 조선통신사가 본토를 방문할 때 반드시 거쳐갔던 곳이 아이노시마라 한다. 이 일화를 들으니 이 섬이 더욱더 특별해 보인다. 자전거 대여도 가능하나 도보로도 충분히 둘러볼 수 있다.

마링크스 버스와 여객선 시간표

JR 홋코다이마에역 ▶	아이노시마 승선장 ▶	신구항 ▶	아이노시마
1~12월			
08:36	08:46	09:20	09:37
토·일·공휴일 08:40	토·일·공휴일 08:50	–	–
11:04	11:14	11:30	11:47
14:00	14:10	14:40	14:57

아이노시마 ▶	신구항 ▶	아이노시마 승선장 ▶	JR 홋코다이마에역
3~10월			
10:50	11:07	11:24	11:35
13:50	14:07	14:29	14:40
16:00	16:17	16:29	16:40
11~2월			
10:50	11:07	11:24	11:35
14:00	14:17	14:29	14:40
17:00	17:17	17:34	17:45

섬카페 스위트홈 SHIMA Cafe SWEETSHOME

마루야마식당 丸山食堂

관광안내소 건물 1층에 마련된 식당. 아이노시마 인근 해안에서 획득한 각종 해산물로 근사한 정식을 선사한다. 정식 메뉴 외에도 해산물을 듬뿍 넣은 짬뽕과 어육을 으깨어 만든 크로켓도 판매한다.

♥ 맵북 P.16-B1
▶ 마루야마쇼쿠도오
⌂ 糟屋郡新宮町相島 1382 1F
☎ 092-962-4360
◷ 11:00~17:00 휴무 화·수요일·연말연시
✖ 여객선 항구 바로 앞에 위치.
♨ 아이노시마 대합실

관광안내소 2층에는 음료와 디저트를 즐기며 휴식을 취할 수 있는 카페가 마련되어 있다. 시원한 바다 전경을 바라보며 달콤한 디저트를 맛보는 시간을 가지기에 제격인 장소이다.

♥ 맵북 P.16-B1
▶ 시마카훼아이노시마
⌂ 糟屋郡新宮町相島 1382 2F
☎ 080-8518-6918
◷ 10:00~17:00 휴무 연말연시·부정기
✖ 마루야마식당 2층에 위치.
♨ 아이노시마 대합실

大濠公園

오오리
공원

후쿠오카 시민들에게 맑은 공기를 선사하는 '후쿠오카의 허파' 이자 바쁜 일상 속 쉼터를 제공하는 '도심 속 오아시스'. 후쿠오카 시내 중앙부에 큼지막하게 떡하니 자리하여 현지인의 마음을 사로잡더니 어느덧 여행자에게도 필수 코스가 되었다. 연못과 녹음이 조화롭게 펼쳐지는 아름다운 풍경을 벗 삼아 산책, 휴식, 운동 등은 물론 주변에 자리한 정원, 미술관 등을 통한 전통 예술도 감상할 수 있다. 잔잔하지만 여운 짙은 추억을 남길 수 있는 힐링 장소다.

TRAVEL TIP

- 봄(3월 하순~4월 상순): 벚꽃 라이트업
- 겨울(12월 상순~1월 하순): 일루미네이션

01

바쁜 일정 속에서 잠시 한숨 돌리기!
유유자적 공원 산책.

02

오호리 공원에서 계절마다 개최하는
이벤트에 참여해보자.

03

샌드위치와 커피를 사들고 공원 속 피크
닉을 즐겨보자.

04

후쿠오카 핫 플레이스 '롯뽄마츠' 지역
구경하기.

MAP

토오진마치 唐人町
오호리코엔 大濠公園
↑ 하카타항 博多港
쿠로몬 黒門
쇼와 대로 昭和通り
아카사카 赤坂
오호리 大濠
오호리 공원 大濠公園
마이즈루 공원 舞鶴公園
텐진&다이묘 天神&大名
후쿠오카시 미술관 福岡市美術館
주오구 中央区
일본 정원 日本庭園
오호리 공원 개념도
고쿠타이도로 国体道路
고코쿠 신사 護国神社
베후바시 대로 別府橋通り
야쿠인 薬院

N

0   360m   720m

롯뽄마츠 六本松
롯뽄마츠 六本松

202

찾아가는 법

▸ **니시테츠 西鉄 버스**

오호리코엔 大濠公園 정류장 또는
쿠로몬 黒門 정류장에서 도보 5분.

▸ **지하철**

쿠코 空港 선 오호리코엔 大濠公園역 또는
토오진마치 唐人町역에서 도보 7분.

주요 시설

▸ **오호리·니시 공원 관리사무소 大濠·西公園管理処**

유모차, 휠체어 무료 대여 서비스를 제공하고 있다.

맵북 P.20 福岡市中央区大濠公園1-2 092-741-2004

▸ **자전거 대여소**

노가쿠당, 구지라 공원, 동구리 공원, 사쓰키하시 다리 옆

▸ **유료 주차장**

오호리 공원 북측 입구 5~9월 05:00~23:00, 10~4월
07:00~23:00 [보통] 2시간 ￥220, 이후 30분마다 ￥170,
[중·대형] 3시간 ￥1,560, 이후 30분마다 ￥260

1 오호리 공원 구경하기 P.236

2 일본정원 관람 P.238

3 보트 타고 호수 둘러보기 P.238

4 마이즈루 공원 P.239

5 고코쿠 신사 P.239

6 롯뽄마츠 구경하기 P.244

오호리 공원의 볼거리

오호리 공원 大濠公園

옛 전국시대에 무장으로 활약했던 '쿠로다 나가마사 黒田長政'라는 인물이 축성한 '후쿠오카성福岡城'의 바깥 도랑을 재조성한 공원. 약 12만 평의 넓은 부지에는 커다란 연못과 이를 에두른 2km의 산책로를 중심으로 다양한 시설이 위치하고 있다. 곳곳에 설치된 벤치에 앉아 탁 트인 시야로 자연을 만끽하거나 백조 모양의 보트를 타고 연못 위 수상 산책을 즐겨보자. 보트를 탄 연인은 반드시 헤어진다는 무시무시한 이야기가 전해지지만 이는 도시전설일 뿐이다. 공원 안팎으로 음식점, 카페가 자리하므로 잠깐의 휴식보다는 반나절 코스로 즐기는 것을 추천한다. 매일 19:00~22:00(10~3월은 18:00~)에는 연못 중앙 섬을 중심으로 형형색색의 조명을 비추는 라이트업을 개최하고 있어 야경과 함께 밤 마실 하기에도 제격이다.

🗺 맵북 P.20 ▶ 오오호리코엔 🏠 福岡市中央区大濠公園1-2 ☎ 092-741-2004 🌐 www.ohorikouen.jp ❷ P.234 참조 🔍 오호리 공원

노가쿠당

일본 전통 가면극 노가쿠能楽를 널리 알리고자 1986년에 문을 연 곳. 590석의 좌석을 확보하고 있으며, 공연을 비롯해 노能와 교겐狂言에 대한 강좌 등을 열기도 한다.

☎ 092-715-2155 ◉ www.ohori-nougaku.jp

보트 하우스 Boat House

공원 입구 쪽에 자리한 상업시설. 프렌치 레스토랑 하나노키 Hananoki, 카페 겸 레스토랑 로열 가든 카페 Royal Garden Cafe, 베이 커리 파크 숍 Park Shop, 보트 대여점 렌탈 보트 レンタルボート 등이 입점해 있다.

◉ 福岡県福岡市中央区大濠公園1-3
◉ www.oohoriboathouse.jp
◉ 지하철 쿠코空港선 오호리코엔大濠公園역 3번 출구에서 도보 3분.
⊕ 오호리 공원 보트 하우스

우키미도 浮見堂

쿠지라 공원

대형 미끄럼틀과 같은 놀이기구가 있는 공원.

스타벅스 오호리공원점

후쿠오카 근교 다자이후점과 함께 후쿠오카의 아름다운 스타벅스 지점으로 손꼽히는 곳. 미국 녹색건축위원회 인증 제도인 LEED에서 인증 받은 건축물로, 공원의 동선과 경관을 해치지 않게 디자인된 점이 독특하다.

마이즈루 공원
P.239 참고.

후쿠오카시 미술관
P.238 참고.

일본정원 P.238 참고.

동구리 공원

어린 아이들이 즐길 수 있는 놀이기구가 있는 작은 공원.

FEATURE

오호리 공원 구석구석 둘러보기

일본 정원 日本庭園

오호리 공원 개원 50주년을 기념하여 만든 일본식 정원. 큰 연못을 중심으로 다실, 숲, 전원 등을 조화롭게 두어 자연의 풍광을 표현한 일본의 전통 정원 양식인 '츠키야마 린센築山林泉(임천회유식)'식으로 만들었다. 일본 다도 문화를 경험할 수 있는 다실은 사전 예약 후 이용 가능하다.

맵북 P.20 ⊙ 니혼테에엔 ⊙ 福岡市中央区大濠公園1-7 ☎ 092-741-8377 ⊙ www.ohoriteien.jp ⊙ 5~9월 09:00~18:00, 10~4월 09:00~17:00 휴무 월요일·12/29~1/3 ⊙ 성인 ￥250, 15세 미만 ￥120, 6세 미만·65세 이상 무료(다실 이용 요금 별도) ⊛ 오호리공원 일본정원

후쿠오카시 미술관 福岡市美術館

일본 정원 맞은편에 자리한 미술관. 후쿠오카시 박물관과 후쿠오카 아시아미술관이 소장한 고전·근대·현대 미술품 일부를 전시할 목적으로, 1979년에 개관했다. 2019년 3월 대규모로 리뉴얼하여 재개관 후 다양한 기획 전시를 선보이고 있다.

맵북 P.20 ⊙ 후쿠오카시비쥬츠칸 ⊙ 福岡市中央区大濠公園1-6 ☎ 092-714-6051 ⊙ www.fukuoka-art-museum.jp ⊙ 09:30~17:30(7~10월 ~20:00) 휴무 월요일·12/28~1/4 ⊙ 성인 ￥200, 고등·대학생 ￥150, 중학생 이하 무료 ⊛ 후쿠오카시 미술관

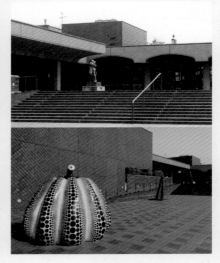

보트를 타고 오호리 공원 둘러보기

유유자적 오호리 공원을 만끽할 수 있는 방법은 다양하지만, 공원의 중심에 자리한 커다란 연못을 유유자적 돌아볼 수 있는 보트를 이용해보는 것은 어떨까. 공원 입구에 위치한 상업시설 보트 하우스에 입점한 렌털보트 레ンタルボート에서 운영하며, 한겨울을 제외한 3월부터 11월까지만 문을 연다. 보트 종류는 총 3가지, 우리에게 오리배로 익숙한 백조 보트 白鳥ボート와 직접 노를 저어야 하는 나룻배 手こぎボート, 물 위에서 자전거 타듯이 앞으로 나가는 아멘보 보트 あめんぼボート가 있다.
⊙ www.oohoriboathouse.jp/rental-boat ⊙ 평일 11:00~18:00, 토·일요일 10:00~18:00(접수는 17:30까지 가능)

TRAVEL TIP

※ 보트 이용 요금표

▶ 백조 보트
수용 인원 [소형] 성인 2명+초등학생 1명(또는 5세 이하 2명)(합산 190kg 이하), [대형] 성인 4명 또는 성인 3명+12세 이하 2명(합산 300kg 이하) ⊙ [소형] 30분 ￥1,200(세금 포함), 이후 10분마다 ￥400 추가, [대형] 30분 ￥1,600(세금 포함), 이후 10분마다 ￥500 추가

▶ 나룻배
수용 인원 성인 2명+12세 이하 2명(합산 225kg 이하) ⊙ 30분 ￥800, 이후 10분마다 ￥200 추가

마이즈루 공원 舞鶴公園

오호리 공원 동쪽에 큰 면적을 자랑하는 공원으로 과거 후쿠오카 성터福岡城跡였던 자리에 조성되었다. 현재는 옛 후쿠오카의 흔적을 엿볼 수 있는 살아있는 자료관으로 활용되고 있다. 공원 내 심어진 약 1,000 그루의 벚꽃나무는 3월 중순부터 서서히 개화하기 시작하여 4월 상순에 만개하는데 덕분에 벚꽃놀이 명소로도 큰 인기를 누리고 있다. 벚꽃이 절정을 이루는 시기에 맞춰 18:00부터 22:00까지 야타이, 미니유원지, 라이브공연 등 행사가 열리고 라이트업도 열려 1년 중 가장 많은 인파가 모여드는 핫한 명소다.

📍맵북 P.20 ▶ 마이즈루코오엔 📍 福岡市中央区城内1 ☎ 092-781-2153 🔍 마이즈루 공원

고코쿠 신사 護国神社

출산, 사업 번창, 교통 안전, 가정 평화 등을 기원하는 신사. 현지인들은 수시로 방문하여 자신의 소망을 기원한다. 매달 주말에는 대규모 벼룩시장이 열리기도 해 더욱 인지도가 높다. 세련되고 멋스러운 앤티크 제품, 빈티지 잡화를 비롯해 작가가 손수 만든 수제품도 다수 판매하고 있어 특히 젊은 연령층의 방문이 눈에 띈다. 맛있는 먹거리도 판매하고 있다.

📍맵북 P.20 ▶ 고코쿠진자 📍 福岡市中央区六本松1-1-1 ☎ 092-741-2555 🌐 fukuoka-gokoku.jp ⏰ 09:00~ 17:00 💰 무료 🔍 고코쿠 신사

오호리 공원의 식당

&로컬즈
&LOCALS

맵북 P.20
- 안도로오카루즈
- 福岡市中央区大濠公園1-9
- 092-401-0275
- andlocals.jp
- 09:00~18:00(마지막 주문 18:00) 휴무 월요일(공휴일인 경우 다음날)
- 지하철 나나쿠마 七隈선 롯뽄마츠 六本松역 2번 출구에서 도보 10분.
- &locals

후쿠오카가 위치한 큐슈九州 지역 시골에 숨어 있는 보석 같은 상품을 발굴하여 소개하는 지역 생산품 전문점. 간단한 식사가 가능한 공간을 마련하여 간판 메뉴인 유부초밥おいなりさん을 내세운 점심 메뉴를 판매한다. 건강한 식재료를 엄선하여 만든 4종류의 초밥 가운데 두 개를 골라 일본차, 커피, 미소된장국(아침시간에만 제공) 중 하나를 선택해서 즐길 수 있다(세금 제외 ¥830).

팝파라이라이 papparayray

매일 아침 정성스레 구운 빵과 후쿠오카에서 재배한 제철 채소와 과일로 만든 요리(¥2,100~)를 함께 즐길 수 있는 음식점. 옛 전통가옥을 개조하였으며, 가게 외관은 계절의 변화를 느낄 수 있는 꽃나무들에 둘러싸여 있어 멋스러운 분위기를 연출한다. 식후에는 간단한 디저트와 함께 뒷맛이 깔끔한 자가배전 커피도 함께 제공된다.

맵북 P.20
- 팟파라이라이
- 福岡市中央区赤坂2-2-22
- 092-406-9361
- papparayray.com
- 11:30~16:00 휴무 일·월요일
- 지하철 쿠코후쿠선 아카사카赤坂역 2번 출구에서 도보 10분.
- 팝파라이라이

데이즈 컵 카페
DAY'S CUP CAFE

고코쿠 신사 인근에 위치한 아담한 카페. 커피를 정성
스레 만드는 주인장이 안경을 착용하고 있어 이런 모
양의 로고를 사용하지 않았을까 짐작한다. 커피, 말차
등의 음료를 비롯해 파니니, 케이크, 크루아상, 쿠키
등 함께 곁들일 수 있는 간단한 음식 메뉴도 판매한다.
한적한 주택가 속에 숨어 있어 그냥 지나칠 법도 하니
벽에 그려진 안경 로고를 유심히 찾아보자.

🗺 맵북 P.20
▶ 데이즈캅뿌카훼
🏠 福岡市中央区六本松1-3-13
☎ 092-233-5248
🌐 dayscupcafe.jimdoweb.com
🕐 11:30~18:00
　　휴무 수·목·일요일
🚇 지하철 나나쿠마 七隈선 롯뽄마츠 六本
　　松역 2번 출구에서 도보 6분.
dayscupcafe

자크 Jacques

후쿠오카 디저트를 대표하는 곳이라고 해도 과언이 아
닌 곳. 일본인 파티시에 오오츠카 요시나리大塚良成가
프랑스의 유명 제과점에서 경력을 쌓은 후 귀국해 차
린 디저트 전문점으로 가게명은 실제로 그가 근무했
던 곳과 똑같다고 한다. 바닐라향이 그윽한 캐러멜무
스와 벌꿀로 조린 서양배를 조합한 케이크 자크ジャッ
ク(¥590)를 비롯해 타르트, 에클레어, 마카롱 등 프랑
스 전통의 제대로 된 디저트를 선보인다.

🗺 맵북 P.20
▶ 쟈끄
🏠 福岡市中央区荒戸3-2-1
☎ 092-762-7700
🌐 www.jacques-fukuoka.jp
🕐 10:00~16:00 휴무 월·화요일
🚇 지하철 쿠코空港선 오호리코엔
　　大濠公園역 1번 출구에서 도보
　　4분.
파티시에 자크

커피훗코 珈琲フッコ

- 맵북 P.20
- ▶ 코오히훗코
- ⬆ 福岡市中央区大手門3·5·20 花田荘101
- ☎ 092-714-5837
- ⏰ 화~토요일 12:00~18:00, 20:00~23:00, 일요일 12:00~19:00 휴무 월요일
- ⬆ 지하철 쿠코空쾌선 오호리코엔大濠公園역 4번 출구에서 도보 3분.
- ⊕ coffee fucco

오랜 시간 동안 사랑 받아온 다이묘 지역의 유명 커피 전문점이 오호리 공원 주변으로 이전했다. 30년 이상 오로지 커피만을 고집한 주인장이 자가배전한 원두를 사용하여 심혈을 기울여 세심하게 추출한 핸드드립 커피를 전문으로 한다.
커피 본연의 맛을 음미할 수 있는 스트레이트, 블렌드 커피 (¥650~)는 물론 레몬, 생크림, 초콜릿시럽, 리큐어 등을 가미한 커피도 인기를 끌고 있다.

사레도 커피 Saredo Coffee

- 맵북 P.20
- ▶ 사레도코오히
- ⬆ 福岡市中央区六本松3-11-33 エステートビル101
- ☎ 092-791-1313
- 🌐 www.saredocoffee.com
- ⏰ 11:00~20:00 휴무 화·수·토·일요일
- ⬆ 지하철 나나쿠마七隈선 롯뽄마츠六本松역 2번 출구에서 도보 5분.
- ⊕ Saredo Coffee

일본에서 쓰이는 문구 중에 'たかが (타카가)~, されど(사레도)~'라는 것이 있다. 직역하면 '고작 ~이지만 그래도'로, '기껏해야 ~에 불과한 것이지만 그럼에도 불구하고 ~만 한 것이 없다'라는 의미로 해석이 가능하다. '그저 원두를 우린 물이라 생각할 지 모르지만 그래도 커피만 한 것이 없다'는 것을 역설하는 듯하다. 커피를 응용한 젤리, 파르페, 아포가토, 마시멜로 음료(¥500~)를 판매한다.

오호리 공원의 쇼핑

라이프 인 더 굿즈
Life in the Goods

센스 발군의 주인장이 발로 뛰어 직접 찾아낸 젊은 작가들의 수제품을 소개하는 갤러리 겸 숍. 주로 식기, 문구류 등의 생활용품을 취급하며, 자신이 직접 사용을 해봤을 때 추천할 만하다고 판단되는 제품만 선별해 판매한다. 눈에 띄는 화려함보다는 간결하고 깔끔한 스타일을 선호하므로 취향에 맞는다면 꼭 한 번 방문해보자. 주기적으로 개최하는 미니 전시회를 통해 신진작가를 알아보는 시간을 가져보는 것도 좋을 것 같다.

맵북 P.20
- 라이후인자굿즈
- 福岡市中央区大手門1-8-11 サンフルノビル2F
- 092-791-1140
- 12:00~18:00 휴무 금요일
- 지하철 쿠코空港선 오호리코엔大濠公園역 5번 출구에서 도보 3분.
- life in the goods

토라키츠네 とらきつね

입시 전문학원이 운영하는 독특한 셀렉트숍. 본래는 청소년을 대상으로 하는 참고서, 동화책 등의 서적을 엄선하여 판매하는 서점으로 출발하였으나 큐슈의 우수한 식재료 관련 상품을 소개하는 형태로 확대되었다. 유기농으로 재배한 차, 조미료를 선보이면서 관련 서적도 함께 구비하고 있다. 후쿠오카 출신의 일러스트레이터 요네Yone와 협업해 제작한 에코백은 후쿠오카의 풍경을 담고 있어 더욱 사랑스럽다.

맵북 P.20
- 토라키츠네
- 福岡市中央区唐人町1-1-1成城ビル1F
- 092-731-0121
- tojinmachiterakoya.com/torakitsune
- 월·화요일 15:00~20:00, 토·일요일 13:00~18:00 휴무 수~금요일
- 지하철 쿠코空港선 토오진마치唐人町역 4번 출구에서 도보 2분.
- tojinmachi terakoya

PLUS + AREA

롯뽄마츠 六本松

📍맵북 P.19-상단 🚇 지하철 나나쿠마 七隈선 롯뽄마츠 六本松역 하차

일본의 명문 국립대 큐슈 九州대학교의 캠퍼스가 있던 대학가로 1차 전성기를 보내다가 2009년 다른 지역으로 이전하면서 옛 영광을 잃는 듯 했으나 활발한 재개발로 인해 2차 전성기를 맞이한 롯뽄마츠. 주택가 사이에 빵집, 카페, 셀렉트숍 등이 슬그머니 등장하기 시작하더니 2017년 박물관과 상업시설이 하나로 된 복합시설이 탄생하면서 때아닌 호황을 누리고 있다. 여행자 사이에선 아직 인지도가 적은 편이나 오호리 공원에서 그리 멀지 않은 곳에 위치하므로 함께 방문하면 좋다. 후쿠오카의 잔잔하지만 뜨거운 열기를 느낄 수 있을 것이다.

➕ 롯뽄마츠421 六本松421

후쿠오카 최대 규모의 돔시어터를 갖춘 후쿠오카시 과학관, 일본 유수의 법조인 양성소 큐슈대 법학대학원, 라이프스타일을 판매하는 가게라는 수식어로 유명한 츠타야 蔦屋 서점 등이 한자리에 모인 복합시설. 드러그스토어, 슈퍼마켓, 카페, 음식점 등 규모는 크지 않지만 있을만 한 것은 다 있다.

📍맵북 P.19-상단 🚇 롯뽄마츠욘니이치 🏛 中央区六本松4-2-1 📞 092-791-2246 🌐 www.jrkbm.co.jp/ropponmatsu421 🕐 매장마다 상이 휴무 매장마다 상이 @ropponmatsu421

➕ 유센테이 공원 友泉亭公園

롯뽄마츠 지역에서 조금만 발을 넓히면 고요하고 아늑한 공원이 모습을 드러낸다. 에도 江戸시대 영주였던 이가 별장으로 썼던 곳을 역사공원으로 정비한 이곳은 연못을 중심으로 한 일본 전통양식의 지천회유식 정원이 특징이다.

📍맵북 P.19-상단 🚇 유우센테에코오엔 🏛 城南区友泉亭1-46 📞 092-711-0415 🌐 yusentei.fukuoka-teien.com 🕐 09:00~17:00 휴무 월요일·12/29~1/1 💰 성인 ￥200, 중학생 이하 ￥100, 미취학 아동·65세 이상 무료 @유센테이공원

➕ 롯뽄뽄 ろっぽんぽん

일본식 붕어빵 타이야키와 일본식 떡 모찌의 만남!
오로지 여기서만 만날 수 있는 '타이모찌たいもち'가
간판 상품이다. 유자간장맛 닭튀김도 인기.

🗺맵북 P.19-상단 ▶ 롯뽄뽄 ♠ 中央区六本松4-7-4
☎080-5794-9648 ⏱ 일요일 09:30~19:00,
월~토요일 10:00~19:00 휴무 목요일
⊕ 33.574361, 130.377934(좌표값)

➕ 마츠팡 マツパン

벽에 새겨진 귀여운 요리사아저
씨가 반기는 인기 빵집. 매일 60
종류 이상의 빵을 선보이며, 2층
에 마련된 공간에서 먹는 것도
가능하다. 옆집 카페 '커피맨의'
음료 지참 가능.

🗺맵북 P.19-상단 ▶ 마츠팡 ♠
中央区六本松4-5-23 ☎ 092-
406-8800 ♠ matsu-pan.
com ⏱ 08:00~18:00(7·8월은
~18:30) 휴무 월요일·부정기 화요일
⊕ 마츠빵

➕ 커피맨 COFFEE MAN

빵집 옆 골목으로 진입하면 나타나는 카페. 일본 커피
로스팅 챔피언십에서 우승한 점장이 직접 배전한 커피
를 맛볼 수 있다.

🗺맵북 P.19-상단 ▶ 코오히만 ♠ 福岡市中央区六本松4-5-
23 ☎092-738-7051 ♠ coffeemanonline.stores.jp
⏱ 09:00~19:00 휴무 월요일 ⊕ 커피맨

➕ 하치주이치 Hachiju-Ichi

제품이 탄생하면서부터 소비자의 손에 들어가기까지 소
중한 과정을 거친 생활잡화와 중고 서적을 판매하는 셀
렉트숍. 하치주이치(81)는 일본의 국가 번호를 일컫는다.

🗺맵북 P.19-상단 ▶ 하치쥬이치 ♠ 福岡市中央区六本
松4-5-222階 ☎092-724-4070 ♠ hachijuichi.com ⏱
화~목·금요일 11:00~16:00, 토요일 11:00~17:00 휴무 일·
월요일 ⊕ Tortue a pied(바로 옆 위치)

근교지역

· 다자이후
· 야나가와
· 이토시마
· 쿠루메

MUST DO

01

일본의 옛 정취를 느낄 수 있는 다자이
후텐만구 방문하기.

02

야나가와에서 풍류를 즐기듯 나룻배를
타고 뱃놀이 즐기기.

03

시원한 바닷바람을 맞으며 이토시마 해
안도로 달려보기.

04

밤하늘을 아름답게 수놓는 쿠루메 불꽃
축제 즐기기.

大宰府 »

다자이후

볼거리가 다소 부족한 후쿠오카 시내를 채워주는 역할을 하는 도시. 후쿠오카 도심에서 전철로 30분이면 도착하는 훌륭한 접근성과 반나절을 알차게 보낼 수 있는 매력을 지녔기에 처음 후쿠오카를 방문한 여행자라면 반드시 일정에 넣는 인기 여행지다. 학문의 신을 모시는 오랜 신사와 참도에 들어선 아기자기한 가게들이 옛 일본의 정취를 느끼게 하고, 계절에 따라 변화하는 예쁜 풍경은 보는 것만으로도 기분이 좋아진다. 다자이후의 명물 떡을 먹거나 소 동상을 만지며 건강을 기원하는 깨알 같은 즐거움을 느끼고 싶다면 지금 바로 다자이후로 떠나보자.

다자이후 찾아가는 법

열차

> **일반열차**

텐진오무타 天神大牟田선 후쿠오카(텐진) 福岡(天神)역에서 승차하여 다자이후 大宰府역에서 하차. 약 25~47분 소요. 요금은 ¥420.

> **관광열차 타비토 旅人**

니시테츠 西鉄 전철 후쿠오카(텐진 天神) 福岡역을 출발하여 다자이후 太宰府역까지 급행 또는 특급(일부 보통)으로 직통 운행되는 관광열차. 열차 전체가 다자이후의 상징들을 형상화한 디자인으로 꾸며져 있으며, 1호차부터 5호차까지 각 내부는 건강장수, 출산, 액막이, 가정안전, 학업성취 등의 행운을 테마로 한 문양들로 채워져 있다. 각자 원하는 소원이 있다면 해당되는 칸에 승차하도록 하자. 일부 열차는 후츠카이치 二日市역까지만 운행하므로 반드시 환승을 해야 한다. 여타 관광열차와 달리 예약이 불필요하며 추가 요금도 발생하지 않아 일반 요금만으로도 승차가 가능하다. 운행 시간표는 홈페이지에서 확인하자.

🌐 inf.nishitetsu.jp/train/tabito/index_ko.html

버스

> **다자이후 라이너버스 타비토 旅人**

타비토는 관광열차만 있는 것이 아니다. 하카타 버스터미널을 출발하여 후쿠오카공항 국제선터미널을 거쳐 니시테츠 西鉄 전철 다자이후 太宰府역 앞 버스 정류장까지 운행하는 버스 역시 이름이 타비토이다. 하카타에서 다자이후까지 40분, 후쿠오카공항에서 25분이 소요되며, 요금은 하카타가 ¥700, 후쿠오카공항이 ¥600이다(예약 불필요).

🌐 www.nishitetsu.jp/bus/rosen/dazaihu_liner

다자이후텐만구 太宰府天満宮園

헤이안平安 시대에 학자 겸 시인으로 활약했던 학문의 신 스가와라노 미치자네菅原道真公를 모시는 신사로 시험 합격을 기원하는 방문객이 연간 1,000만 명에 달한다. 6,000 그루의 매화가 자라는 경내에 소소한 볼거리가 있어 나름의 재미를 느낄 수 있다.

📍 맵북 P.22-B1 ○ 다자이후텐만구 ⊙ 太宰府市宰府4-7-1 ☎ 092-922-8225 ○ www.dazaifutenmangu.or.jp ○ 06:30~19:00(시기마다 상이, 홈페이지 참조), 연중무휴 ♥ 무료 ❀ 니시테츠西鉄 전철 텐진오무타天神大牟田선 다자이후大宰府역에서 도보 5분. ◀ 다자이후텐만구

운을 점쳐볼 수 있는 곳. ¥200을 넣으면, 그날의 운을 점치는 글귀가 적힌 종이를 꺼낼 수 있다.

TRAVEL TIP

우메가에모찌 梅ヶ枝餅

스가와라노 미치자네가 좋아했던 음식을 매화꽃 가지에 꽂은 일화에서 유래한 명물 떡. 바삭한 식감과 속을 꽉 채운 단팥소의 달달함이 특징이다. 참도에서 판매 중이다.

다자이후텐만구 구석구석 둘러보기

본전 本殿
일본의 전통 건축양식인 모모야마 桃山 양식. 지붕과 기둥 곳곳에 매화 문양이 새겨져 있다. 본전 마당에는 '도비우메 飛梅'라 불리는 매화나무가 있다.

부적 판매처
본전 양 옆으로는 '오마모리'라 불리는 부적을 비롯해 '오미쿠지', '에마' 등 한 해의 운을 점치는 제비나 소원을 이루어 주는 다양한 부적을 판매한다. 학문의 신을 모시는 신사답게 학업성취 부적이 인기가 높다.

보물전 宝物殿
국보와 각종 문화재 5만 점을 소장, 전시하는 공간.

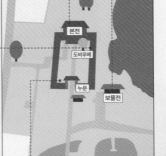

신지연못 心字池
마음 심心자 모양의 연못이라 하여 붙여진 이름. 연못에 있는 붉은 다리들은 과거, 현재, 미래를 나타낸다.

다이코다리 太鼓橋
신지연못을 건널 수 있는 붉은색의 아치형 다리.

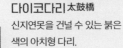

누문 楼門
본전으로 향할 때에는 지붕이 두 개였다가 돌아갈 때는 하나로 되어 있는 앞뒤가 다른 문.

고신규 御神牛
입구 부근에 앉아 있는 소 모양의 동상. 지혜로움의 상징으로 소 머리와 뿔을 쓰다듬으면 시험에 합격하고, 원하는 부위를 만지면 그 부위에 생긴 병도 낫게 한다는 이야기가 있다.

큐슈 국립박물관
九州国立博物館

도쿄, 나라, 교토에 이어 4번째로 탄생한 국
립 박물관. 일본 문화의 형성을 아시아사적
인 관점에서 파악해 설명하는 것이 박물관
의 콘셉트다. 일본과 한국, 중국 등 아시아
국가 간의 문화 교류에 의해서 생긴 여러 역
사를 중점적으로 소개하고 유명 화가의 컬
렉션 등 특별전시도 정기적으로 행한다. 일
본과 교류했던 국가의 문화를 체험하는 자
리도 마련한다.

🗺️ 맵북 P.22-C2 ▶ 큐우슈우코쿠리츠하쿠브츠
칸 🏠 太宰府市石坂4-7-2 ☎ 050-5542-8600
🌐 www.kyuhaku.jp 🕐 일~목요일 09:30~
17:00, 금·토요일 09:30~20:00 휴무 월요일(공
휴일인 경우 다음 날). 연말 💴 성인 ￥700, 대학
생 ￥350, 고등학생 이하·만 70세 이상 무료
🚃 니시테츠 西鉄 전철 텐진오무타 天神大牟田線 다
자이후 大宰府역에서 도보 10분.
🔎 큐슈 국립박물관

다자이후정청터 大宰府政庁跡

다자이후를 봄에 방문한다면 벚꽃이 만발하는 정청터도
방문해보자. 우리나라 말로 '청사터'로 이해하면 된다. 7
세기 다자이후의 행정기관이 있던 자리로, 외국과의 교
섭을 주로 행하던 곳이다. 지금은 흔적도 없이 사라져 터
만 남아 있지만 벚꽃나무가 곳곳에 피어 있어 아름답다.

🗺️ 맵북 P.22-A2 ▶ 다자이후세에쵸아토 🏠 太
宰府市観世音寺4-6-1 🕐 24시간 🚃 니시테
츠 西鉄 전철 텐진오무타 天神大牟田線 다자이
후 大宰府역 앞에서 커뮤니티버스 마호로
바호 まほろば号 승차, 다자이후세에쵸마
에 大宰府政庁前 정류장에서 하차. 🔎 다자
이후 정청 유적

다자이후텐만구 맛집 탐방

카사노야 かさの家

예스러운 전통가옥 안에서 일본식 정식을 즐길 수 있
는 음식점. 소바, 우동 등의 면요리와 일본 전통 디저
트도 준비되어 있다. 단면 우메가에모찌가 유명하다.

🗺 맵북 P.22-B2 ▶ 카사노야 🏠 太宰府市宰府2-7-24 ☎
092-922-1010 🕐 09:00~
18:00 휴무 연중무휴 🚇 니시테츠 西鉄 전철 텐진오무타 天
神大牟田線 다자이후 大宰府역에서 도보 3분. # kasanoya
dazaifu

스타벅스 Starbucks

세계적인 건축가 쿠마 켄고 隈研吾가 설계한 외관 인테리
어가 눈에 띄는 이색적인 스타벅스. 전통과 현대를 융합
한 멋스러운 목조 구조 아래에서 커피 한잔을 즐겨보자.

🗺 맵북 P.22-B1·B2 ▶ 스타아박쿠스 🏠 太宰府市宰府
3-2-43 ☎ 092-919-5690 🕐
08:00~20:00 휴무 부정기 🚇 니시테츠 西鉄 전철 텐진오무
타天神大牟田線 다자이후 大宰府역에서 도보 3분.
스타벅스 다자이후오모테산도점

비비 카페 ViiiV Cafe

귀엽고 깜찍한 라테아트와 먹음직스러운 케이크를 제
공하는 카페. 커피의 매력을 다자이후에 전파하고 싶어
문을 열었다는 주인장의 커피는 깊고 진한 맛을 풍긴다.

🗺 맵북 P.22-A1 ▶ 비비카훼 🏠 太宰府市宰府1-14-33 🕐
10:00~17:00 휴무 월요일 🚇 니시테츠 西鉄 전철 텐진오무타
天神大牟田線 다자이후 大宰府역에서 도보 2분. # viiiv cafe

기린맥주 후쿠오카 공장

キリンビール
福岡工場

PLUS + AREA

맥주를 좋아하는 여행자라면 번뜩일 만한 여행 명소가 있다. 바로 맥주 공장 투어인데, 일본의 대표 맥주 브랜드인 기린의 후쿠오카 공장이 후쿠오카 시내에서 전철로 한 시간 거리에 있어 가볼 직하다. 전화나 홈페이지를 통해 미리 예약을 하면 원료 설명부터 발효, 숙성, 여과, 포장, 출하까지 맥주의 전 공정을 지켜볼 수 있는 투어를 즐길 수 있다(약 1시간 15분 정도 소요). 오로지 일본어로만 진행하는 점은 아쉽지만, 방금 만든 신선한 맥주를 시음하는 일정이 포함되어 있어(무알코올 맥주와 음료수도 구비) 맥주 마니아에게는 더없이 좋은 경험이 될 것이다. 인원이 차지 않았을 경우 희망 방문일에도 예약을 할 수 있으나 시간대별로 25명 이하(선착순)만 예약을 받고 있어 금세 예약이 마감되니, 날짜가 확정되는 즉시 신청하는 것이 좋다. 단, 주말과 공휴일은 생산 라인이 가동되지 않을 경우 투어가 진행되지 않으므로 방문 전 꼭 예약 현황 달력을 확인해야 한다.

맵북 P.2-B2 ◆ 키린비이루 후쿠오카코오죠오 ◆ 朝倉市馬田3601番地キリンビール(株)福岡工場 ☎094-623-2132 ● www.kirin.co.jp/experience/factory/fukuoka ◎ 10:00~15:00 휴무 월요일(월요일이 공휴일인 경우 다음 날), 연말연시(홈페이지 확인) ⓦ 20세 이상 ¥500, 19세 이하 무료(예약제) ◎ 니시테츠 西鉄 전철 텐진오무타 天神大牟田선 니시테츠후쿠오카 西鉄福岡역 또는 야쿠인 薬院 역에서 승차 후 니시테츠오고오리 西鉄小郡역에서 아마기철도 甘木鉄道 오고오리 小郡역으로 환승. 타치아라이 太刀洗역에서 하차 후 도보 15분. ⊕ 기린맥주 후쿠오카공장

기린맥주 공장 즐기는 법 ①

공장 입구에서 출입 명부를 확인하기 때문에 공장을 견학하기 위해서는 반드시 사전 예약을 해야 한다. 견학 신청은 전화 또는 홈페이지를 통해 희망 방문일 전날(휴관일 경우 전 영업일) 오후 3시까지 가능하다. 희망 방문일 오전 8시까지는 홈페이지에서 취소 가능하며 오전 8시 이후에는 메일로 취소할 수 있다(홈페이지 참조).
☎ 094-623-2132
◎ 접수 시간 09:30~16:30

기린맥주 공장 즐기는 법 ②

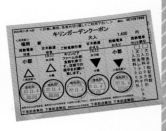

니시테츠 西鉄 전철 텐진오무타 天神大牟田선 후쿠오카(텐진) 福岡(天神)역 또는 야쿠인 薬院역과 니시테츠오고오리 西鉄小郡역 간 왕복 승차권으로 구성된 티켓 '기린가든쿠폰 キリンガーデンクーポン'을 판매한다. 티켓에는 기린맥주 공장이 운영하는 레스토랑 '기린비어 팜 キリンビアファーム'의 할인 쿠폰도 포함돼 있다. 니시테츠 西鉄 텐진오무타 天神大牟田선의 각 역 창구(오고오리 小郡 역 포함 일부 역 제외)에서 판매 중이며, 구매일 포함 이틀간 유효하다.
◐ 성인 ¥1,650, 어린이 ¥800 ◐ www.ensen24.jp/kippu/9

기린맥주 공장 즐기는 법 ③

✚ 기린 화원 코스모스 축제 キリン花園コスモスフェスタ

매년 가을이면 공장 앞 부지는 형형색색 코스모스로 물든다. 약 7헥타르(약 2만 평)의 엄청난 규모를 자랑하는 기린 공장의 코스모스 축제는 매년 10월 중순부터 한 달간 개최된다. 끝없이 펼쳐진 코스모스밭 풍경은 절로 감탄사를 자아낸다. 코스모스가 만개하는 시기는 10월 중순에서 하순으로 약 1,000만 송이가 핀다. 시기를 잘 맞춰서 방문하면 맥주 공장 견학과 함께 코스모스 축제도 즐길 수 있어 근교 여행으로 손색이 없다. 공장과 코스모스밭 부근 기린맥주가 운영하는 레스토랑 '기린비어 팜 キリンビアファーム'에서는 공장에서 직송한 맥주는 물론, 코스모스밭을 바라보며 맛있는 음식도 즐길 수 있으니 놓치지 말자.

◐ 키린비아화아무 ◐ 朝倉市馬田3205-7 ◐ 094-623-2993 ◐ www.kirin.co.jp/experience/factory/fukuoka/restaurant ◐ 11:00~22:00(마지막 주문 21:00) 휴무 월요일(월요일이 공휴일인 경우 다음 날), 연말연시(홈페이지 확인) ◐ 기린맥주 후쿠오카 공장에서 도보 1분. Kirin Beer Farm

> **TRAVEL TIP**
> 기린맥주 공장 견학의 홈페이지 예약은 현재 일본어 페이지만 운영하고 있다. 구글이나 파파고 홈페이지 번역으로 접속한 후 견학 날짜와 시간대를 클릭, 이름, 메일 주소, 나이, 생년월일 등 개인 정보를 입력해야 한다. 단, 이름은 일본어 히라가나로, 방문 지역(일본만 선택 가능)을 반드시 선택해야만 최종 예약이 가능하므로 수고를 감내해야 하는 단점이 있다. 번거롭게 느껴진다면 전화 예약을 추천한다.

柳　川 ≫

야나가와

대도시에서 느끼지 못했던 소도시만의 평화롭고 고요한 분위기가 풍기는 마을. 들려오는 소리라곤 뱃사공의 잔잔한 해설과 간간이 들려주는 노래 한 가락이 전부다. 옛날 선비들이 풍류를 즐기듯 나룻배를 타고 경치를 감상하거나 명물 장어덮밥을 먹고 주변 정원과 기념관을 둘러보는 단조로운 코스이지만 느린 걸음으로 힐링을 즐기고 싶다면 이보다 더 좋은 곳은 없다. 아이가 건강하게 성장하길 바라는 마음에서 내거는 장식 사게몬 さげもん도 좋은 기념품이 될 것임에 틀림없다.

후쿠오카근교②

야나가와

N
0   250m   500m

208
뱃놀이 승선장(타는 곳)
443
야나가와 쇼핑몰
柳川ショッピングモール
니시테츠야나가와
西鉄柳川
야나가와 시청야나가와청사
柳川市役所 柳川庁舎
208
오키하시수천궁
(沖端水天宮)
야나가와 성터
柳川城跡
후쿠곤지
福厳寺
770
야나가와 영주 타치바나 저택 오하나
柳川藩主立花邸 御花
와카마츠야
若松屋
뱃놀이 하선장(내리는 곳)
키타하라 하쿠슈 생가·기념관
北原白秋生家·記念館
뱃놀이 코스

── 뱃놀이 코스

야나가와 찾아가는 법

열차

▶ 니시테츠 西鉄 전철

텐진오무타 天神大牟田선 후쿠오카(텐진) 福岡(天神)역에서 승차하여 니시테츠야나가와 西鉄柳川역에서 하차. 약 50분~1시간 소요. 요금은 ¥870.

▶ 관광열차 스이토 水都

니시테츠 西鉄 전철 후쿠오카(텐진 天神) 福岡역을 출발하여 야나가와 柳川역까지 특급(일부 보통)으로 직통 운행되는 관광열차. 스이토란 '물의 도시'란 의미로, 후쿠오카의 방언으로 '좋아요'를 말할 때에도 쓰이는 단어이다. 열차 차량 전체가 야나가와의 전통행사와 사계절의 경치를 테마로 한 디자인으로 꾸며져 있다. 여타 관광열차와 달리 예약이 불필요하며 추가 요금도 발생하지 않아 일반 요금만으로도 승차가 가능하다. 운행 시간표는 홈페이지에서 확인하자.

🌐 inf.nishitetsu.jp/train/suito/index_ko.html

뱃놀이 お堀めぐり

마을을 가로지르는 수로를 따라 유유자적 수상 산책을 즐기는 뱃놀이
는 야나가와에서 반드시 즐겨야 할 체험! 전철역에서 다소 거리가 있는
중심가까지 이동하기에도 안성맞춤이다. 뱃사공에 안내의 따라 약 60
분간 11개의 다리를 지나 4km의 물길을 이동하면서 야나가와의 고즈
넉한 풍경을 감상하는 것이 주 내용. 일본어를 모르는 여행자라면 마냥
배를 타고 있는 것이 지루하지 않을까 걱정되는 마음도 들 테지만 강가
에 있는 이름 모를 꽃과 나무들, 운치 있는 옛 건축물을 가만히 바라보
는 것이 여행 중 잠시 쉬었다 가는 힐링이 될 수도 있다.

🗺 맵북 P.23-상단 ◎ 오호리메구리 ☎ 094-473-4343 🌐 kawakudari.
com ⏰ 09:00~17:00 휴무 연중무휴 💰 뱃놀이 일반코스(60분) 중학생 이
상 ¥1,800~2,000, 초등학생 이하 ¥900~1,000 쇼트코스(30~40분) 중학
생 이상 ¥1,000~2,000, 초등학생 이하 ¥500~ 🚃 (선착장 기준)니시테츠
西鉄 전철 텐진오무타天神大牟田선 니시테츠야나가와西鉄柳川역에서 하차 후 도
보 5분. 🔖 야나가와 뱃놀이 선착장

매점에서 판매하는
아마오우아이스크림.

야나가와 뱃놀이 즐기기

STEP 1

니시테츠 西鉄 전철 텐진오무타 天神大牟田 선 니시테츠야나가와 西鉄柳川역 개찰구를 벗어나면 직원의 안내로 봉고차를 타고 승선 장으로 이동한다.

STEP 2

도착 후 안내소에서 티켓을 구입하고 줄을 서 차례대로 승선한다.

STEP 3

햇볕이 강한 날에는 삿갓을 대여해 착용하자 (대여료 ¥100).

STEP 4

배를 타고 여유롭게 수로 주변을 구경하며 뱃 놀이를 즐긴다.

하선장에서 내린 후 주변을 관광하고 무료 셔 틀버스를 타고 전철역으로 다시 돌아온다.

야나가와 영주
타치바나 저택
오하나
柳川藩主立花邸御花

🗺 맵북 P.23-상단
📍 야나가와타치바나테에오하나
🏠 柳川市新外町1
☎ 094-477-7888
🌐 www.tachibana-museum.jp
🕐 10:00~16:00(마지막 입장 15:40)
　휴무 부정기
💰 성인 ￥1,000, 고등학생 ￥500,
　초등·중학생 ￥400, 미취학 아동 무료
🚶 뱃놀이 하선장에서 도보 1분.
🔖 yanagawa tachibana-tei ohana

야나가와 지역의 영주였던 타치바나
立花 가문의 저택을 문화재로 지정해
당시 역사와 건축양식을 들여다볼 수
있도록 살아 있는 자료관으로 개방하
고 있다. 약 7만 평 부지 내에는 100
년 전 메이지明治 시대에 건축된 건물
이 그대로 남아 있으며, 미술공예품
5,000여 점을 소장한 사료관, 숙박시
설과 음식점도 운영되고 있다.

야나가와에 용출하는 천연 온천을
족욕으로 즐길 수 있는 시설. 누구
나 이용할 수 있도록 무료로 개방
하고 있다. 야나가와의 잔잔한 풍
경을 감상하며 피로를 풀기에 제
격이다. 족욕을 즐긴 후 발을 닦을
수 있는 수건을 따로 준비하는 것
을 잊지 말자. 야나가와와 인연이
깊은 문인들의 설명을 곁들인 전시
공간으로도 활용되고 있다.

카라타치분진노아시유
からたち文人の足湯

🗺 맵북 P.23-상단
📍 카라타치분진노아시유
🏠 柳川市弥四郎町9
🕐 11:00~15:00 휴무 부정기
💰 무료
🚶 야나가와 영주 타치바나 저택 오하나 柳川藩主立花邸御花에서 도보 4분.
🔖 karatachi bunjin foot baths

키타하라 하쿠슈 생가·기념관
北原白秋生家·記念館

야나가와 출신의 시인 키타하라 하쿠슈의 생가이자 유품과 원고를 전시한 기념관. 외벽을 흙으로 두껍게 바르는 일본의 전통 방식 도조즈쿠리土蔵造り로 건축된 고풍스러운 건물도 감상의 포인트 중 하나.

🗺 맵북 P.23-상단
▶ 키타하라하쿠슈세에카키넨칸
🏠 柳川市沖端町55-1
☎ 0944-72-6773
🌐 www.hakushu.or.jp
🕐 09:00~17:00(마지막 입장 16:30)
　휴무 12/29~1/3
💰 성인 ¥600, 학생 ¥450, 어린이 ¥250
🚌 야나가와 영주 타치바나 저택
　오하나에서 도보 3분.
📍 33.158988, 130.394234(좌표값)

와카마츠야 若松屋

야나가와에서 반드시 먹어야 할 명물 요리는 세이로 무시せいろ蒸し(¥3,600~)다. 장어를 구운 다음 다시 한번 쪄서 덮밥으로 제공되는 음식으로 야나가와 곳곳에서 이것만을 전문으로 하는 음식점을 만나볼 수 있다. 이 중 추천하는 곳은 와카마츠야. 1855년 문을 연 노포로 장어요리만을 전문으로 한다. 오픈 전부터 대기행렬이 길 정도로 인기가 높고, 번호표 시스템으로 손님을 받고 있다. 가게에 들어서면 번호표에 이름을 적고 번호가 불리면 착석하는 형식이다. 숯불향이 그윽한 장어는 소스맛과 어우러져 감칠맛이 나고 식감도 부드럽다. 높은 가격대가 부담스럽지만 야나가와 문화를 체험할 기회라 생각하고 즐겨보자.

🗺 맵북 P.23-상단
▶ 와카마츠야 柳川市沖端町26
☎ 0944-72-3163
🌐 wakamatuya.com
🕐 11:00~14:30, 17:00~20:00(마지막 주문 19:15)
　휴무 화·목요일
🚌 야나가와 영주 타치바나 저택 오하나에서 도보 1분.
📍 yanagawa wakamatsuya

후쿠오카 근교③

糸 島 〉

이토시마

후쿠오카의 바다는 모모치로 끝난 것이 아니다. 조금만 더 발을 넓혀 서쪽으로 이동하면 놀랍도록 아름다운 풍경을 마주할 수 있다. 이토시마는 현재 후쿠오카에서 가장 주목 받고 있는 도시. 현지인조차도 알지 못했던 숨은 명소가 하나씩 드러나면서 단숨에 핫플레이스로 떠올랐으며, 그 인기는 그치지 않고 전국적으로 확대 중이다. 자연이 주신 선물과도 같은 독특한 명소들과 더불어 그와 어우러진 음식점, 카페, 잡화점 등이 곳곳에 있어 지루할 틈이 없다. 활 모양으로 휘어진 모래사장이 인상적인 바다 니기노하마 幣の浜를 따라 해안가를 달리는 선셋로드는 드라이브 코스로도 그만이다.

A   B

묘켄산
妙見山

사쿠라이 후타미가우라 부부암   팜 비치 가든
桜井二見ヶ浦の夫婦岩   Palm Beach Garden

천사의 날개 天使の羽 벽화
니시케다케
西ケ岳   야자나무그네
도버   ヤシの木ブランコ(포토 스폿)
DOVER   ▲ 아마가다케
天ヶ岳

케야노오오토   런던 버스 카페
芥屋の大門   London Bus Cafe

케야노오오토 공원
芥屋の大門公園

타테이시산   이시가다케   큐다이갓켄토시
立石山   카야산   石ケ岳   九大学研都市駅   시모야마토
下山門
이치노타케   可也山   스센지   이마주쿠
一ノ岳   하타에   周船寺   今宿
波多江

타비비토카레   자쿠젠마에바루
旅人カレー   筑前前原   이토사이사이
키비스야시키   가후리   伊都菜彩   이토시마
미사키가오카   加布里
美咲が丘
이키산
一貴山

● 관광   ● 식당

이토시마 찾아가는 법

명소마다 이용하는 교통수단이 다르므로 지도를 참고해 선택한다. 대중교통이 용이하지 못한 편이라 렌터카를 대여해 다니는 것을 추천한다.

▶ 전철
JR 치쿠히 筑肥선 이마주쿠 今宿역에서부터 가후리 加布里역까지 방문지 인근 역에서 하차.

▶ 버스
JR 큐다이각켄토시 九大学研都市역(지하철 쿠코 空港선 메이노하마 姪浜역에서 연결) 앞 버스 정류장에서 니시노우라 西の浦선, JR 치쿠젠마에바루 筑前前原역 앞 버스 정류장에서 케야 芥屋선 이용.

▶ 자동차
하카타 博多에서 35분, 텐진 天神에서 30분.

사쿠라이 후타미가우라 부부암
桜井二見ヶ浦の夫婦岩

맵북 P.23 하단-A1
▶ 사쿠라이후타미가우라노메오토이와
🏠 糸島市志摩桜井
⊕ 사쿠라이 후타미가우라

바다 위에 두 개의 암석이 사이 좋은 모습으로 떠 있어 부부
암이란 이름이 붙여졌다. 여름에는 암석 사이로 해가 지는
풍경으로 인해 로맨틱한 분위기가 연출되어 일본 석양 100
선에도 선정된 바 있다.

케야노오오토 芥屋の大門

맵북 P.23 하단-A1
▶ 케야노오오토
🏠 糸島市志摩芥屋677(유람선 승선장)
☎ 092-328-2012
🌐 www.keyaotokankousha.jp
🕐 09:30~12:30, 13:30~16:15 45분 간격
   휴무 첫째 주·넷째 주 수요일, 동절기
💰 중학생 이상 ¥1,000, 초등학생 이하
   ¥500, 2세 이하 어른 동반 1인 무료
⊕ 33.596617, 130.107695(좌표값)

일본의 3대 현무암 동굴 중 하나로 높이 64m, 깊이 90m에 크기
도 매우 큰 편이다. 현해탄의 거친 물결로 인해 침식 형태가 육각
형 또는 팔각형 기둥 모양을 한 주상절리가 대표 볼거리. 유람선
을 타고 25분간 자연현상을 관찰할 좋은 기회다.

케야노오오토 공원
芥屋の大門公園

니기노하마의 시원스러운 풍경이 펼쳐지는 곳. 일본
애니메이션의 거장 미야자키 하야오 宮崎駿의 애니메
이션 〈이웃집 토토로 となりのトトロ〉에 등장할 것만 같
은 터널 숲을 지나 올라가면 작은 전망대가 있다.

- 맵북 P.23 하단-A2
- 케야노오오토 코오엔
- 糸島市志摩芥屋732
- Keyanodaimon Park

TRAVEL TIP

이토시마 포토 스폿 3종 세트
▶ 야자나무그네 ヤシの木ブランコ
- 맵북 P.23 하단-B1   福岡市西区小田79
- 33.62916, 130.22668(좌표값)
▶ 천사의 날개 天使の羽 벽화
- 맵북 P.23 하단-B1   福岡市西区西浦
285   surf side cafe itoshima
▶ 런던 버스 카페 London Bus Cafe
- 맵북 P.23 하단-A1   糸島市志摩野北
2289-6   11:00~해 질 녘 휴무 부정기
- London bus cafe

이토시마 맛집과 쇼핑 명소

이토시마 해선당 糸島海鮮堂

시원시원한 이토시마의 바다를 배경으로 즐기는 해산물 음식점. 유리창 너머로 보이는 푸른빛 바다를 반찬 삼아 식사를 즐길 수 있다. 큐슈 각 지방에서 엄선한 신선한 해산물을 풍성하게 담아 덮밥으로 제공한다. 참치, 연어, 붕장어, 고등어, 새우 등 다양한 메뉴로 구성되어 있어 취향껏 즐기기에도 좋다.

🗺 맵북 P.23 하단-A1 ▶ 이토시마카이센도오 🚃 福岡市西区小田2206-21 ☎ 070-4005-7508 🔗 itoshima-seafoodrestaurant.com ⏰ 11:00~17:00(마지막 입장 16:00) 휴무 부정기 🔗 이토시마 해물당

도버 DOVER

가죽 소재의 패션 잡화를 비롯해 식기, 인테리어 잡화 등을 판매하는 잡화점 겸 예술작품을 제작하는 공방. 지어진 지 80년이 넘는 넓은 창고를 개조해 다양한 공간으로 활용되고 있다.

🗺 맵북 P.23 하단-A1 ▶ 도바 🚃 糸島市志摩桜井4656-3 ☎ 092-327-3895 🔗 artdover.com ⏰ 월·목요일 12:00~15:30, 화·금요일 12:30~17:00, 수요일 14:00~17:00, 토·일요일 11:00~17:00 휴무 부정기 🔗 dover itoshima

팜 비치 가든 Palm Beach Gardens

사쿠라이 후타미가우라 부부암 부근에 있는 상업시설로 분위기 있는 카페와 음식점, 이토시마에서 만들어진 제품을 판매하는 잡화점이 입점해 있다.

🗺 맵북 P.23 하단-B1 ▶ 파아무비이치가아덴 📍 福岡市西区西浦285 ☎ 092-475-2600 🌐 pb-gardens.com ⏰ 11:00~21:00(음식 마지막 주문 20:00) 휴무 일부 점포 금요일 @ surf side cafe itoshima

이토사이사이 伊都菜彩

이토시마 지역에서 생산되는 해산물, 채소, 과일, 축산물, 가공품 등을 판매하는 직판장. 1,000 여종의 상품이 한데 모인 큐슈 최대 규모. 무첨가 생우유로 만든 이토모노가타리伊都物語의 '마시는 요구르트 のむヨーグルト'가 가장 대표적인 상품.

🗺 맵북 P.23 하단-B2 ▶ 이토사이사이 📍 糸島市波多江567 ☎ 092-324-3131 🌐 www.ja-itoshima.or.jp/itosaisai ⏰ 09:00~18:00 휴무 1/1 @ ito sai sai

久 留 米 ≫

쿠루메

후쿠오카 시내에서 전철로 약 35분이면 도착하는 쿠루메는 후쿠오카시, 키타큐슈北九州시에 이은 후쿠오카현 제3의 도시. 예부터 도시를 감싸 안은 듯 흐르는 치쿠고筑後강을 수상 운하로 활용하여 물류의 거점으로 각광받아 세계적인 타이어 브랜드인 브리지스톤 Bridgestone을 비롯해 문스타, 아사히 슈즈 등 신발 브랜드가 탄생하는 상업도시로 거듭났다. 한국인 여행자에게는 아직 낯설지만 전국적인 유명세를 떨치는 불꽃축제가 열리고, 하카타 라멘과 더불어 후쿠오카 라멘의 양대 산맥이자 돈코츠라멘의 발상지라는 점 때문에 현지인 사이에선 인지도가 높다.

후쿠오카근교④

치쿠고 筑後강

3

• 쿠루메대학 久留米大学

• 현 지정사적 쿠루메성터
県指定史跡 久留米城跡

시노야마
篠山

치쿠고
筑後강

브리지스톤
Bridgestone

3

구시와라바이패스도로 櫛原バイパス道路

코마치
京町

JR 쿠루메
久留米

46

스이텐구
水天宮

• 쿠루메시청
久留米市役所

쿠시와라
櫛原

● 니시하라이토텐
西原糸店

쿠루메

커피 카운티 쿠루메
COFFEE COUNTY KURUME

타이호라멘
大砲ラーメン

264

209

N

0   340m   680m

209

사보코렌
茶房古蓮

니시테츠쿠루메
西鉄久留米

쿠루메 찾아가는 법

불꽃축제가 진행되는 장소는 JR 쿠루메 久留米역에서 가깝고, 쿠루메 중심가는 니시테츠 西鉄 전철 텐진오무타 天神大牟田선 니시테츠쿠루메 西鉄久留米역이 가까운 편. 무엇을 먼저 즐길 것인지 우선순위를 정하면 자연스레 이용할 열차가 정해질 것이다. 축제기간 중 니시테츠쿠루메역에서 축제 장소를 오가는 유료 셔틀버스를 운행 중인 점을 참고하자. 참고로 텐진에서 출발한다면 니시테츠 전철을, 하카타에서 출발하면 JR전철로 이동하는 것이 좋다. 요금은 니시테츠 전철 이용 시 ¥640, JR전철 이용 시 ¥760~¥2,350이다.

치쿠고가와 불꽃축제

筑後川花火大会

일본 열도를 절반으로 잘랐을 때 왼쪽 지역을 히가시니혼東日本, 오른쪽 지역을 니시니혼西日本이라 부른다. 오른쪽 끝자락에 위치한 후쿠오카는 니시니혼. 치쿠고가와 불꽃축제는 니시니혼 지역 최대의 불꽃축제로 무려 1만5,000발의 불꽃이 8월 하루(2025년 일정은 추후 발표) 19:40에서 20:50 사이 단 1시간 10분 동안 일제히 터지며 까만 밤을 수놓는다. 1650년에 시작해 350년 이상의 역사를 지닌 유서 깊은 행사로 현지인들의 자부심이기도 하다. 쿄마치京町 와 시노야마篠山 두 지역 회장 앞에서 거대한 퍼포먼스가 펼쳐지는데, 클라이막스 부분에 터지는 화려한 나이아가라 불꽃이 축제의 백미다. 회장에 줄지어선 야타이屋台의 음식을 먹으며 불꽃놀이를 감상해보자. 눈과 입이 동시에 즐거워진다.

맵북 P.24 ▶ 치쿠고가와하나비타이카이 ◈ 久留米市瀬下町265-1(주최 측인 스이텐구 水天宮) ☎ 0942-32-3207 ◈ suitengu.net ⊕ 무료 ⊕ jr kurume

쿠루메 맛집과 쇼핑 명소

타이호라멘 大砲ラーメン

'쿠루메 라멘久留米ラーメン'의 원조. 가마솥에 푹 끓인 진한 돈코츠 육수와 얇은 직선면 그리고 차슈와 파, 김 등의 재료가 조화를 이루어 깊은 맛을 낸다.

🗺 맵북 P.24　📍 타이호오라이멘　🏠 久留米市通外町11-8　☎ 0942-33-6695　🌐 www.taiho.net　🕐 10:30~21:00 휴무 1/1　🚃 니시테츠西鉄 전철 텐진오무타天神大牟田선 니시테츠쿠루메西鉄久留米역 동쪽 출구에서 도보 8분. ⓖ 타이호라멘 혼텐

사보코렌 茶房古蓮

무첨가 수제 아이스크림 전문점이 여름에만 선보이는 빙수가 발군! 무더위를 훌훌 날려줄 달콤함을 꼭 맛보자.

🗺 맵북 P.24　📍 사보오코렌　🏠 久留米市東町339 ホテルエスプリ内　☎ 0942-34-4515　🕐 11:00~18:00 휴무 부정기　🚃 니시테츠 西鉄 전철 텐진오무타 天神大牟田선 니시테츠쿠루메 西鉄久留米역 서쪽 출구에서 도보 3분. ⓖ 쿠루메호텔 에스프리트

커피카운티쿠루메 COFFEE COUNTY KURUME

후쿠오카 시내에도 지점을 운영하는 인기 카페. 중남 미 커피 농가에서 직수입한 원두로 내린 깊고 진한 커 피를 제공한다.

🗺 맵북 P.24　📍 코오히카운티쿠루메　🏠 久留米市通町 102-8　☎ 0942-27-9499　🌐 coffeecounty.cc 🕐 11:00~19:00 휴무 화요일　🚃 니시테츠 西鉄 전철 텐진오무타 天神大牟田선 니시테츠쿠루메西鉄久留米역 서쪽 출구에서 도보 8분. ⓖ coffee county kurume

니시하라이토텐 西原糸店

개업 100주년을 맞은 전통 잡화점. 쿠루메에서 생산되 는 명주로 제작된 섬유제품을 위주로 쿠루메를 대표하 는 신발 브랜드 문스타 Moonstar의 스니커도 판매한다.

🗺 맵북 P.24　📍 니시하라이토텐　🏠 久留米市中央町 35-1　☎ 0942-34-1861　🌐 nishihara-itoten.co.jp　🕐 11:00~17:00 휴무 화·일요일　🚃 JR 쿠루메久留米역 동쪽 출구에서 도보 10분. ⓖ nishihara itoten

후쿠오카 외곽 지역
The suburbs of Fukuoka

유후인
벳부
키타큐슈
SPECIAL SPOT 하우스텐보스

유후인

오이타大分현 중앙에 위치한 유후인은 일본 전국 2위에 해당하는 온천 원천 수와 전국 3위의 용출량을 기록하는 대표적인 온천마을이다. 하늘 가까이 우뚝 솟은 산인 유후다케由布岳를 배경으로 아름다운 대자연에 둘러싸여 있어 경치가 뛰어나며 맛있는 길거리 음식이 풍부하여 눈과 입이 동시에 즐거워지는 곳이다. 대표적인 관광명소 킨린코金鱗湖에 도달하기까지 쭉 뻗은 길을 따라 찬찬히 산책을 하며 유후인을 만끽해보자. 피곤한 심신을 달래줄 온천으로 하루를 마무리하면 이보다 더 좋은 신선놀음도 없을 것이다.

01

동화 속에 등장하는 열차가 눈앞에? 오직 유후인으로 향할 때만 탈 수 있는 열차, 유후인노모리 타보기.

02

유후인 메인 거리인 유노츠보 거리를 따라 걸으며, 아기자기한 상점도 구경하고 기념품도 쇼핑하기.

03

유후인에 가서 이것을 안 먹고 오면 섭섭하다! 유노츠보 거리의 인기 길거리 음식 맛보기.

04

여행의 피로를 한방에 날려줄 온천 타임!

유후인 가는 방법

후쿠오카에서 출발

▶ 버스

니시테츠 텐진고속버스터미널→하카타 버스터미널→후쿠오카공항(국제선 터미널)을 거쳐 유후인역으로 향하는 유후인호 ゆふいん号 버스를 이용한다. 유후인역 앞 버스센터 由布院駅前バスセンター에서 하차. 자세한 이용 방법은 오른쪽 팁을 참고하자.

◎ 소요시간 2시간 20분 ❸ 편도 ¥3,250(산큐패스 소지자 이용 가능)

TRAVEL TIP

유후인호 버스 이용 팁

▶ 사전 예약은 필수! 좌석지정제이기 때문에 만석일 경우 (예약이 되어 있지 않으면) 승차하지 못할 수도 있다. 홈페이지 예약과 전화 예약 모두 가능하다. 홈페이지 예약 시 출발과 도착지를 검색하는 창에서 출발지는 福岡県(후쿠오카현), 도착지는 大分県(오이타현)으로 검색하면 여러 버스 노선이 뜬다. 이 중 후쿠오카·후쿠오카공항~유후인역(유후인호) 福岡·福岡空港~湯布院線 (ゆふいん号), 예약하기予約する 버튼을 누르면 된다.

🌐 www.highwaybus.com/gp/index
☎ [큐슈 고속 버스 예약 센터] 0120-489-939(운영 08:00~19:00, 휴대전화 이용 시 092-734-2727)

▶ 열차

JR전철 관광열차 유후인노모리 ゆふいんの森를 이용해 환승 없이 직통으로 유후인까지 갈 수 있다.

◎ 소요시간 2시간 10분
❸ (하카타 출발 편도) ¥6,130, 인터넷 예약 시 ¥5,600
🌐 www.jrkyushu.co.jp/trains/yufuinnomori

벳부에서 출발

▶ 버스

JR 벳부 別府 역 앞 5번 버스 정류장 또는 벳부키타하마 別府北浜 1번 버스 정류장에서 유후인행 유후린 ゆふりん 승차 후 유후인역 앞 버스센터 湯布院駅前バスセンター에서 하차.

◎ 소요시간 약 1시간, 평일 11:00, 토·일요일, 공휴일 07:40~16:00 사이 한 시간 간격으로 운행(벳부역 앞 버스 정류장 기준) ❸ 편도 ¥1,100 [1일 자유승차권] 성인 ¥1,800, 어린이 ¥900 [2일 자유승차권] 성인 ¥2,800, 어린이 ¥1,400

유후인역 앞

▶ 열차

① JR 벳부역에서 오이타 大分행 특급열차 소닉 特急ソニック에 승차하여 오이타 大分역에서 유후인 由布院행 또는 히타 日田행 보통열차로 환승, JR 유후인 由布院역에서 하차.

◎ 소요시간 약 1시간 34분 ❸ 편도 ¥1,130(JR큐슈레일패스 소지자 이용 가능)

② JR 벳부 別府역에서 특급유후 特急ゆふ 열차에 승차하여 유후인 由布院역에 하차.

◎ 소요시간 1시간 ❸ 편도 ¥2,660(JR큐슈레일패스 소지자 이용 가능)

유후인의 볼거리

유노츠보 거리 湯の坪街道

JR 유후인湯布院역에서 킨린코金鱗湖로 향하는 도중에 있는 유후인 관광
의 중심가. 유후인이 위치한 오이타大分현의 다채로운 특산품을 판매하
는 기념품점과 길거리 먹거리를 즐길 수 있는 노상 점포, 음식점 약 70
업체가 줄지어 있다. 때문에 킨린코까지 걸어가는 약 800m 길이의 거
리를 지루함 없이 즐길 수 있다. 킨린코로 향하는 길에는 저 멀리 높이
1,583m의 활화산 유후다케由布岳가 병풍처럼 배경이 되어주고 있다.

맵북 P.25-B1·C1
▶ 유노츠보카이도
🏠 大分県由布市湯布院町川上湯の坪
☎ 0977-85-4464(유후인 온천관광협회)
🕐 09:00~17:00 휴무 부정기
🚃 JR 유후인由布院역에서 도보 6분.
🔍 유노츠보 거리

색다르게 유후인을 즐기는 법,
관광츠지마차 & 인력거
유후인은 규모가 작은 마을이라 도보로도 둘러볼 수 있지만, 아무래도 도보
로는 멀리까지 나가보기가 어렵다. 이럴 때 추천하는 교통수단이 바로 관광츠
지마차. 도보로 가면 시간이 걸리는 곳까지도 말이 끄는 마차를 타고 유유자
적 구경할 수 있어 편리하다. 그리고 거리를 다니다 보면 인력거꾼이 돌아다
닌다. 마차와 더불어 유후인을 색다르게 돌아볼 수 있는 요소. 관광츠지마차
의 경우 유후인역 내 관광안내소에서 예약 가능하며, 당일 예약도 가능하다.

유노츠보 거리를 따라 걸으면서 아기자기한 소
품을 구경하는 재미가 쏠쏠하다.

유노츠보 거리 속 숨어있는 관광명소

▲ 유후인 플로랄빌리지 湯布院フローラルビレッジ

전원 풍경이 아름답기로 유명한 영국 코츠월즈 Cotswolds 지방의
한 마을을 본 뜬 작은 테마파크. 고양이나 올빼미를 내세운 귀
여운 카페와 아기자기한 기념품을 판매하는 상점이 옹기종기
모여 있다.

📍맵북 P.25-C1 🔎 유후인후로라아루비렛지 📍 大分県由布市湯
布院町川上1503-3 ☎ 0977-85-5132 🌐 floral-village.com ⏱
09:30~17:30 휴무 부정기 🚃 JR 유후인由布院역에서 도보 15분. ⊕
유후인 플로랄빌리지

▼ 유후인 쇼와칸 湯布院昭和館

1950년대 쇼와 昭和시대의 향수가 묻어나는 전시장. 당시
의 생활상을 엿볼 수 있는 상점, 제품 등을 재현해 두었다.

📍맵북 P.25-C1 🔎 유후인쇼오와칸 📍 大分県由布市湯布院
町川上 湯布院町川上1479-1 ☎ 0977-85-3788 🌐 showa
kan.jp/yufuin ⏱ 09:00~17:00 휴무 연중무휴 💰 성인 ¥1,400,
고등학생 ¥1,000, 중학생 ¥800, 만 4세~초등학생 ¥500, 만
3세 이하 무료 🚃 JR 유후인由布院역에서 도보 15분.
⊕ 1479-1 yufuincho kawakami

▲ 유노츠보요코초 湯の坪横丁

다양한 먹거리와 기념품을 판매하는 상점 14
군데가 모여 있는 구역.

📍맵북 P.25-B1 🔎 유노츠보요코초오 📍 大分県
由布市湯布院町川上1524 ☎ 0977-28-2215 🌐
www.yufuin.org ⏱ 09:00~17:00 휴무 부정기
🚃 JR 유후인由布院역에서 도보 12분. ⊕ yufuin
kadotyu Caf(맞은편 위치)

⚑ FEATURE 유노츠보 거리 인기 길거리 음식

크로켓 금상크로켓 金賞コロッケ

전국 크로켓 콘테스트에서 금상을 수상하였다 하여
붙여진 이름. 겉은 바삭하고 속은 따끈따끈하고 알차
서 큰 인기. 금상크로켓 가격은 하나에 ¥200.

⬛ 맵북 P.25-B1·C1 ➡ 본점 大分県由布市湯布院町川上
1511-1, 2호점 大分県由布市湯布院町川上1079番地の8
☎ 본점 0977-28-8888, 2호점 0977-28-8691 ⏱ 1호점
09:00~17:30, 2호점 09:00~17:00 ⊕ 금상고로케, 금상고
로케 2호점

푸딩도라야키 ぷりんどら
유후인하나코지키쿠야 由布院花麹菊家

밀가루, 계란, 설탕을 버무린 카스테라 반죽을 동그랗
게 구운 화과자 도라야키 どら焼き 사이에 푸딩을 끼웠
다. 푸딩도라야키 한 개에 ¥250.

⬛ 맵북 P.25-B1 ➡ 大分県由布市湯布院町川上1524-1
☎ 0977-28-2215 ⏱ 10:00~17:00 🌐 kikuya-oita.net
⊕ Hanakojikikuya

도넛 니코도넛 nicoドーナツ

대두를 주재료로 한 도넛으로
보존료와 착색료를 일절 사용
하지 않은 건강한 맛이 특징.

⬛ 맵북 P.25-A2 ➡ 大分県由布
市湯布院町川上3056-13
☎ 0977-84-2419
🌐 nico-shop.jp
⏱ 10:00~17:00
휴무 목요일
⊕ 니코도넛
yufuin

닭튀김 唐揚げ 나카츠카라아게전문점키치고
中津からあげ専門店吉吾

짭짜름하게 간이 잘 밴 닭
튀김. 후쿠오카만큼 닭을
사랑하는 오이타 大分현에
서 그냥 지나칠 수 없는
맛. 원조 카라아게(3개)
元祖からあげ ¥520.

⬛ 맵북 P.25-B1 ➡ 大分県
由布市湯布院町川上1100-
8 🌐 www.kichigo.com
⏱ 월~금요일 11:00~16:00,
토·일요일 11:00~16:30 ⊕
키치고

간장푸딩(쇼유푸딩) 醤油プリン
유후인쇼유야 湯布院醤油屋本店

일반 푸딩에 간장쇼유를 넣어 단짠 단짠의 끝을 즐길
수 있는 디저트. 간장푸딩(쇼유푸딩) 가격은 ¥390.

⬛ 맵북 P.25-B1 ➡ 大分県由布市湯布院町川上1098-1
☎ 0977-84-4800 ⏱ 10:00~17:00 🌐 www.yufuin-
shoyuya.com ⊕ 유후인간장 본점

말차와라비모찌 抹茶わらび餅
스누피찻집유후인점 SNOOPY 茶屋由布院店

고사리 전분으로 만든 말랑한 식감의 떡으로 말차맛
이 첨가되어 있다. 단품 가격 ¥400.

⬛ 맵북 P.25-B1 ➡ 大分県由布市湯布院町川上1540-2
🌐 www.snoopychaya.jp/shop ⏱ 09:30~17:00
⊕ 스누피찻집 유후인점

킨린코 金鱗湖

유후인을 대표하는 관광지. 모리쿠소毛利空桑가 호수에서 헤엄치는 물고기의 비늘이 석양에 비치며 금색으로 반짝이는 것을 보고 이름 붙여졌다 한다. 호수 깊은 곳에서 맑은 물과 온천수가 뿜어져 나오며 연중 내내 수온이 높아 겨울날 06:00~08:00 사이의 이른 아침이면 수면에서 수증기가 피어올라 몽환적인 분위기를 연출한다.

🗺 맵북 P.25-C1 🔊 킨린코 🏠 大分県由布市湯布院町川上 📞 0977-84-3111 🕐 24시간, 연중무휴 🚉 JR 유후인由布院 역에서 도보 20분. 🔍 킨린 호수

유후인의 식당

신 由布まぶし 心

진흙을 구워 만든 질 냄비 속에 쌀과 함께 오이타大分현 최고급 소고기인 분고규豊後牛의 윗허리살을 넣어 지은 분고규마부시豊後牛まぶし(¥3,200)가 대표 메뉴인 음식점. 마부시는 숯불로 구워내어 진한 육즙이 묻어 나오며 물갓냉이, 쐐기풀과 같은 향미 가득한 채소를 함께 넣어 은은함을 더했다.

맵북 P.25-C1
신
大分県由布市湯布院町川北5-3
0977-84-5825
yufumabushi-shin.com
10:30~20:30(마지막 주문 19:30) 휴무 부정기
JR 유후인由布院역에서 도보 1분.
yufumabushi sin

미르히 Milch

독일어로 우유를 뜻하는 가게명대로 우유로 제조한 푸딩, 도넛, 케제쿠헨, 아이스크림 등을 판매하는 디저트 전문점. 유후인의 한 목장에서 생산하는 신선한 우유를 100% 사용하며, 다양한 음료 메뉴도 구비되어 있다.

맵북 P.25-A2
미르히
大分県由布市湯布院町川北井手ノ口5-26
0977-85-3636
milch-japan.co.jp
10:30~17:30 휴무 부정기
JR 유후인由布院역에서 도보 1분.
미르히도넛&카페

> **FEATURE**

유후인노모리 ゆふいんの森

낭만을 가득 품은 열차에 몸을 싣고 아름다운 풍경을 감상하러 가는 시간!
계절의 변화를 알리는 꽃과 나무 등 생명의 몸짓과 함께 자연의 숨결을 느끼며 열차 여행을 떠나보자.
유후인이라는 소도시만의 시각적인 풍미를 마음껏 누릴 수 있을 것이다.

유후인노모리 ゆふいんの森

35주년을 맞이한 JR 전철의 대표 관광열차. 후쿠오카의 관문 하카타 博多 역을 출발하여 온천 도시 유후인 湯布院으로 향하는 약 2시간의 열차 여행이 주 내용이다. '숲의 귀부인'이라는 애칭을 지닌 차량은 온천으로 유명한 유후인을 형상화한 것으로 푸른 자연이 펼쳐지는 주변 경관과 잘 어우러지도록 초록색을 사용해 클래식하게 디자인했다. 내부 인테리어는 목조를 기조로 하여 따스함을 느끼게 하며, 좌석 간 배치도 넓어 승차감이 좋다. 객차 바닥 위치가 전체적으로 높은 '하이데커' 스타일이라 경치를 조망하기에도 탁월하고 전원풍경을 한눈에 담아낼 수 있도록 커다란 차창을 채용했다.

◑ 유후인노모리 ⓘ 하카타 역 福岡市博多区博多駅中央街1-1 ☎ 050-3786-1717 ◑ www.jrkyushu.co.jp/trains/yufuinnomori ⓘ 하카타-유후인 하루 3회, 하카타-벳부 하루 1회 왕복 ⓞ 승차권+지정석 특급권 편도 일반 성인 ¥6,130 어린이 ¥4,160 인터넷 구매 성인 ¥5,600 어린이 ¥3,030(하카타-유후인 기준) ⓦ 하카타역

▶ 열차 운행 구간

하카타 博多 → 토스 鳥栖 → 쿠루메 久留米 → 히타 日田 → 아마가세 天ヶ瀬 → 분고모리 豊後森 → 유후인 由布院 → ★오이타 大分 → ★벳부 別府
★오이타, 벳부는 3, 4호만 승하차 가능

· 후쿠오카 출발

	하카타	유후인	벳부
1호	9:17	11:31	-
3호	10:11	12:30	13:27
5호	14:38	16:50	-

· 벳부 출발

	벳부	유후인	하카타
2호	-	12:01	14:19
4호	14:43	15:56	18:10
6호	-	17:17	19:28

TRAVEL TIP

티켓 예약 방법
전 좌석 모두 지정석이므로 사전에 예약을 진행해야 한다. 탑승 1개월 전 오전 10시부터 판매가 개시되며, 일본 현지 창구에서도 무료로 예약 가능하나 인기 열차이기 때문에 날짜가 확정되는 순간 좌석을 바로 예약해두는 편이 좋다. 인터넷 예약은 유료로 진행되며, 일본어 페이지만 운영하므로 사이트 번역을 하여 접속하도록 하자. 신규 회원 등록을 클릭하여 회원가입을 한 다음 로그인한 상태에서 출발지를 하카타博多, 도착지를 유후인湯布院으로 설정하여 날짜를 지정하고 검색하면 된다. 레일패스 소지자도 반드시 좌석을 예약해야 한다. 발권 시 결제한 신용카드를 지참해야 하는 점을 잊지 말자.
train.yoyaku.jrkyushu.co.jp 인터넷 예약 수수료 편도 ¥1,000

GUIDE 유후인노모리를 소소하게 즐기는 방법

① 탁 트인 시야로 바깥 풍경 감상하기
유후인노모리는 일반 열차보다 느린 속도로 천천히 운행하며 사이사이에 위치하는 터널도 적은 편이라 풍부한 큐슈九州의 대자연을 감상하기에 이보다 더 좋을 순 없다. 풍경에 빨려 들어가는 듯한 박력 넘치는 순간을 즐기고 싶다면 운전석이 자리하는 1호차 가장 앞 좌석인 1열이 좋고 후쿠오카와 유후인의 아름다운 경치가 더욱 잘 보이는 자리는 유후인 역으로 향하는 방향이면 오른쪽 C, D번 좌석을 추천한다. 특히 유후인노모리 3, 4호의 3호차 살롱 공간은 차창이 넓어 푸르름을 한눈에 담을 수 있다.

② 열차 내 매점에서 도시락 사 먹기
일본의 열차 여행을 즐길 때 빼놓을 수 없는 즐거움은 에키벤, 바로 철도 도시락이다. 열차 내부에 있는 매점에서는 오리지널 상품을 판매하고 있는데, 음식점 평가지 미슐랭에서 별 하나를 획득한 키타큐슈北九州의 초밥집 '스시 타케모토 寿司竹本'가 감수한 도시락을 비롯해 디저트, 음료수, 기념품을 구비해두었다. 버섯을 넣어 지은 밥과 유후인산 채소로 이루어진 도시락 '유후인노모리 벤토 ゆふいんの森弁当' (¥1,500)가 인기.

③ 도착 후 유후인 역에서 족욕 즐기기
2시간을 달려 도착한 JR 전철 유후인 由布院역. 자칫 그냥 지나치기 일쑤인 족욕탕을 잊지 말고 체험해보자. 역 내 1번 플랫폼에 자리하며, 창구에서 족탕권 足湯券을 구매하면 된다. 귀여운 모양이 새겨진 수건 포함 ¥200.

由布市湯布院町川上780
09:00~17:00

벳부

온천의 수도라 불릴 만큼 원천수와 용출량 모두 일본 전국 1위를 자랑하는 명실공히 최고의 온천마을로 손꼽히는 벳부. 즈루미다케鶴見岳와 가란다케 伽藍岳 두 화산이 버티고 있는 이 지역에는 여기저기서 피어올라오는 수증 기의 영향으로 마을 그 자체가 온천이라 표현해도 손색이 없다. 7개의 온천 분출구를 중심으로 독특한 풍경을 자아내어 하나하나 둘러보는 재미가 있 는 '벳부 지옥 순례別府地獄めぐり' 가 대표적인 볼거리. 곳곳에 포진된 온천 과 함께 풍성한 볼거리도 제공되므로 관광과 온천 두 마리 토끼를 동시에 잡 을 수 있다.

01

지글지글 끓는 땅 위를 밟는 느낌이란…
7개의 온천 분출구를 따라 순례를 떠나
보자.

02

뜨끈한 온천수에 모든 피로를 날려버
리자.

03

벳부의 대표 음식! 일본식 냉면 벳부레
멘 먹어보기.

벳부 가는 방법

후쿠오카에서 출발

▶ 버스

니시테츠 텐진고속버스터미널→하카타 버스터미널→후쿠오카공항 (국제선 터미널)을 거쳐 운행하는 토요노쿠니호 とよのくに号를 이용한다. 벳부지옥순례로 바로 가려면 벳부 칸나와구치 (別府 鉄輪口)에서 하차, 벳부 시내 중심에서 하차하려면 벳부 횡단도로 관광항 입구 横断道路観光港入口(오단도로칸코코이리구치) 또는 벳부(키타하마) 別府(北浜)에서 하차. 버스를 사전 예약으로 이용하려면 P.276 [Travel Tip] 유후인호 버스 이용 팁을 참고하자.

◎ 소요시간 2시간 20~25분 ⓨ 편도 ¥3,250(산큐패스 소지자 이용 가능)

▶ 열차

JR 하카타 博多역에서 오이타 大分행 특급소닉 特急ソニック 열차를 이용, 벳부 別府역에서 하차.

◎ 소요시간 2시간 20분 ⓨ 편도 ¥5,150(JR북큐레일패스 소지자 이용 가능)

▶ 벳부행 버스 노선(논스톱 ノンストップ 기준)

 하카타버스터미널 博多バスターミナル
 니시테츠텐진버스터미널 西鉄天神高速バスターミナル
 후쿠오카공항국제선 福岡空港(国際線)
 고속키야마 高速基山(こうそくきやま)
 고속다토벳부만·APU 高速大野原(こうそくべっぷわん)·APU
 벳부 자위대앞 別府自衛隊前
 벳부 칸나와구치 鉄輪口
 벳부 횡단도로 관광항 입구 横断道路観光港入口(오단도로칸코코이리구치)

 벳부(키타하마) 別府(北浜)

유후인에서 출발

▶ 버스

JR 유후인 湯布院역 앞 버스센터 湯布院駅前バスセンター에서 카메노이버스 亀の井バス 승차. 벳부지옥순례를 가려면 칸나와구치 鉄輪口 정류장에서 하차, 벳부 시내로 가려면 벳부키타하마 別府北浜 정류장 또는 벳부역 別府駅 정류장에서 하차하면 된다.

◎ 소요시간 약 1시간 ⓨ 편도 벳부키타하마·벳부역 ¥1,100 칸나와구치 ¥1,050 [1일 자유승차권] 성인 ¥1,800, 어린이 ¥900, [2일 자유승차권] 성인 ¥2,800, 어린이 ¥1,400

▶ 열차

① JR 유후인 由布院역에서 오이타 大分행 큐다이본 久大本線 승차 후, 종점 오이타 大分에서 카메가와 亀川행 닛포본 日豊本線으로 환승, 벳부 別府역에서 하차.

◎ 소요시간 약 1시간 25분 ⓨ 편도 ¥1,230 (JR큐슈레일패스 소지자 이용 가능)

② JR 유후인 由布院역에서 특급유후 特急ゆふ 열차에 승차하여 벳부 別府역에 하차.

◎ 소요시간 59분 ⓨ 편도 ¥2,660 (JR큐슈레일패스 소지자 이용 가능)

벳부의 볼거리

벳부지옥순례 상세도

- 우미지고쿠 海地獄
- 야마 지고쿠 山地獄
- 카마도지고쿠 かまど地獄
- 오니야마지고쿠 鬼山地獄
- 칸나와 버스터미널 鉄輪バスターミナル
- 칸나와① 정류장(벳부역 방면) 鉄輪①のりば(別府駅方面)
- 칸나와② 정류장 (후쿠오카-유후인 방면) 鉄輪②のりば (福岡·湯布院方面)
- 오니이시보오즈지고쿠 鬼石坊主地獄
- 우미지고쿠마에 海地獄前 정류장
- 우미지고쿠마에 海地獄前 정류장
- 시라이케지고쿠 白池地獄
- 오니야마호텔 おにやまホテル
- 큐슈횡단도로 九州横断道路
- 칸나와구치 鉄輪口 정류장
- 칸나와구치 鉄輪口 정류장
- 슈퍼마켓
- 큐슈횡단도로 九州横断道路
- N
- 0   60m   120m

벳부지옥순례 別府地獄めぐり

벳부 내 자연적으로 발생한 7개의 온천 분출구 '지고쿠地獄'를 둘러보는 코스. 이름 그대로 지옥의 한 장면을 목격한 듯한 수증기와 진흙더미들에 둘러싸인 약 100℃의 온천을 다채로운 풍경을 통해 볼 수 있다.

맵북 P.27 ▶ 벳부지고쿠메구리 ☎ 0977-66-1577 ⊕ www.beppu-jigoku.com ⒴ 각 ¥400, 하단의 공통 입장권 설명 참조 ⊙ 08:00~17:00 휴무 연중무휴

가격

일곱 군데 지옥을 모두 둘러볼 예정이라면 전부 입장 가능한 공통 입장권이 이득이다. 구입한 날과 다음 날 이틀간 유효하며, 각 지옥에 한 번씩 입장할 수 있다.

⒴ 고등학생 이상 ¥2,200, 초등·중학생 ¥1,000 (입장권 ¥100~200 할인권 www.beppu-jigoku.com/discount)

추천코스

우미지고쿠 ▶ 오니이시보오즈지고쿠 ▶ 카마도지고쿠 ▶ 오니야마지고쿠 ▶ 시라이케지고쿠 ▶ 치노이케지고쿠 ▶ 타츠마키지고쿠

이동 방법

① JR 벳부 別府역 서쪽 출구에서 1, 2, 5, 7, 41번 카메노이 亀の井 버스 승차하여 우미지고쿠마에 海地獄前 또는 칸나와① 정류장 鉄輪①のりば에서 하차.
② 우미지고쿠부터 시라이케지고쿠까지는 도보로 이동 가능.
③ 테츠린 鉄輪 정류장에서 16번 버스 승차 후 치노이케지고쿠마에 血の池地獄前 정류장에서 하차.
④ 치노이케지고쿠에서 타츠마키지고쿠까지 도보로 이동 가능.
⑤ 치노이케지고쿠마에 血の池地獄前 정류장에서 16번 버스 승차하여 벳부에키 別府駅 정류장에서 하차하면 JR 벳부 別府역 부근에 도착.

❶ 우미지고쿠 海地獄

1,200여 년 전 벳부의 영산으로 불리는 츠루미다케^{鶴見岳}의 폭발로 생겨난 분출구로 하루 150만l의 온천수가 뿜어져 나온다. 무료로 족욕을 즐길 수 있다.

맵북 P.27-A1 ⊙ 大分県別府市鉄輪559-1 ☎ 0977-66-0121 ⊕ www.umijigoku.co.jp

❷ 오니이시보오즈지고쿠 鬼石坊主地獄

766년 편찬된 풍토자료에도 등장할 만큼 오랜 역사를 지닌 분출구로 분출하는 진흙의 형태가 마치 승려의 민머리 같다고 하여 이름 붙여졌다.

맵북 P.27-A1 ⊙ 大分県別府市鉄輪559-1 ☎ 0977-66-6655

❸ 카마도지고쿠 かまど地獄

일본에서 가장 많은 온천 분출량을 자랑하는 분출구. 6가지 다양한 온천이 한데 모여있어 볼거리가 풍성한 편이다. 마시면 젊어진다는 온천수도 반드시 체험해볼 것.

맵북 P.27-B1 ⊙ 大分県別府市鉄輪621 ☎ 0977-66-0178 ⊕ kamadojigoku.com

❹ 오니야마지고쿠 鬼山地獄

1923년 일본에서 처음으로 온천열을 이용해 악어를 사육하기 시작한 곳으로 현재도 70마리의 악어가 살고 있다. 수요일 10:00, 토·일요일 10:00와 14:30에 악어에게 먹이를 주는 모습을 관찰할 수 있다.

맵북 P.27-B1 ⊙ 大分県別府市鉄輪625 ☎ 0977-67-1500

❺ 시라이케지고쿠 白池地獄

대량의 수증기와 유황 냄새가 강렬한 인상을 주는 95℃의 연못이 포인트. 처음엔 아무런 냄새도 나지 않는 투명한 물이었다가 습도 압력이 저하함에 따라 점점 푸른색으로 변한다.

맵북 P.27-B1 ◎ 大分県別府市大字鉄輪278 ☎ 0977-66-0530

❻ 치노이케지고쿠 血の池地獄

766년 편찬된 풍토자료에서 붉은 온천수라 표기되어 있는 분출구로 일본에서 가장 오래됐다. 넓이 1,300㎡, 깊이 30m 이상인 연못에는 산화철과 산화마그네슘이 함유된 붉은 진흙이 하루 약 1,800kℓ나 분출된다.

맵북 P.26-상단 ◎ 大分県別府市野田778 ☎ 0977-66-1191

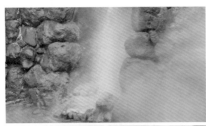

❼ 타츠마키지고쿠 竜巻地獄

매일 일정한 간격으로 105℃ 열탕을 내뿜는 간헐천으로 약 6~10분간 지속되며, 하루 분출량은 600kℓ에 달한다. 수증기와 함께 격하게 뿜어져 나오는 온천수가 큰 볼거리를 제공한다.

맵북 P.26-상단 ◎ 大分県別府市野田782 ☎ 0977-66-1854

벳부의 식당

토요츠네 とよ常

닭고기에 튀김옷을 묻혀 튀긴 오이타大分현의 향토요리 토리텐とり天(¥750)과 수제 소스와 바삭한 일본식 튀김 텐뿌라天ぷら가 절묘한 조화를 이루는 특상 튀김덮밥 特上天丼(¥950) 이 간판 메뉴인 향토 음식점. 전철 역사 바로 앞에 위치하여 접근성이 좋은 점과 엄선된 신선한 재료를 사용하는 점이 특징이다.

🏠 맵북 P.26 하단-A1·B1
⊙ 토요츠네
🏠 大分県別府市駅前本町5-30
☎ 0977-23-7487
🕐 11:00~14:00, 17:00~21:00 휴무 목·금요일
🚏 JR 벳부別府역 동쪽 출구에서 도보 1분.
토요츠네 벳푸역점

로쿠세이 六盛

벳부를 대표하는 향토요리 중 하나가 바로
일본식 냉면인 벳부레멘 別府冷麵. 한 일본인
이 만주지방에서 조선인이 만든 냉면을 기
억해내 일본인 입맛에 맞게 개량한 것이 바
로 벳부레멘이다. 다시마를 우린 육수에 메
밀향이 강한 수타면과 양배추로 만든 김치
를 넣어 만든 레멘冷麵(¥990)을 먹어보는
것도 좋은 경험이 될 것이다. 벳부역 인근 토
키와 백화점에 있다.

> **맵북 P.26 하단-B1**
> ▶ 로쿠세이
> ♠ 大分県別府市北浜2丁目-9-1 トキハ
>   別府店 B1F
> ☎ 0977-23-1111
> ● www.6-sei.com
> ◐ 월·화·목·토요일 11:00~19:00, 수요일
>   11:00~17:00, 금·일요일 11:00~16:00
>   휴무 부정기
> ⊗ JR 벳부別府역에서 도보 7분.
> ⊕ tokiha beppu

토모나가팡야
友永パン屋

1916년에 문을 연 이래 현재도 대기행렬이 끊이질 않는 노포
빵집. 팥빵 あんぱん, 버터프랑스 バターフランス, 강아지 모양의 커
스터드크림빵 ワンちゃん 등이 인기. 팥빵은 팥을 으깬 코시 こし
와 팥 모양이 그대로 남아 있는 츠부 つぶ두 종류가 있다. 가게
에 들어서면 우선 번호표를 집어 차례가 올 때까지 기다리며
메뉴표를 살펴본다. 빵 이름 옆에는 동그라미(재고 있음), 세
모(곧 품절), 엑스(품절) 표시로 재고를 확인할 수 있다.

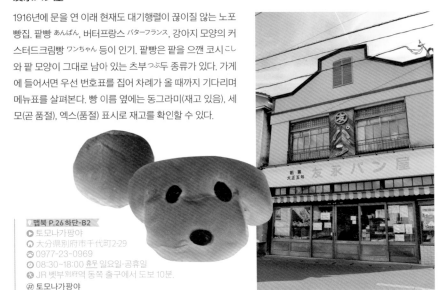

> **맵북 P.26 하단-B2**
> ▶ 토모나가팡야
> ♠ 大分県別府市千代町2-29
> ☎ 0977-23-0969
> ◐ 08:30~18:00 휴무 일요일·공휴일
> ⊗ JR 벳부別府역 동쪽 출구에서 도보 10분.
> ⊕ 토모나가팡야

키타
큐슈

큐슈九州 최북단에 위치한 지역으로 후쿠오카福岡현 내 대표적인 공업 도시이자 교통 요충지로 꼽힌다. 최근 LCC 저가항공의 직항 취항으로 인기 여행지로 급상승하면서 한국인 여행자가 눈에 띄게 늘어났다. 과거로 돌아간 듯 옛 정취를 한껏 느낄 수 있는 코쿠라小倉와 모지코門司港 두 지역을 함께 방문하는 것이 일반적인 여행 코스. 후쿠오카 시내에서 그리 멀지 않으면서도 전혀 다른 매력을 느낄 수 있기에 가벼운 마음으로 외곽 여행을 즐기고 싶다면 강력 추천한다.

01

키타큐슈의 상징이자 독특한 건축양식
으로 지어진 코쿠라성 둘러보기.

02

구경하는 재미가 쏠쏠한 탄가시장에
서 맛있는 식사 타임!

03

과거 번성했던 키타큐슈의 모습을 그대
로 간직한 모지코 관광하기.

키타큐슈 가는 방법

후쿠오카에서 출발

▸ 버스
니시테츠 텐진고속버스터미널, 하카타 버스터미널에서 키타큐슈행 버스 다수 운행.

◷ 1시간 30~45분 소요 ¥ [편도] 텐진 출발 ¥1,350

▸ 열차
보통열차, 특급열차소닉 特急ソニック, 신칸센 新幹線에 승차하여 종점인 JR 코쿠라 小倉역에서 하차.

◷ 보통열차 1시간 20분, 특급열차소닉 40분, 신칸센 15분 ¥ 보통열차 ¥1,310, 특급열차소닉 ¥1,910, 신칸센 ¥2,160(JR큐슈 레일패스 소지자 이용 가능)

JR 코쿠라 小倉역

키타큐슈공항에서 출발

▸ 버스
키타큐슈공항 北九州空港으로 입국하는 경우, 공항 리무진 버스를 이용해 바로 코쿠라로 이동할 수 있다.

◷ 코쿠라 시내까지 33~49분 소요 ¥ 코쿠라 시내 편도 ¥710

오이타 · 벳부에서 출발

▸ 열차
JR 벳부 別府역에서 보통열차 닛포혼 日豊本線 또는 특급열차 소닉 特急ソニック 승차하여 코쿠라 小倉역에서 하차.

◷ 1시간 20분~2시간 25분 소요 ¥ 편도 ¥2,530~4,330(JR큐슈 레일패스 소지자 이용 가능)

코쿠라의 볼거리

코쿠라성 小倉城

키타큐슈 지역의 상징과도 같은 존재로 1602년 전국시대 무장인 호소카와 타다오키細川忠興의 지휘로 축성됐다. 전국적으로도 찾아보기 드문 건축 양식으로 건물 4층과 5층 사이 지붕에 차양이 없는 카라즈쿠리唐造り로 지어진 것이 큰 특징이다. 실제 성의 중심부인 천수각天守閣을 보면 4층보다 5층의 규모가 크다는 점이 확연히 드러난다. 처음 건축된 성은 화재로 인해 소실되었고 현재의 것은 1959년에 재건됐다. 천수각에서 코쿠라 시내를 조망하거나 성내 정원을 둘러보는 것이 주요 볼거리. 성 안에는 기념품을 구입하거나 간편한 음식을 즐길 수 있는 시로테라스 レろテラス와 일본 문학의 거장이자 추리소설의 대가로 알려진 마쓰모토 세이초의 모든 것을 전시 중인 기념관이 있다.

맵북 P.28-상단
- 코쿠라조오
- 北九州市小倉北区城内2·1
- 093-561-1210
- www.kokura-castle.jp
- [코쿠라성 또는 정원 중 1곳만 입장] 성인 ¥350, 중·고등학생 ¥200, 초등학생 ¥100, [성+정원] 성인 ¥560, 중·고등학생 ¥320, 초등학생 ¥160, [성+정원+기념관] 성인 ¥700, 중·고등학생 ¥400, 초등학생 ¥250
- 4~10월 09:00~20:00, 11~3월 09:00~17:00 휴무 연중무휴
- JR 니시코쿠라 西小倉역 남쪽 출구에서 도보 10분.
- 고쿠라 성

탄가시장 旦過市場

키타큐슈 지역의 부엌을 책임지는 대표적인 시장. 180m 길이의 그리 길지 않은 아치형 상가에는 청과물, 해산물, 건어물, 식당 등 120여 개의 상점이 빼곡히 들어서 있다. 시장의 대표 명소로 다이가쿠도大学堂라는 식당이 있다. 인기 프로그램인 tvN 〈스트리트 푸드 파이터〉의 후쿠오카편에서 백종원이 방문해 더 유명해졌는데, 아쉽게도 2022년 시장에 화재가 발생하면서 점포가 유실됐다.

맵북 P.28-상단
- 탄가이치바 北九州市小倉北区魚町4·21·18
- 093-521-4140
- tangaichiba.jp
- 10:00~17:00 휴무 가게마다 상이
- JR 코쿠라 小倉역 코쿠라조 小倉城 출구에서 도보 10분.
- 탄가시장

우오마치긴텐 상점가
魚町銀天街

탄가시장에서 JR 코쿠라小倉역 방향으로 나오면 바로 아케이드 상점가인 우오마치긴텐이 나온다. 탄가시장이 좀더 옛 느낌이 강했다면 이곳은 세련된 느낌의 상점가로, 100여 개의 상점이 모여 있다. 코쿠라성을 지은 호소카와 타다오키細川忠興 가문에 이어서 1632년 오가사와라 타다자네가 코쿠라의 영주가 되면서 코쿠라의 상업 중심지가 된 곳이 바로 우오마치 일대였다. 우오마치(물고기 마을)이란 이름이 붙여진 것도 항구를 가까이에 두고 있는 지역인 만큼 과거 바다에서 갓 잡아온 신선한 해산물이 직거래되던 곳이었기 때문이다. 매년 7월경 코쿠라 지역의 대표 여름 축제인 코쿠라 기온이 열릴 때면 축제용 가마가 상점가를 지나간다.

🔖 맵북 P.28-상단
▶ 우오마치킨텐가이
🏠 北九州市小倉北区魚町1丁目4-6
🌐 www.uomachi.or.jp
🕐 10:00~17:00
🚉 JR 코쿠라 小倉역 남쪽 출구에서 도보 3분.
🔗 우오마치 긴텐가이

차차타운
チャチャタウン

🔖 맵북 P.28-상단
▶ 차차타운
🏠 北九州市小倉北区砂津3-1-1
☎ 093-513-6363
🌐 www.chachatown.com
🕐 [숍] 10:00~20:00, [관람차] 11:00~21:00
  (마지막 승차 20:45)
  휴무 [숍] 부정기, [관람차] 화요일
💰 [관람차] 초등학생 이상 ¥300
🚉 JR 코쿠라 小倉역 코쿠라조 小倉城 출구에서 도보 8분.
🔗 chacha town

지역민 사이에선 '차차'라는 애칭으로 불리는 복합상업시설. 1층 유니클로Uniqlo와 전자양판점 카메라노키타무라 カメラのキタムラ, 2층 ABC마트와 다이소 Daiso 정도가 한국인 여행자가 즐겨찾는 곳이다. 일부러 찾아갈 만큼 규모가 크고 다양한 편은 아니지만 시간적 여유가 있다면 둘러봐도 괜찮다.

코쿠라의 식당

스케상우동 資さんうどん

후쿠오카시에 웨스트 ウェスト가 있다면 키타큐슈 北
九州 지역에는 스케상이 있다. 1976년에 문을 연 후
쿠오카를 대표하는 우동 체인점으로 맛 좋고 가격
좋고 힘도 좋은 우동을 콘셉트로 하였다. 매콤한
소고기와 스틱형 우엉튀김을 얹은 니쿠&고보텐 肉
&ゴボ天(¥770)이 인기 메뉴.

> 맵북 P.28-상단
> ○ 스케상우동
> ⌂ 北九州市小倉北区魚町2-6-1 小倉商工会館1F
> ☎ 093-513-1110
> ☜ www.sukesanudon.com
> ○ 24시간 휴무 연중무휴
> ✈ JR 코쿠라 小倉역 코쿠라조 小倉城 출구에서
>   도보 6분.
> # 스케상우동 우오마치점

샌드위치 팩토리 OCM
サンドイッチファクトリーOCM

맵북 P.28-상단
- ▶ 산도잇치파쿠토리오씨에무
- ⏺ 北九州市小倉北区船場町3-6
- ☎ 093-522-5973
- ⏰ 10:00~19:00 휴무 부정기
- 🚉 JR 코쿠라 小倉역 코쿠라조 小倉城 출구에서 도보 7분.
- # 샌드위치 팩토리 OCM

코쿠라 시민의 소울푸드 중 하나인 샌드위치 전문점. 계란, 감자, 참치, 해시브라운, 치킨, 베이컨, 새우 등 18가지 토핑 가운데 두 가지를 선택하면 빵 사이에 입이 확 벌어질 만큼 가득 넣어준다. 참고로 토핑 중 오리지널은 미트소스를 말한다. 자신의 취향에 맞게 다양하게 조합하여 먹을 수 있어 매번 신선함이 느껴진다. 두 토핑 중 비싼 것이 샌드위치의 가격이 된다는 점을 참고하자.

시로야 베이커리
シロヤベーカリー

맵북 P.28-상단
- ▶ 시로야베에카리
- ⏺ 北九州市小倉北区京町2-6-14
- ☎ 093-521-4688
- ⏰ 10:00~18:00 휴무 부정기
- 🚉 JR 코쿠라 小倉역 코쿠라조小倉城출구에서 도보 2분.
- # 시로야 베이커리 코쿠라점

코쿠라小倉의 명물로 꼽히는, 저렴한 가격에 맛까지 훌륭한 수제 빵집. 프랑스빵 속에 연유가 듬뿍 들어 있는 '서니빵 サニーパン', 하루에 1,000개가 팔릴 만큼 큰 인기를 누리는 크림빵 '오믈렛 オムレット'이 간판 메뉴. 한입 정도의 사이즈에 가격은 개당 대부분 ¥100대를 자랑한다. 언제나 대기행렬을 이루지만 조금만 기다리면 바로 구입할 수 있다.

모지코 門司港

옛 무역항으로 번성했던 시기의 모습이 그대로 남아 있어 복고풍 분위기를 자아내는 지역으로 거리 전체가 관광지화되어 있다. 코쿠라에서 전철로 15분, 후쿠오카 시내에서 전철로 1시간 15~30분이면 타임슬립한 과거로의 여행을 떠날 수 있다. 고풍스러운 건축물 사이로 산책을 즐기며 레트로를 만끽해보자.

♥ 맵북 P.28-하단 ⊕ 모지코역

◀ 모지코 레트로 전망실 門司港レトロ展望室

일본의 건축가 쿠로카와 키쇼가 설계한 건물 31층에는 모지를 조망할 수 있는 전망실이 있다.

♥ 맵북 P.28-하단 ♠ 北九州市門司区東港町1-32 ◑ 10:00~22:00(마지막 입장 21:30) 휴무 부정기 ◑ 성인 ¥300, 초·중학생 ¥150 ⊕ 모지코 레트로 전망대

▼ 구 모지세관 旧門司税関

1912년 세관 청사로 이용하고자 건축된 벽돌 건축물. 내부에 휴게실과 갤러리가 들어가 있다.

♥ 맵북 P.28-하단 ♠ 北九州市門司区東港町1-24 ◑ 09:00~17:00 ⊕ 구 모지세관

다롄 우호기념관 大連友好記念館

모지와 자매결연을 맺은 중국 도시 다롄과의 우호체
결 15주년을 기념하여 세운 건물.

📍맵북 P.28-하단 ◎ 北九州市門司区東港町1-12
🕐09:00~17:00 🔖 다롄우호기념관

구 오사카상선 旧大阪商船

1917년 건축된 해운회사 오사카 상선의 지점 건물로
오렌지색 외관과 팔각형 옥탑이 특징이다.

📍맵북 P.28-하단 ◎ 北九州市門司区東港町1-12
🕐09:00~17:00 🔖 구 오사카상선

구 모지미츠이클럽 旧三井倶楽部

일본의 종합상사인 미츠이물산三井物産이 접대 목적으로
건축한 숙박시설. 아인슈타인이 묵은 곳으로 유명하다.

📍맵북 P.28-하단 ◎ 北九州市門司区港町7-1
🕐09:00~17:00 🔖 구 모지미츠이 클럽

큐슈철도기념관 九州鉄道記念館

큐슈九州지역 철도 관련 업무의 핵심 기능을 담당했던
건물로, 현재는 철도 역사 소개와 차량 전시를 하는 기
념관으로 이용된다.

📍맵북 P.28-하단 ◎ 北九州市門司区清滝2丁目3-29
🌐www.k-rhm.jp 🕐09:00~17:00(마지막 입장 16:30)
휴무 부정기 💰성인 ￥300, 중학생 이하 ￥150, 4세 미만
무료 🔖 큐슈 철도 기념관

블루윙 모지 ブルーウィング門司

보행자 전용 개도교로 커플이 건너면 행복해진다고 하
여 '연인의 성지'로도 불린다.

📍맵북 P.28-하단 ◎ 北九州市門司区港町4-1 🔖 블루윙모지

야키카레 焼きカレー

1950년대 항구 부근의 한 다방이 먹다 남은 카레를 오
븐에 구워 그라탕 스타일로
먹었던 것에서 유래하
여 모지코의 명물
음식이 되었다. 모
지항 인근에 야키
카레를 하는 가게들
이 많이 있다.

하우스텐보스
ハウステンボス

하우스텐보스는 네덜란드의 거리를 재현한 테마파크로, 일본에서 유럽의 분위기를 만끽할 수 있는 독특한 여행지다. 최근 일본인뿐만 아니라 한국인을 비롯한 외국인 관광객들에게도 주목을 받고 있다. 후쿠오카에서 전철로 1시간 45분, 버스로는 2시간이 소요되는 나가사키현에 위치하여 당일치기나 1박 2일 일정으로 다녀오기 좋은 곳이다. 유럽풍 건축물과 아름다운 꽃, 운하를 배경으로 다양한 즐길 거리를 제공한다. 사계절마다 테마가 바뀌는 꽃 축제와 세계 최대 규모의 일루미네이션 축제가 모든 세대를 아우르며 특별한 경험을 선사한다. VR 어트랙션과 새로운 엔터테인먼트 시설도 추가되어 방문객들을 끝없이 탐험하도록 이끈다.

위, 아래 사진 ©HuisTenBosch/J-20792

찾아가는 법

교통수단은 크게 버스와 전철 두 가지가 있으며, 출발지 또는 구매한 패스에 따라 선택하는 것이 좋다. JR패스 소지자라면 JR 전철이, 산큐패스 소지자라면 버스가 유리하다. 후쿠오카 공항에서 바로 이동하고 싶다면 버스를 이용하는 것이 효율적이다.

버스

니시테츠텐진버스터미널
西鉄天神高速バスターミナル — 2시간 10분 →

하카타버스터미널
博多バスターミナル — 1시간 51분 →

후쿠오카공항국제선
福岡空港〔国際線〕 — 1시간 34분 →

하우스텐보스
ハウステンボス

교통 수단	출발지	소요 시간	요금	운행 횟수	특징	패스/할인 적용 여부
버스	후쿠오카 공항 국제선 터미널 (福岡空港国際線)	1시간 34분	편도 ¥2,310 왕복 ¥4,400	1일 2회	· 하우스텐보스 입구에서 하차 · 예약 좌석제 운영 · 사전 예약 가능	산큐패스 사용 가능, 웹 회수권, 왕복 티켓, 페어 할인 승차권, 하 우스텐보스티켓 이용 가능
	하카타 버스터미널 (博多バスターミナル)	1시간 51분				
	니시테츠 텐진 고속버스터미널 (西鉄天神高速バスターミナル)	2시간 10분				

› 할인 승차권

1. 웹 회수권 WEB回数券

- 요금: ¥7,120
- 온라인으로 예약 가능한 4회권 티켓으로 가장 저렴한 할인 옵션
- 2인이 후쿠오카-하우스텐보스 구간을 왕복하면 1인당 편도 ¥1,780

2. 페어 할인 승차권 ペア割引乗車券

- 요금: ¥8,320
- 2인 이상 이용 시 할인되는 티켓으로, 버스터미널에서 구매 가능
- 2인이 후쿠오카-하우스텐보스 구간을 왕복하면 1인당 편도 ¥2,080

3. 하우스텐보스티켓 ハウステンボスきっぷ

- 요금: ¥11,180(성인 요금에만 적용)
- 교통편과 입장권을 한 번에 해결할 수 있는 통합 티켓
- 포함 내역: 후쿠오카(시내/공항)-하우스텐보스/사세보 왕복 버스권, 사세보-하우스텐보스 노선버스 편도권, 하우스텐보스 1일 패스 교환권

4. 왕복 티켓 往復チケット

- 요금: 왕복 ¥4,400(2인 편도 티켓으로도 사용 가능)
- 1인이 왕복 티켓 구매 시 자동으로 할인 요금 적용
- 별도의 할인 승차권 구매 불필요
홈페이지 www.nishitetsu.jp/bus/highwaybus/rosen/huistenbosch

전철

하카타역 博多
특급 하우스텐보스 / 약 1시간 45분 →
하우스텐보스역 ハウステンボス

특급 미도리 / 약 1시간 40분 →
하이키역 早岐
구간쾌속 시사이드 라이너 / 약 5분 →

교통 수단	출발지	소요 시간	요금	운행 횟수	특징	패스/할인 적용 여부
JR 전철 특급 하우스텐보스 (特急 ハウステンボス)	JR 하카타(博多) 역 → 하우스텐보스 (ハウステンボス) 역	약 1시간 45분	편도 자유석 ¥3,970 지정석 ¥4,500	1일 5회	· 직행 열차로 환승 없이 이동 · 지정석 이용 시 예약 좌석 이용 가능	JR패스 사용 가능, 엔조이! 하우스 텐보스티켓 이용 가능
특급 미도리 (特急みどり) → 구간쾌속 시사이드 라이너(区間快速 シーサイドライナー)	JR 하카타(博多) 역 → 하이키(早岐) 역 → 하우스텐보스 (ハウステンボス) 역	약 2시간	편도 ¥3,970	시간 대에 따라 다름	· 하이키역에서 환승 필요	

※2장 지정석 회수권(2枚きっぷ) : 특급 하우스텐보스를 2회 이용할 수 있는 티켓, 왕복으로 사용 가능. JR 하카타역에서 판매. ¥6,000(유효기한 1개월)

✿ 엔조이! 하우스텐보스티켓

전철운행사인 JR큐슈에서는 후쿠오카 또는 나가사키에서의 하우스텐보스역까지 전철 왕복 티켓과 하우스텐 보스 1일 패스 교환권이 포함된 '엔조이! 하우스텐보스티켓 エンジョイ!ハウステンボスきっぷ'을 판매한다. 하카타 역 에서 구입 가능하며, 특급 열차의 지정석을 이용할 수 있다(좌석 사전 지정 필요). 후쿠오카 하카타 역 출발 외 에도 나가사키 출도착 옵션이 있다. ◐ www.jrkyushu-kippu.jp/fare/ticket/287

출발지	성인 가격	중고등학생	초등학생	유효기한
후쿠오카	¥12,700	¥11,700	¥7,320	4일
나가사키	¥9,820	¥8,920	¥5,860	2일

JR 하우스텐보스역

특급 하우스텐보스호

입장권

입장권(패스포트) 종류는 이용 시간에 따라 크게 4가지로 나뉜다. 그중 1.5DAY 패스포트는 1DAY와 애프터 3 패스포트를 결합한 입장권으로 두 패스를 따로 구입하는 것보다 저렴하게 이용할 수 있다. 주의해야 할 것은 1.5DAY 패스포트, 2DAY 패스포트는 현지 하우스텐보스 창구에서만 구입할 수 있다는 점이다. 65세 이상 성인과 미취학 아동의 티켓을 구매할 경우, 생년월일이 기재된 여권이나 운전면허증 등 신분증을 제시해야 한다. 3세 이하의 어린이는 무료로 입장할 수 있다.

입장권 종류	특징	성인	중고생	어린이	미취학 아동	65세 이상
1DAY 패스포트	하루 종일 이용 가능	¥7,600	¥6,600	¥5,000	¥3,800	¥5,900
애프터 3 패스포트	15:00 이후부터 폐장 시간까지 이용	¥5,900	¥5,100	¥3,900	¥3,000	¥4,700
1.5DAY 패스포트	15:00부터 연속 2일 이용	¥11,200	¥10,000	¥7,700	¥6,100	¥9,200
2DAY 패스포트	이틀간 이용 가능	¥13,400	¥11,600	¥8,900	¥6,800	¥10,500

짧은 시간 내에 시간을 효율적으로 활용해 보다 많은 어트랙션을 이용하고 싶다면 **프리미엄 티켓**의 추가 구매를 고려하자. 어트랙션 11개 시설 중 원하는 곳을 선택해 대기 없이 바로 입장할 수 있으며 레스토랑 우선 입장, 가극 대극장 특별 좌석 등의 혜택을 제공한다. 프리미엄 티켓에는 로열 6와 스탠더드 3 두 가지 종류가 있는데, 혜택의 차이는 아래의 표를 참고하자. 공식 홈페이지

혜택	로열 6	스탠더드 3
어트랙션 우선 입장	6개 시설	3개 시설
레스토랑 우선 이용	8점포 중 1곳	4점 중 1곳
나인체 카페 우선 이용	O	X
프리미엄 라운지 이용	O	X
가극 대극장 좌석	프리미엄 시트	SS 시트
특전 수	5대 특전	3대 특전
가격	¥5,400~	¥2,900~

에서만 구입 가능하며 현지 하우스텐보스 창구에서는 구입할 수 없음을 명심하자.

공식 호텔

하우스텐보스 원내에는 5개의 공식 호텔이 있다. 각 호텔마다 콘셉트가 달라 여행 스타일에 맞는 숙박을 선택할 수 있다. 유럽풍 럭셔리 호텔부터 가족 친화적인 펜션 스타일, 합리적인 가격의 캐주얼 호텔까지 다양한 옵션을 제공한다.

🔗 korean.huistenbosch.co.jp/hotels

호텔 유럽_하우스텐보스 제공

호텔 덴하그 ホテルデンハーグ

네덜란드 왕궁을 테마로 한 건축물이 돋보이는 호텔. 바다와 마주한 하버뷰 객실이 있으며 파크뷰, 포레스트뷰 등 다양한 전망을 선사한다. 조용하고 여유로운 분위기 속 자연과 가까운 숙박을 원하는 여행객들에게 권한다.

포레스트 빌라 フォレストヴィラ

숲속 호숫가에 자리한 별장형 숙소. 각 빌라에는 거실과 주방이 있어 가족이나 친구와의 여행에 적합하다. 자연 속에서 조용히 쉬고 싶다면 이곳이 제격이다.

호텔 유럽 ホテルヨーロッパ

하우스텐보스의 최고급 호텔. 유럽의 궁전을 연상시키는 고풍스럽고 화려한 외관과 인테리어가 특징으로 로비뿐 아니라 객실도 인상적이다. 숙박객 전용 크루즈로 웰컴 구역에서 호텔까지 이동할 수 있다.

호텔 암스테르담 ホテルアムステルダム

하우스텐보스 내 한가운데에 위치한 유일한 호텔. 주요 구역과의 접근성이 뛰어나다. 주요 어트랙션에 빠르게 접근하고 싶은 방문객에게 추천한다.

호텔 로테르담 ホテルロッテルダム

아담한 규모와 실속 있는 가격으로, 경제적인 여행객들에게 적합한 숙박 옵션이다. 심플하면서도 편안한 객실과 기본적인 편의 시설을 갖추고 있다. 예산을 절약하고자 하는 방문객에게 추천할 만한 숙소다.

호텔 유럽

즐길 거리

하우스텐보스에서 즐기는 다양한 어트랙션! 최신 기술을 활용한 VR 체험, 놀이기구, 대형 회전목마 등 남녀노소 즐길 수 있는 콘텐츠가 마련되어 있다. 방문객에게 가장 인기가 높은 주요 즐길 거리를 소개한다.

빛의 판타지아 시티
바다 판타지아 海のファンタジア
빛으로 표현된 환상적인 심해 세계를 체험할 수 있는 어트랙션. 아쿠아리움에서는 볼 수 없는 신비로운 바다 세상을 최첨단 디지털 기술과 음향으로 만들어냈다.

어드벤처 파크
천공 레일 코스터~질풍~
天空レールコースター〜疾風〜
일본 최초 1인승 레일 코스터 어트랙션. 레일에 매달린 상태에서 250m 길이의 코스를 빠른 속도로 질주한다. 6~13세 미만 또는 65세 이상은 보호자의 동의가 필요하며, 임산부는 이용할 수 없다.

암스테르담 시티
나인체 ナインチェ
하우스텐보스 한정 미피 기념품이 한데 모여있는 숍. 카페에서는 미피의 디저트와 음료를 즐길 수 있다.

NEW
미피 구역 ミッフィーエリア
미피 탄생 70주년을 맞이해 2025년 여름 미피의 세계관을 즐길 수 있는 지역이 새롭게 문을 연다. 미피 콘셉트의 어트랙션과 한정 상품을 판매하는 기념품점, 미피를 테마로 한 음식점이 들어서 있다.

어트랙션 타운
미션 딥시 Xsense 라이드
ミッション・ディープシー Xsense ライド
심해 1만 3,000m에서 펼쳐지는 긴장감 넘치는 탐사 미션 어트랙션. 임산부, 신장 100m 미만은 이용할 수 없다.

VR월드 VRワールド
가상현실 기술로 스릴 만점인 래프팅과 우주 여행을 체험할 수 있다. 7세 이상 어린이부터 이용이 가능하고 7~13세 미만은 보호자의 동의가 필요하며, 임산부는 이용할 수 없다.

스카이 카르셀 スカイカルーセル
세계 최대급 높이 15m를 자랑하는 일본 최초의 3층 회전목마. 가장 높은 3층에서 바라본 하우스텐보스 전경이 압권이다. 화려한 조명 아래 환상적인 풍경은 훌륭한 예술작품과도 같다.

스카이 카르셀

미션 딥시 Xsense 라이드

하우스텐보스를 즐기는 하루 샘플 플랜

09:00

입장 후
플라워로드 フラワーロード 산책
(영업 시간은 시기마다 다름)

10:00

어드벤처파크 アドベンチャーパーク에서
액티브한 즐길 거리 체험

12:00

암스테르담시티 アムステルダムシティ 내
레스토랑에서 점심 식사

13:30

빛의 판타지아시티 光のファンタジアシティ의
감성적인 전시 관람

16:30

타워시티 タワーシティ
전망대에서 하우스텐보스 조망

15:00

하버타운 ハーバータウン에서
기념품 쇼핑

17:30

어트랙션타운 アトラクションタウン에서
인기 놀이기구 체험

18:30

아트가든 アートガーデン에서
석양 및 야경 감상

19:30

퇴장 후
후쿠오카로 이동

TRAVEL TIP

하우스텐보스를 보다 효율적으로 즐기는 방법
➤ 오전 일찍 방문 시 인기 어트랙션부터 공략해 대기 시간을 최소화하자.
➤ 방문 전 계절별 테마 이벤트를 체크해두자.
➤ 하우스텐보스 내 이동수단으로 캐널 크루저 또는 셔틀버스를 적극 활용하자.
➤ 공식 앱을 통해 시설 대기시간 안내 및 레스토랑 정리권 발행, 이벤트 스케줄 확인
   등이 가능하다.
➤ 하우스텐보스 내 호텔에 숙박하면 보다 알차고 편하게 일정을 만끽할 수 있다.

각 구역별 소개

A. 하버존 ハーバーゾーン

① 팰리스 하우스텐보스
파레스 ハウステンボス

네덜란드 왕궁을 재현한 고풍스러운 건축물이 특징. 정원과 전시관에서는 유럽 왕실의 화려한 역사를 엿볼 수 있는 특별 전시가 자주 열린다. 방문 전 이벤트를 확인하자.

② 하버타운
ハーバータウン

항구 도시를 테마로 한 구역으로, 바다와 접한 풍경과 맛있는 해산물 요리를 즐길 수 있다. 야경이 아름다워 저녁 시간에 방문하면 로맨틱한 분위기를 만끽할 수 있다. 배 타기 체험으로 특별한 추억을 만들 수 있다.

③ 암스테르담 시티
アムステルダムシティ

네덜란드풍의 거리와 운하를 중심으로 쇼핑과 레스토랑을 즐길 수 있는 곳. 밤이 되면 건물 외벽에 프로젝션 매핑 쇼가 펼쳐져 특별한 경험을 제공한다.

④ 빛의 판타지아 시티
光のファンタジアシティ

빛과 예술이 어우러진 환상적인 체험형 전시 공간에서는 7가지 테마의 방을 통해 다양한 빛과 영상 연출을 감상할 수 있다. 광장의 일루미네이션 쇼는 시간대에 따라 조명이 달라지므로 저녁에 방문하는 것을 추천한다.

하버존
ハーバーゾーン

테마파크존
テーマパークゾー

암스테르담 시티
アムステルダムシティ

빛의 판타지아 시티
光のファンタジアシティ

어트랙션 타운
アトラクションタウン

플라워 로드
フラワーロード

입국·출국
入国·出国

호텔 덴하그
ホテルデンハーグ

팰리스 하우스텐보스
パレス ハウステンボス

하버타운
ハーバータウン

포레스트 빌라
フォレストヴィラ

호텔 유럽
ホテルヨーロッパ

호텔 암스테르담
ホテルアムステルダム

타워시티
タワーシティ

아트가든
アートガーデン

어드벤처파크
アドベンチャーパーク

로테르담
ルッテルダム

⑤ 타워시티 タワーシティ

하우스텐보스의 전망을 한눈에 볼 수 있는 심볼 타워가 주요 볼거리. 다양한 레스토랑과 기념품 가게가 있어 휴식과 쇼핑을 함께 즐길 수 있다. 시간대에 따라 다채로운 풍경을 감상할 수 있다.

⑥ 어트랙션 타운 アトラクションタウン

VR 어트랙션과 놀이기구가 모여 있는 체험형 구역. 최신 기술을 활용한 스릴 넘치는 체험이 인기를 끌고 있다. 대기 시간을 줄이려면 프리미엄 티켓 구매를 권장한다.

⑦ 아트가든 アートガーデン

다양한 예술 작품과 화려한 정원이 어우러진 힐링 공간. 계절별로 꽃 축제와 테마 전시가 열려 아름다운 자연을 만끽할 수 있다. 저녁 시간에 맞춰 방문하면 무려 1,000만 개가 넘는 LED 전구로 수놓인 아름다운 야경을 감상할 수 있다.

⑧ 플라워 로드 フラワーロード

계절에 따라 색색의 꽃으로 꾸며진 산책로가 인상적인 구역. 봄에는 튤립과 장미, 여름에는 해바라기 등 다양한 꽃밭을 볼 수 있다. 꽃과 함께 사진을 찍으려면 아침 일찍 방문해서 여유로운 분위기를 즐기는 것이 좋다.

©HuisTenBosch/J - 21792

⑨ 어드벤처파크 アドベンチャーパーク

어린이와 가족을 위한 액티비티와 자연 체험을 즐길 수 있는 구역. 짚라인 등 야외 스포츠와 놀이 시설이 마련되어 있다. 활동적인 하루를 계획 중이라면 편안한 신발과 옷차림을 준비하자.

후쿠오카 여행의 숙박
Accommodation

INFORMATION

후쿠오카의 숙박세와 입탕세

● 숙박세 宿泊税

후쿠오카현에 위치하는 호텔 또는 료칸에 숙박하는 투숙객에게 부과하는 세금이다. 유럽에서는 일찌감치 시행되고 있으며, 도쿄, 오사카, 교토, 가나자와 등지에서도 숙박세를 부과하고 있다. 숙박세는 할인과 혜택을 받은 금액을 제외하고 최종적으로 결제한 금액에 따라 세금이 책정된다. 숙박세는 투숙객 1명씩 1박당 부과되는데, 만약 총 금액 ¥2만 이하인 후쿠오카시의 한 호텔에 2인 3박을 머물 경

· 1인 1박당 요금

숙박 시설 소재지		세율
후쿠오카시	숙박 요금 ¥20,000 엔 이상	¥500
	숙박 요금 ¥20,000 엔 미만	¥200
키타큐슈시, 다자이후시, 야나가와시		¥200
이토시마시, 쿠루메시		

우 숙박세는 ¥200×3박×2인=¥1,200이다. 숙박세는 결제한 최종 숙박비에 포함되어 있는 경우가 있으며, 그렇지 않은 경우 체크인 또는 체크아웃 시 별도로 지불하는 방식이다.

● 입탕세 入湯税

온천 시설이 있는 모든 업소에서 방문객에게 부과하는 세금이다. 후쿠오카현에 위치하는 후쿠오카, 다자이후, 야나가와, 키타큐슈에서는 숙박세와 별개로 입탕세를 지불해야 한다. 유후인과 벳부에 속한 오이타현은 숙박세가 아닌 입탕세 제도만 시행되고 있으며, 호텔 또는 료칸에 숙박하는 투숙객에게 부과하고 있다. 벳부는 숙박시설, 음식점, 전문 온천 등 온천 시설이 있는 모든 업소에서 입탕세를 지불해야 하는데, 숙박과 음식 요금이 모두 발생한 경우 두 요금을 합산한 금액에 따라 1인 1박당 세금이 정해진다. 예를 들어 둘이서 1박 2일로 방문한 료칸 숙박비의 총 금액이 ¥2만이고 ¥1만어치의 음식을 결제했다면 입탕세는 ¥250×2일×2인=¥1,000이다.

· 1인 1일당 요금

숙박 시설 소재지			세율	
			6박 7일 이하 체류자	7박 8일 이상 체류자
유후인	숙박 요금	¥4,001 이상	¥150(10/1부터 ¥250)	
		¥4,000 이하	¥100	
		미숙박객	¥70	
벳부	숙박 요금 또는 음식 요금	¥1,500 이상 ¥2,000 이하	¥50	¥25
		¥2,001 이상 ¥4,500 이하	¥100	¥50
		¥4,501 이상 ¥6,000 이하	¥150	¥75
		¥6,001 이상 ¥50,000 이하	¥250	¥125
		¥50,001 이상	¥500	¥250
		오락 시설 내 온천 이용 시	¥40	–

숙박 시설 소재지		세율
후쿠오카	숙박	¥50
	당일치기	¥50
키타큐슈	숙박	¥150
	당일치기	¥100
다자이후	숙박	¥150
	당일치기	¥70
야나가와	숙박	¥150
	당일치기	¥50
이토시마	숙박	¥150
	당일치기	¥50
쿠루메	숙박	¥150
	당일치기	¥30

*12세 미만 어린이는 면제

후쿠오카 시내 호텔
福岡 · HOTEL

© Hyatt Corporation

5성급 ★★★★★

그랜드 하얏트 후쿠오카 Grand Hyatt Fukuoka

유명 글로벌 호텔 체인인 하얏트 호텔의 후쿠오카 지점. 후쿠오카를 대표하는 복합상업시설 캐널시티 하카타 キャナルシティ博多 내에 자리해 있다. 동서양을 융합한 모던한 인테리어와 대형 욕조, 독립형 샤워부스를 갖춘 욕실이 좋은 반응을 얻고 있다.

맵북 P.8-B3 ⊙ 그란도하이앗토후쿠오카 ⊙ 福岡市博多区住吉1丁目2-82 ⊙ 092-282-1234 ⊙ www.hyatt.com/ja-JP/hotel/japan/grand-hyatt-fukuoka/fukgh ⊙ 체크인 15:00 체크아웃 12:00 ⊙ JR·지하철 쿠코空港線 하카타博多역 앞 A정류장에서 캐널시티 라인버스 승차 후 캬나루시티하카타마에 キャナルシティ博多前에서 하차. @ grand hyatt fukuoka

© Royal Park Hotels and Resorts Co.

4성급 ★★★★

더 로열 파크 후쿠오카 The Royal Park Fukuoka

JR·지하철 쿠코空港線 하카타博多역과 캐널시티 하카타에서 각각 도보 8분이면 도착하는 고급 호텔. 쾌적함과 기능성을 추구하는 지역 밀착형 호텔을 지향하며 모던하고 세련된 인테리어가 특징이다. 컨시어지에서는 후쿠오카의 관광명소, 맛집 등 알짜배기 여행 정보를 알려주기도 한다.

맵북 P.9-C3 ⊙ 자로이야루파아카후쿠오카 ⊙ 福岡市博多区博多駅前2-14-15 ⊙ 092-414-1111 ⊙ www.royalparkhotels.co.jp/the/fukuoka ⊙ 체크인 15:00 체크아웃 11:00 ⊙ JR·지하철 쿠코空港線 하카타博多역 하카타 출구博多口에서 도보 5분. @ Royal Park Hotels and Resorts Co.

© Plan·Do·See Inc.

4성급 ★★★★

위드 더 스타일 후쿠오카 With The Style Fukuoka

하카타역 뒤쪽에 위치한 4성급 호텔. 도심 속 비일상을 꿈꾸는 콘셉트인데 그 때문에 호텔 안 곳곳에는 푸른 나무와 녹지 공간, 풀장, 수변 공간이 있어 마치 휴양지 리조트에 와 있는 듯한 느낌을 준다. 빌딩숲 속에서 리조트 휴양지의 느낌을 맛보고 싶다면 이곳을 선택해보자.

맵북 P.9-D4 ⊙ 위드자스타이루후쿠오카 ⊙ 福岡市博多区博多駅南1-9-18 ⊙ 092-433-3900 ⊙ www.withthestyle.com ⊙ 체크인 16:00 체크아웃 14:00 ⊙ JR·지하철 쿠코空港線 하카타博多역 치쿠시 출구筑紫口에서 도보 7분. @ with the style fukuoka

© TOKYU HOTELS

4성급 ★★★★

하카타 엑셀 토큐 호텔 Hakata Excel Hotel Tokyu

나카스 지역에 위치한 일본 체인 호텔. 지하철 나카스카와바타 中洲川端역에서 도보 1분 거리에 위치해 최고의 역세권을 자랑한다. 나카스 지역의 명물인 야타이와 유명 음식점들이 인근에 있어 늦은 시간에도 맛있는 음식이나 술 한잔 기울이기에 제격이다. 유료 자전거 대여 서비스(영업 07:00~20:00, 가격 2시간 ¥500, 6시간 ¥1,000, 12시간 ¥1,500)도 제공한다.

맵북 P.8-A2 ⊙ 하카타에쿠세루토오큐우호테루 ⊙ 福岡市博多区中洲4-6-7 ⊙ 092-262-0109 ⊙ www.tokyuhotels.co.jp/hakata-e ⊙ 체크인 14:00 체크아웃 11:00 ⊙ 지하철 쿠코空港線·하코자키箱崎線 나카스카와바타中洲川端역 1번 출구에서 도보 1분. @ tokyu ekuseru fukuoka

후쿠오카시내호텔
福岡 · HOTEL

4성급 ★★★★
호텔 니코 후쿠오카 Hotel Nikko Fukuoka

안락함과 기능성을 중요시한 일본 체인 호텔의 대표 격. 깔끔하면서도 알차게 공간을 활용한 객실이 특징이다. 특히 풍부한 레스토랑 라인업은 호텔 최고의 자랑. 일식, 양식, 중식, 뷔페, 카페, 바 등 없는 종류가 없을 정도로 다양한 레스토랑이 입점해 있다. 호텔 상층부에는 큰 규모의 수영장도 있다 (유료 이용 가능).

맵북 P.9-C2·C3 ▶ 호테루니코후쿠오카 🏠 福岡市博多区博多駅前 2-18-25 ☎ 092-482-1111 🌐 www.hotelnikko-fukuoka.com ◐ 체크인 14:00 체크아웃 12:00 🚇 JR·지하철 쿠코空港線 하카타博多역 하카타 출구博多口에서 도보 3분. ⓦ 호텔 닛코 후쿠오카

3성급 ★★★
니시테츠 호텔 크룸 하카타 Nishitetsu Hotel Croom Hakata

하카타버스터미널 앞에 위치한 호텔. '여행지에 있는 우리집'을 콘셉트로 한 호텔로 따뜻함과 편안함을 제공하려 노력한다. 호텔 일부 층은 여성 전용층으로 되어 있어 여성 혼자 묵는 숙박객들도 안심하고 숙박할 수 있도록 각별히 신경을 썼다. 온천화한 대욕탕도 갖추고 있다(운영 15:00~01:00, 06:00~09:30).

맵북 P.9-D2 ▶ 니시테츠호테루크루우무하카타 🏠 福岡市博多区博多駅前1-17-6 ☎ 092-413-5454 🌐 nnr-h.com/croom/hakata ◐ 체크인 15:00 체크아웃 11:00 🚇 JR·지하철 쿠코空港線 하카타博多역 하카타 출구博多口에서 도보 5분. ⓦ nishitetsu hotel croom

3성급 ★★★
호텔 윙 인터내셔널 하카타 신칸센구치
Hotel Wing International Hakata Shinkansenguchi

하카타역 뒤쪽에 위치한 호텔. 빵과 주스가 포함되는 간단한 조식 (06:00~10:00)이지만 무료로 제공하며, 라운지에서 제공하는 무료 커피 (10:00~23:00)와 대욕탕 등 다양한 편의시설이 있어 좋은 반응을 얻고 있다. 호텔 내 입점한 렌터카 업체 타임스 카Times Car에서는 숙박객에 한해서 온라인 예약 시 할인 서비스를 제공한다.

맵북 P.9-D3 ▶ 호테루윙구인타아나쇼나루하카타신칸센구치 🏠 福岡市博多区博多駅東1-17-17 ☎ 092-431-0111 🌐 www.hotelwing.co.jp/ hakata-shinkansenguchi, 렌터카 예약 www.timescar-rental.kr ◐ 체크인 15:00 체크아웃 10:00 🚇 JR·지하철 쿠코空港線 하카타博多역 치쿠시 출구筑紫口에서 도보 4분. ⓦ hotel wing shinkansen

3성급 ★★★
호텔 WBF 그란데 하카타 Hotel WBF Grande Hakata

2018년 문을 연 호텔. 싱글, 더블, 패밀리룸 등 다양한 형태의 275개 객실을 갖추고있다. 특히 노천탕이 딸린 객실客室露天風呂付ダブルルーム도 있다. 이외에도 하카타 전경이 훤히 보이는 클럽 라운지, 바로바로 제공해주는 신선한 주스 등 다채로운 서비스가 눈에 띈다. 객실 내 침대는 모두 유명 침대 브랜드인 시몬스침대를 사용했다.

맵북 P.9-D4 ▶ 호테루다브류비에후하카타 🏠 福岡市博多区博多駅南2-2-5 ☎ 092-452-4123 🌐 www.hotelwbf.com/grande-hakata ◐ 체크인 15:00 체크아웃 11:00 🚇 JR·지하철 쿠코空港線 하카타博多역 치쿠시 출구筑紫口에서 도보 10분. ⓦ WBF grande hakata hotel

후쿠오카 시내 호텔
福岡 · HOTEL

© Forbes co.

3성급 ★★★
도미 인 프리미엄 하카타·캐널시티마에
ドーミーインPREMIUM博多・キャナルシティ前

천연온천 대욕장과 밤에 무료로 제공되는 소바 서비스로 한국인 여행자들 사이에서 유명한 호텔 체인. 일본 전역에서 심심찮게 볼 수 있는 호텔 체인이다. 사우나를 갖춘 천연온천 대욕장(2층)은 15:00~다음 날 10:00(사우나는 01:00~05:00에 문 닫음)까지 운영하며, 무료 소바 서비스는 1층 라운지에서 21:30~23:00에 운영한다.

🗺️ 맵북 P.8-B3 🔎 도오미인프레미아무하카타캐나루시티마에 🏠 福岡市博多区祇園町9-1 ☎ 092-272-5489 🌐 www.hotespa.net/hotels/hakatacanal ⏰ 체크인 15:00 체크아웃 11:00 🚉 JR·지하철 쿠코空港선 하카타博多역 하카타 출구博多口에서 도보 10분. 🔖 도미인 프리미엄 하카타

TRAVEL TIP 호텔 → 하카타역까지 운행하는 무료 셔틀버스 운행
호텔에서 하카타역까지 무료 셔틀버스를 운행한다. 07:00~11:00 사이에 15분 간격으로 출발하며, 선착순으로 운영한다. 시간표는 변동될 수 있으니 호텔 프런트에서 확인 후 이용하자. **시간표** 07:00~11:00, 매시 정시, 15분, 30분, 45분 운행 (※ 11:45은 운행하지 않음).

© Fujita Kanko INC.

3성급 ★★★
캐널시티 후쿠오카 워싱턴 호텔 キャナルシティー福岡ワシントンホテル

캐널시티 하카타 내에 위치한 호텔. 총 423개의 객실 수를 자랑한다. 캐널시티 내 150개 점포에서 사용 가능한 할인 쿠폰을 제공하며, 후쿠오카 관광 전문 한국어 스태프가 상주하고 있어 편리하다. 비즈니스 여행자를 위한 노트북 렌털 서비스가 이색적인데, 전원을 끄면 사용 기록이나 파일 등이 모두 삭제되어 정보 유출에 대한 우려는 하지 않아도 된다. 하루 렌털 시 ¥1,000이다.

🗺️ 맵북 P.8-B3 🔎 캐나루시티후쿠오카와싱톤호테루 🏠 福岡市博多区住吉1-2-20 ☎ 092-282-8800 🌐 washington-hotels.jp/fukuoka ⏰ 체크인 14:00 체크아웃 11:00 🚉 JR·지하철 쿠코空港선 하카타博多역 하카타 출구博多口에서 도보 10분. 🔖 캐널시티 후쿠오카 워싱턴

© 2017 NEST HOTEL

3성급 ★★★
네스트 호텔 하카타 에키마에 Nest Hotel Hakata Station

도시의 소음에서 벗어나 자연의 편안함과 따뜻함을 제공한다는 콘셉트로 만들어진 호텔. 객실 내부는 파스텔톤으로 꾸며져 있어 포근함이 느껴진다. 편안한 수면을 위해 전 객실 시몬스침대와 깃털베개를 구비해 두었다. 제철 식재료로 만든 일식과 양식을 뷔페 스타일로 제공하는 조식도 인기가 높다.

🗺️ 맵북 P.9-C2 🔎 네스토호테루하카타에키마에 🏠 福岡市博多区博多駅前2-11-27 ☎ 092-260-1695 🌐 www.nesthotel.co.jp/hakata ⏰ 체크인 14:00 체크아웃 11:00 🚉 JR·지하철 쿠코空港선 하카타博多역 하카타 출구博多口에서 도보 5분. 🔖 nest hotel hakata

© 2018 YAOJI HAKATA HOTEL

3성급 ★★★
야오지 하카타 호텔 Yaoji Hakata Hotel

사우나를 겸한 천연온천, 일반 비즈니스 호텔보다 넓은 면적과 깔끔하면서도 심플한 디자인의 객실을 주 무기로 내세운 호텔. 다채로운 조식 메뉴를 선보인다.

🗺️ 맵북 P.9-C4 🔎 야오지하카타호테루 🏠 福岡市博多区博多駅前4-9-2 ☎ 092-483-5111 🌐 www.yaoji.co.jp ⏰ 체크인 15:00 체크아웃 11:00 🚉 JR·지하철 쿠코空港선 하카타博多역 하카타 출구博多口에서 도보 5분. 🔖 야오지 하카타 호텔

후쿠오카 시내 호텔
福岡 · HOTEL

3성급 ★★★

호텔 훗케 클럽 후쿠오카 Hotel Hokke Club Fukuoka

50여 가지 후쿠오카의 향토요리를 중심으로 한 조식 뷔페, 대욕탕, 시몬스 침대 제공 등을 내세운 호텔. 침대 3개가 구비된 트리플룸이 있어 3인이 이용하기에도 편리하다. 🗺 맵북 P.9-C4 ▶ 호테루훗케크라부후쿠오카 ◉ 福岡市博多区住吉3-1-90 ☎ 092-271-3171 ● www.hokke.co.jp/fukuoka ◉ 체크인 15:00 체크아웃 10:00 ◈ JR·지하철 쿠코空港선 하카타博多역 하카타 출구博多口에서 도보 10분. 🔎 호텔 호케 클럽 후쿠오카

3성급 ★★★

토요 호텔 Toyo Hotel

객실마다 무료로 국내외 전화 및 인터넷을 할 수 있는 스마트폰과 공기청정기가 구비되어 있어 비즈니스 여행자들에게 인기가 높은 호텔. 특히 자정까지 운영하는 레스토랑(라스트 오더 23:00) 덕분에 늦은 밤에도 안심하고 맛있는 요리와 함께 술 한잔을 기울일 수 있는 것이 특징이다. 🗺 맵북 P.9-D2 ▶ 토오요오호테루 ◉ 福岡市博多区博多駅東1-9-36 ☎ 092-474-1121 ● www.toyohotel-fuk.co.jp ◉ 체크인 14:00 체크아웃 11:00 ◈ JR·지하철 쿠코空港선 하카타博多역 치쿠시 출구筑紫口에서 도보 6분. 🔎 도요 호텔

3성급 ★★★

더 브렉퍼스트 호텔 텐진 후쿠오카
The BREAKFAST HOTEL TENJIN FUKUOKA

200종류가 넘는 채소를 갖춘 샐러드와 화덕에 구운 이탈리안 피자, 와규로 만든 로스트비프, 신선한 과일 스무디 등 조식을 특화한 호텔. 웰컴 드링크, 웰컴 알코올, 그라니따를 무료로 제공한다. 🗺 맵북 P.8-A3 ▶ 자브렉쿠화아스토호테루후쿠오카텐진 ◉ 福岡市中央区春吉3-23-32 ◉ 체크인 15:00 체크아웃 11:00 ◈ 지하철 나나쿠마七隈선 텐진미나미 天神南역 6번 출구에서 도보 5분 🔎 브렉퍼스트 호텔 후쿠오카 텐진

3성급 ★★★

호텔 몬테 에르마나 후쿠오카
ホテル モンテ エルマーナ福岡

지하철 와타나베도오리渡辺通역 인근에 위치한 호텔. 일식과 양식을 모두 겸비한 조식 뷔페를 비롯해 여성만 이용 가능한 전용 층인 레이디스 플로어(13층) 서비스를 실시한다. 1층 로비에 흡연실, 코인세탁기가 구비되어 있다. 🗺 맵북 P.13-D4 ▶ 호테루몬테에르마아나후쿠오카 ◉ 福岡市中央区渡辺3-4-24 ☎ 092-735-7111 ● www.monte-hermana.jp/fukuoka ◉ 체크인 15:00 체크아웃 11:00 ◈ 지하철 나나쿠마七隈선 와타나베도오리渡辺通역 2번 출구에서 도보 5분. 🔎 호텔 몬테 에르마나 후쿠오카

후쿠오카 시내 호텔
福岡 · HOTEL

© Hotel Monterey Group

4성급 ★★★★
호텔 몬토레 라 스루 후쿠오카
Hotel Monterey La Soeur Fukuoka

다채로운 음식이 즐비한 조식 뷔페와 역세권에 자리한 점이 큰 장점인 호텔. 일본 비즈니스 호텔에선 보기 드문 전 객실 금연인 점도 눈길을 끈다. 흡연 자라면 숙소 선택 시 다시 한번 고려해보아야 할 곳. ■ 맵북 P.12-B2 ▶ 호텔몬토레라스우루후쿠오카 ♠ 福岡市中央区大名2-8-27 ☎ 092-726-7111 ◎ www.hotelmonterey.co.jp/lasoeur_fukuoka ◎ 체크인 15:00 체크아웃 11:00 ◎ 지하철 나나쿠마七隈선 텐진天神역 1번 출구에서 도보 2분. ◎ hotel monterey la soeur

© NISHITETSU HOTELS

4성급 ★★★★
솔라리아 니시테츠 호텔
Solaria Nishitetsu Hotel Fukuoka

후쿠오카 최대 번화가 텐진에 위치한 복합상업시설 솔라리아 플라자 Solaria Plaza 6층에 자리한 호텔. 최상층 뷔페에서 텐진을 조망하며 즐기는 조식이 좋은 평을 얻고 있다. ■ 맵북 P.13-C2 ▶ 소라리아니시테츠호테루 ♠ 福岡市中央区天神2-2-43 ☎ 092-752-5555 ◎ nnr-h.com/solaria/fukuoka ◎ 체크인 15:00 체크아웃 11:00 ◎ 지하철 나나쿠마七隈선 텐진天神역 5번 출구에서 도보 3분. ◎ solaria nishitetsu tenjin

© Toyoko Inn

2성급 ★★
토요코인 후쿠오카 텐진 東横INN福岡天神

한국에도 지점을 보유한 대표 비즈니스 호텔 체인의 텐진 지점. 오니기리, 갓 구운 빵 등 간편한 아침 식사가 무료로 제공된다. ■ 맵북 P.13-D3 ▶ 토요요코인후쿠오카텐진 ♠ 福岡市中央区渡辺通5-15-14 ☎ 092-725-1045 ◎ www.toyoko-inn.com ◎ 체크인 16:00 체크아웃 10:00 ◎ 지하철 나나쿠마七隈선 텐진미나미天神南역 6번 출구에서 도보 4분. ◎ 토요코인 후쿠오카 텐진

3성급 ★★★
리치몬드호텔 후쿠오카 텐진
Richmond Hotel Fukuoka Tenjin

전 객실에 가습 기능이 있는 공기청정기, 바지 전용 다리미, 핸드폰 충전기를 완비하여 쾌적하고 편리한 서비스를 추구하는 비즈니스 호텔이다. ■ 맵북 P.13-D3 ▶ 릿치몬도호테루후쿠오카텐진 ♠ 福岡市中央区渡辺通4-8-25 ☎ 092-739-2055 ◎ richmondhotel.jp/fukuoka-tenjin ◎ 체크인 15:00 체크아웃 11:00 ◎ 지하철 나나쿠마七隈선 텐진天神역 서쪽 12C번西12c출구에서 도보 1분. ◎ richmond hotel tenjin

후쿠오카 호스텔
福岡 · HOSTEL

후쿠오카 하나 호스텔 Fukuoka Hana Hostel

쿠시다 신사, 토초지, 나카스와 텐진 야타이 일대, 캐널시티 등 후쿠오카 주요 관광 명소를 도보로 갈 수 있는 거리에 위치하는 호스텔. 공용 키친을 24시간 언제든 사용할 수 있으며, 녹차, 커피, 홍차도 구비되어 있다.
맵북 P.8-B2 ◉ 후쿠오카 하나 호스테루 ✿ 福岡市博多区上川端町4-213 ☎ 092-282-5353 ◐ fukuoka.hanahostel.com ◎ 체크인 15:00 체크아웃 11:00 ◉ 지하철 쿠코 空港선·하코자키 箱崎선 나카스카와바타 中洲川端역 5번 출구에서 도보 5분 ⊕ hana hostel

> **TRAVEL TIP 호스텔 이용 시 준비물**
> 대부분 호스텔은 객실, 욕실, 화장실, 라운지 등 전반적인 시설을 공용으로 사용해야 한다. 객실마다 어메니티가 구비된 호텔과는 달리, 별도로 어메니티가 구비되지 않은 경우가 많다. 세면도구, 수건, 면도기 등 유료로 판매하는 경우가 많으니 호스텔을 이용할 예정이라면 미리 챙겨가는 것이 좋다.

호스텔 토키 Hostel TOKI

현지인의 집에 묵은 것 같이 안락하고 따스한 분위기를 지향하는 호스텔. 여성 전용 도미토리와 혼성 도미토리, 개인실로 이루어져 있는데, 도미토리는 저렴한 가격에 숙박을 이용하고 싶다면 추천한다. 단, 역에서는 조금 거리가 있는 편. 자전거를 유료로 대여할 수 있어 이동 시 도움이 될 수 있다.
맵북 P.9-C4 ◉ 호스테루토키 ✿ 福岡市博多区美野島2-2-21 1F ☎ 092-985-4412 ◐ www.hosteltoki.com/kr ◎ 체크인 16:00 체크아웃 11:00 ◉ JR 하카타 博多역에서 도보 15분 ⊕ hostel toki

더 게이트 호스텔 후쿠오카
The Gate Hostel Fukuoka

도미토리 2층 침대임에도 한 침대에 두 명이 동시에 묵을 수 있을 만큼 넓은 침대를 제공하는 호스텔. 1인이 사용할 수 있는 싱글룸도 있다.
맵북 P.8-A1 ◉ 자게에토호스테루후쿠오카 ✿ 福岡市博多区古門戸町10-3 ☎ 092-272-2242 ◎ 체크인 15:00 체크아웃 11:00 ◉ 지하철 쿠코 空港선·하코자키 箱崎선 나카스카와바타 中洲川端역 7번 출구에서 도보 8분. ⊕ the gate hostel fukuoka

나인아워즈 나카스카와바타에키
ナインアワーズ 中洲川端駅

나카스카와바타역과 바로 연결되는 하카타 리버레인 지하 1층에 자리하고 있는 호스텔. 캡슐 형태의 객실로 남성전용과 여성전용으로 층이 구분되어 있다. 공용욕실, 라운지, 락커 등 깔끔한 시설과 충실한 어메니티가 강점이다.
맵북 P.8-A1 ◉ 나인아와아즈 나카스카와바타에키 ✿ 博多区下川端町3-1 博多リバレインモールB1F ☎ 092-283-8755 ◐ ninehours.co.jp/nakasukawabata-station ◎ 체크인 14:00 체크아웃 10:00 ◉ 지하철 쿠코 空港선·하코자키 箱崎선 나카스카와바타 中洲川端역 5번 출구에서 바로 연결 ⊕ nine hours nakasu kawabata

후쿠오카 호스텔
福岡 · HOSTEL

© 2021-2023 WeBase HAKATA

위베이스 하카타
WeBase HAKATA

하카타 중심가에 자리한 깔끔한 호스텔. 건물 정문에 커다란 고양이 오브제가 장식되어 있어 금방 찾기 쉽다. 지하철에서 도보 4분, 캐널시티에서 도보 10분 거리에 있어 관광을 하기 용이한 곳에 위치해 있다. 셀프 조식도 무료로 제공한다.

▶ 맵북 P.8-B1 ▶ 위베에스하카타 ⊙ 福岡市博多区店屋町5-9 ☎ 092-292-2322 ◐ we-base.jp/hakata ⊙ 체크인 16:00 체크아웃 11:00 ⊗ 지하철 쿠코 空港선·하코자키 箱崎선 나카스카와바타 中洲川端역 5번 출구에서 도보 3분 ⊕ webase hakata

© THE LIFE HOSTEL & BAR LOUNGE

하프 후쿠오카 더 라이프
HafH Fukuoka THE LIFE

누구나 이용 가능한 세련된 바 겸 카페를 운영하는 호스텔. 도미토리 외에도 다양한 사이즈의 룸을 제공한다. 프렌치 출신 셰프가 만드는 다국적 요리도 인기가 높다.

▶ 맵북 P.8-B3 ▶ 자라이후호스테루바안도라운지 ⊙ 福岡市博多区祇園町8-13 第一プリンスビル ☎ 092-292-1070 ◐ hafh-fukuoka-thelife.snack.chillnn.com ⊙ 체크인 16:00 체크아웃 10:00 ⊗ 지하철 쿠코 空港선 기온 祇園역 3번 출구에서 도보 6분. ⊕ the life hostel & bar

© 2022 UNPLAN

언플랜 후쿠오카
UNPLAN FUKUOKA

오호리공원역에서 도보로 30초인 초역세권 호스텔. 전형적인 2층 침대 형태인 '벙크 베드'와 독립적인 1층 침대 형태인 '팟 도미토리' 두 가지 도미토리 룸을 제공한다. 24시간 이용가능한 라운지와 오전 10시부터 저녁 8시까지 이용 가능한 루프톱 테라스를 갖추고 있다.

▶ 맵북 P.20 ▶ 안프랑 후쿠오카 ⊙ 中央区大手門3丁目4-1 1F ☎ 092-406-7704 ◐ unplan.jp/fukuoka ⊙ 체크인 16:00 체크아웃 11:00 ⊗ 지하철 쿠코 空港선 오호리코엔 大濠公園역 4번 출구에서 바로 ⊕ unplan fukuoka

© common de hostel & bar

코몬도 커먼 데
Common de -Hostel & Bar-

2018년 2월에 문을 연 호스텔. 멋스러운 인테리어와 누구와도 친구가 될 수 있는 개방적이고 친근한 분위기로 인기를 얻고 있다. 개인실과 도미토리룸을 모두 갖추고 있다.

▶ 맵북 P.8-A1 ▶ 호스테루안도바코몬데 ⊙ 福岡市博多区古門戸町7-13 ☎ 050-1807-1497 ◐ ldhd.co.jp/commonde ⊙ 체크인 15:00 체크아웃 11:00 ⊗ 지하철 쿠코 空港선·하코자키 箱崎선 나카스카와바타 中洲川端역 7번 출구에서 도보 6분. ⊕ 호스텔 & 바 코먼드

유후인숙소
湯布院 · YUFUIN

© Yufuin Sansuikan

3성급 ★★★
유후인 산스이칸
ゆふいん山水館

1911년 문을 연 100년 넘은 노포 료칸. 유후인의 우뚝 솟은 산 유후다케由布岳를 바라보며 노천욕을 즐길 수 있는 온천이 큰 인기를 얻고 있다.
📍 맵북 P.25-A2 🏠 유후인산스이칸 📍 大分県由布市湯布院町川南108-1 ☎ 0977-84-2101 🌐 www.sansuikan.co.jp/sp ⏰ 체크인 15:00 체크아웃 10:00 🚉 JR 유후인由布院역에서 도보 8분. 🗺 yufuin sansuikan

© HOTEIYA

3성급 ★★★
유후인 호테이야
湯布院ほてい屋

전통미가 살아 있는 료칸, 자연에 둘러싸인 고요한 주변 환경, 모든 피부에 맞는 순수 온천, 오이타현의 식재료로 만든 요리 등으로 한국인 여행자에게 큰 인기를 얻고 있다.
📍 맵북 P.25-C1 🏠 유후인호테에야 📍 大分県由布市湯布院町川上1414 ☎ 0977-84-2900 🌐 www.hoteiya-yado.jp ⏰ 체크인 15:00 체크아웃 10:00 🚉 JR 유후인由布院역에서 도보 20분(무료 송영버스 운행). 🗺 yufuin hoteiya

© 2018 YUFUINONSEN HINOHARURYOKAN

4성급 ★★★★
유후인온센 히노하루 료칸
ゆふいん温泉 日の春旅館

전형적인 료칸 형태를 선보이는 깔끔하고 정갈한 료칸. 노천 욕탕을 갖춘 객실과 내부 욕탕이 있는 객실로 구성되어 있다.
📍 맵북 P.25-B1 🏠 히노하루료칸 📍 大分県由布市湯布院町川上1082 ☎ 0977-84-3106 🌐 www.hinoharu.jp ⏰ 체크인 15:00 체크아웃 10:00 🚉 JR 유후인由布院역에서 도보 15분. 🗺 히노하루료칸

© 2013 由布院別邸

4성급 ★★★★
유후인 벳테이 이츠키
由布院別邸樹

모던한 일본 전통 료칸을 테마로 한 곳으로 9개의 각기 다른 개성을 지닌 객실 속에서 온천욕을 즐기며 휴식을 취할 수 있다.
📍 맵북 P.25-C2 🏠 유후인벳테에이츠키 📍 大分県由布市湯布院町川上2652-2 ☎ 0977-85-4711 🌐 bettei-itsuki.jp ⏰ 체크인 15:00 체크아웃 11:00 🚉 JR 유후인由布院역에서 도보 20분. 🗺 베테이 이츠키

유후인 숙소
湯布院 · YUFUIN

© YUFUIN KOTOBUKI HANANOSHO

3성급 ★★★
유후인 코토부키 하나노쇼
由布院 ことぶき 花の庄

JR 유후인역에서 도보권에 위치한 료칸. 4계절의 아름다움을 즐길 수 있는 정원, 천연 노천온천, 카라오케, 라운지 바 등 다양한 시설이 준비되어 있다.

📍맵북 P.25-A2 ▶ 유후인코토부키하나노쇼 🏠 由布市湯布院町川上2900-5 ☎ 0977-84-2161 🌐 hananosho.co.jp 🕐 체크인 14:00 체크아웃 10:00 🚃 JR 유후인 由布院역에서 도보 4분 ⓐ 유후인 코토부키 하나노쇼

© ETAVIA YUFUIN KINRINKO

3성급 ★★★
에타비아 유후인 킨린코
ETAVIA湯布院金鱗湖

노천탕과 남녀 별도 대욕탕 등 온천 시설을 갖춘 킨린코 인근에 자리하는 료칸. 커피, 녹차, 냉수 등을 무제한 즐길 수 있는 드링크바, 아름다운 테라스 등 서비스도 좋다.

📍맵북 P.25-C1 ▶ 에타비아유후인킨린코 🏠 由布市湯布院町川北6-6 ☎ 0977-76-5443 🌐 etavia.jp/yufuin 🕐 체크인 15:00 체크아웃 10:00 🚃 JR 유후인 由布院역에서 도보 20분 ⓐ etavia yufuin?

© Yufuin Country Road Youth Hostel

2성급 ★★
유후인 컨트리로드 유스호스텔
湯布院カントリーロードユースホステル

유후인에서는 호스텔을 찾아보기 어려운 편이지만 그렇다고 없지는 않다. 개인실과 도미토리 룸으로 구성돼 있으며 언제든지 이용할 수 있는 온천시설도 있다.

📍맵북 P.25-C1 ▶ 유후인칸토리이로오도호스테루 🏠 大分県由布市湯布院町川上4-41-29 ☎ 0977-84-3734 🌐 countryroadyh.com 🕐 체크인 16:00 체크아웃 10:00 🚃 유후인역 앞 버스센터 由布院駅前バスセンター에서 츠카하라塚原행 버스 승차하여 유스호스텔ユースホステル에서 하차(운전기사에게 목적지 '유우스호스테루'라고 알릴 것). ⓐ yufuin country road

© 유후인선데이

1성급 ★
유후인 선데이
湯布院サンデー

한국인 주인장이 운영하는 게스트하우스. 무료 조식을 비롯해 인근에 위치한 온천과 제휴하여 무료로 온천 서비스를 제공한다.

📍맵북 P.25-A2 ▶ 유후인산데에 🏠 大分県由布市湯布院町川南469-3 ☎ 0977-75-9377 🌐 pf.kakao.com/_axeRxhxl 🕐 체크인 16:00 체크아웃 10:30 🚃 JR 유후인由布院역에서 도보 20분(무료 픽업 실시, 체크인 전날까지 예약). ⓐ yufuin Sunday

벳부숙소
別府 · BEPPU

4성급 ★★★★

벳부온센 스기노이호텔
別府温泉杉の井ホテル

야외 온천 시설, 수영장, 볼링장 등 다채로운 액티비티 시설을 갖춘 벳부의 대표적인 호텔. 야외 정원에서 매일 19:00~20:00 사이 정시에 펼쳐지는 분수쇼도 놓칠 수 없는 묘미다.
🗺 맵북 P.26-상단 ▶ 벳부온센스기노이호테루 ⌂ 大分県別府市觀海寺1 ☎ 0977-24-1141 ✆ suginoi.orix hotelsandresorts.com ◷ 체크인 15:00 체크아웃 11:00 🚌 JR 벳부別府역 서쪽 출구에서 매일 무료 셔틀버스를 운행. ❂ 스기노이 호텔

3성급 ★★★

하나벳부
花べっぷ

아기자기한 인테리어와 섬세한 서비스로 여성 고객의 큰 지지를 얻고 있는 료칸. 투숙객에게 15:00~17:00와 20:00~22:00에 만주와 녹차를 무료로 제공한다.
🗺 맵북 P.26 하단-A1 ▶ 하나벳부 ⌂ 大分県別府市上田の湯町16-50 ☎ 0977-22-0049 ✆ www.hanabeppu.jp ◷ 체크인 15:00 체크아웃 11:00 🚌 JR 벳부別府역 서쪽 출구에서 도보 6분. ❂ hana beppu

3성급 ★★★

보카이
望海

벳부 타워 뒤쪽에 위치한 유명 온천 료칸. 7층 옥상에 있는 노천 온천의 수질이 좋은 평가를 받고 있으며, 2층에도 내부에서 편안히 즐길 수 있는 온천이 있다.
🗺 맵북 P.26 하단-B1 ▶ 보오카이 ⌂ 大分県別府市北浜3-8-7 ☎ 0977-22-1241 ✆ www.bokai.jp ◷ 체크인 15:00 체크아웃 10:00 🚌 JR 벳부別府역 동쪽 출구에서 도보 12분. ❂ boukai beppu

3성급 ★★★

오니야마 호텔
おにやまホテル

벳부의 큰 관광거리인 지옥순례를 기획한 사람이 만든 호텔. 벳부의 자연을 감상하며 온천을 즐길 수 있는 노천 온천과 강렬한 온천 성분을 함유한 양질의 원천을 즐길 수 있다.
🗺 맵북 P.27-B1 ▶ 오니야마호테루 ⌂ 大分県別府市鉄輪335-1 ☎ 0977-67-5454 ✆ www.oniyama-hotel.co.jp ◷ 체크인 15:00 체크아웃 10:00 🚌 JR 벳부別府역 서쪽 출구에서 자동차로 15분. ❂ oniyama hotel

벳부숙소
別府 · BEPPU

© 2018 KAMENOI Co.

3성급 ★★★
벳부 카메노이 호텔
亀の井ホテル別府

벳부의 유명 리조트 온천 호텔. 노천 온천, 사우나룸, 자쿠지 욕조 시설을 갖춘 드넓은 대욕탕이 자랑거리. 호텔 내에는 일식, 중식, 양식, 이탈리안 등 뷔페와 음식점도 있다. 최근 아기를 동반한 여행객을 위한 객실이 새로 생겼는데, 아기침대, 장난감 등을 비롯한 아기용품이 객실에 구비되어 있다.
맵북 P.26 하단-A2 ⦿ 벳부카메노이호테루 ⦿ 大分県別府市中央町5-17 ☎ 0977-22-3301 ⦿ kamenoi-hotels.com/beppu 체크인 15:00 체크아웃 11:00 ⦿ JR 벳부別府역 동쪽 출구에서 도보 4분. ⊕ beppu kamenoi hotel

© Hotel Umine

3성급 ★★★
호텔우미네
ホテルうみね

보카이望海 호텔 바로 옆에 위치한 호텔. 청결하고 넓은 객실과 발코니에서 바라본 벳부 바다의 모습이 아름답다는 평이 있다. 전 객실 금연. 벳부 번화가에서 가깝고 친절한 직원들의 서비스가 좋은 반응을 얻고 있다.
맵북 P.26 하단-B1 ⦿ 호테루우미네 ⦿ 大分県別府市北浜3-8-3 ☎ 0977-26-0002 체크인 15:00 체크아웃 10:00 ⦿ JR 벳부別府역 동쪽 출구에서 도보 11분.
⊕ beppu umine

게스트하우스 선라인 벳부
Guesthouse Sunline Beppu

벳부 번화가에 위치한 게스트하우스. 저렴한 가격에 이용할 수 있으나 공용욕실을 사용해야 하는 점에 유의할 것. 게스트하우스임에도 온천 시설을 갖추고 있다는 점이 큰 장점이다.
맵북 P.26 하단-B1 ⦿ 게스토하우스산라인벳부 ⦿ 大分県別府市北浜2-12-9 ☎ 0977-26-1155 체크인 16:00 체크아웃 10:00 ⦿ JR 벳부別府역 동쪽 출구에서 도보 10분. ⊕ guesthouse sunline beppu

© 2016 Guest House ROJIURA

게스트하우스 로지우라
Guest House Rojiura

2016년 완성된 건물에 문을 연 게스트하우스로 저렴한 가격은 물론이고 전철역과 인접한 접근성, 깨끗하고 깔끔한 시설이 특징이다. 무료로 자전거를 대여해 주는 서비스도 제공한다(대여 시 보증금 ¥1,000을 지불해야 하지만 반납 시 되돌려준다).
맵북 P.26 하단-A1 ⦿ 게스토하우스로지우라 ⦿ 大分県別府市駅前町9-14 ☎ 0977-25-0100 ⦿ www.gh-rojiura.com 체크인 16:00 체크아웃 10:00 ⦿ JR 벳부別府역 동쪽 출구에서 도보 2분. ⊕ 게스트 하우스 로지우라

키타큐슈숙소
北九州 · KITAKYUSHU

3성급 ★★★
다이와 로이넷 호텔 코쿠라에키마에
Daiwa Roynet Hotel ダイワロイネットホテル小倉駅前

JR 코쿠라 小倉역에서 가까운 호텔 중 비교적 최근인 2016년에 오픈한 곳. 정확히는 코쿠라역과 키타큐슈 모노레일 헤이와도리 平和通역 사이에 위치하며, 우오마치킨텐 상점가 魚町銀天街에서 가깝다. 주택건설업체인 다이와하우스 그룹 계열의 호텔 체인으로, 한국인 여행자가 가장 선호하는 호텔이다.
🗺 맵북 P.28-상단 ▶ 다이와로이넷또 호테루코쿠라에키마에 ⊙ 北九州市小倉北区魚町1丁目5-14 ☎ 093-513-7580 🌐 www.daiwaroynet.jp/kokuraekimae ⊙ 체크인 14:00 체크아웃 11:00 🚉 JR 코쿠라 小倉역 남쪽 출구에서 도보 4분. 🔍 다이와로이넷 코쿠라

2성급 ★★
스테이션 호텔 코쿠라
ステーションホテル小倉

JR 코쿠라 小倉역 건물에 자리한 호텔. 개찰구를 빠져나오면 바로 체크인 카운터를 마주하게 되는 최상의 위치를 자랑한다. 후쿠오카와 오이타의 향토요리를 중심으로 한 조식이 특징이다.
🗺 맵북 P.28-상단 ▶ 스테이숀호테루코쿠라 ⊙ 北九州市小倉北区浅野1-1-1 ☎ 093-521-5031 🌐 www.station-hotel.com ⊙ 체크인 15:00 체크아웃 11:00 🚉 JR 코쿠라 小倉역에서 바로 연결. 🔍 스테이션 호텔 코쿠라

1성급 ★
호스텔 앤 다이닝 탄가 테이블
Hostel and Dining Tanga Table

호스텔과 레스토랑을 겸하고 있는 숙박시설. 센스 넘치는 인테리어가 돋보인다. 한국인 관광객에게 인기인 코쿠라의 관광명소 탄가시장 旦過市場에서 가까운 점도 인기의 비결. 3~8명의 단체가 이용할 수 있는 다다미형 방도 있는데, 특히 2층 침대를 이용하기 어려운 어린이들을 동반하고 있다면 이용해봄 직하다.
🗺 맵북 P.28-상단 ▶ 호스테루안도다이닝구탕가테에브루 ⊙ 北九州市小倉北区馬借1-5-25 ホラヤビル4F ☎ 093-967-6284 🌐 tangatable.jp ⊙ 체크인 16:00 체크아웃 11:00 🚉 JR 코쿠라 小倉역 남쪽 출구에서 도보 10분. 🔍 탕가 테이블

2성급 ★★
퀸텟사 호텔 코쿠라
クインテッサホテル小倉 Comic & Books

고전 명작부터 최신 인기작까지 1만 권의 만화책을 소장하여 로비에 전시한 호텔. 투숙객은 24시간 언제나 얼마든지 무료로 읽을 수 있다.
🗺 맵북 P.28-상단 ▶ 쿠인텟사호테루코쿠라 ⊙ 北九州市小倉北区浅野1-3-6 ☎ 093-522-8800 🌐 quintessahotels.com/kokura ⊙ 체크인 15:00 체크아웃 11:00 🚉 JR 코쿠라 小倉역 신칸센 新幹線 북쪽 출구에서 도보 2분 🔍 quintessa kokura

후쿠오카 여행 준비
Before the Travel

여행 계획 세우기

01 여행 목적

우선 동행자의 여부에 따라 여행의 스타일은 확연히 달라진다. 나 홀로 여행이라면 기간과 예산에 맞춰 여행의 주된 목적과 동선을 자유롭게 세울 수 있다는 장점이 있다. 물론 특별한 일정 없이 즉흥적으로 움직이는 것 또한 가능하다. 반대로 가족, 친구 등 동행자가 있는 경우라면 목적을 확실히 하는 것이 일정 짜기에도 편리하다. 부모님을 모시고 가는 효도 관광이라면 일정을 느슨하게 잡고 온천을 추가하고, 아이를 동반한 가족 여행이라면 어린이들이 좋아할 만한 동물원이나 체험활동을 포함하는 등 구체적으로 계획을 세우는 것이 좋다.

02 여행 방법

여행 기간과 동행자가 정해졌다면 항공권과 숙소를 예약하자. 예약 방법은 세 가지가 있다. 자신이 항공권과 숙소를 직접 예약하고 일정도 자유롭게 정할 수 있는 '자유여행'과 항공권, 숙소만을 여행사가 대행해 예약해주는 '에어텔', 항공권과 숙소 예약뿐만 아니라 전체 일정을 여행사가 모두 정하고 가이드까지 동반하는 '패키지 여행'이다. 자유여행은 자신이 원하는 대로 모든 일정을 정할 수 있지만, 모든 걸 스스로 해결해야 하는 점이 단점으로도 꼽힌다. 계획을 세우는데 시간적 여유가 없거나 여행 경험이 부족한 경우에는 부담감으로 작용할 수 있다. 에어텔은 항공권과 숙소만 예약되어 있으므로 나머지 일정은 자신이 자유롭게 짤 수 있지만, 호텔 위치에 맞춰 일정을 정해야 하는 점, 갑작스럽게 계획에 차질이 생겨 변경과 취소를 해야 하는 경우 번거롭다는 단점이 있다. 패키지 여행은 부모님을 모시고 가는 경우 추천하지만, 불특정 다수 혹은 소수와 함께 하는 단체 여행이므로 정해진 틀에 맞춰 움직이는 것이 불편하거나 익숙하지 않다면 피하는 것이 좋다.

후쿠오카는 여행하기 좋은 도시

첫 해외여행을 염두에 둔 여행자에게 강력 추천하는 도시가 바로 후쿠오카다. 도쿄, 오사카, 교토 등 일본의 주요 도시에 비해 관광지가 집중해 있고 그리 넓은 편이 아니므로 버스와 지하철만으로도 어렵지 않게 이동할 수 있다는 교통적 이점을 지녔다. 또한 복잡하게 얽히고설킨 여타 지역과 달리 비교적 단순한 노선도도 초보 여행자에게는 다행스러운 부분이다. 철도역과 정류장에는 반드시 한글 표기가 되어 있으며 한국어 팸플릿을 구비한 명소도 심심찮게 찾아볼 수 있다. 그만큼 여행자를 배려한 시스템이 잘 구축되어 있다.

여행하기 가장 좋은 시기

한국의 기후와 흡사한 후쿠오카는 사계절이 뚜렷한 편이므로 덥지도 않고 춥지도 않은 봄(3~5월)과 가을(10~11월)이 여행하기 가장 좋다. 봄에는 벚꽃, 가을에는 단풍으로 물든 아름다운 풍경이 펼쳐져 눈 호강하기에도 제격이다. 여름은 한국만큼 덥고 습도가 높으며, 장마와 태풍의 상륙도 잦기 때문에 그리 추천하지는 않는다. 겨울은 한국보다 덜 추운 편이기는 하나 그렇다고 추위가 없는 것도 아니기 때문에 패딩과 코트 차림이 좋다. 또한 연말연시에는 영업시간을 단축하거나 아예 영업하지 않는 곳이 많으므로 여러 변수가 발생할 수 있다.

여행을 권장하는 시기

일본 국내 여행자가 급격하게 줄어드는 비수기는 골든 위크(4월 29일경부터 5월 5일경까지)가 끝나는 5월 상순부터 7월 연휴 직전인 둘째 주까지, 1월 연휴 직후인 셋째 주부터 졸업식 시즌이 시작되기 직전인 3월 상순까지가 대표적이다. 날씨가 쾌적하고 덥지 않아 돌아다니기 좋은 5~7월 사이가 숙박 요금도 비교적 저렴하고 교통편도 예약하기 좋으며 관광객도 적어 여행하기 가장 좋은 시기라 할 수 있다.

일본 여행을 피해야 할 시기

일본의 주요 장기 휴가 시기는 4월 하순부터 5월 상순으로 이어지는 긴 연휴 기간인 골든 위크-15251-7, 일본의 명절 중 하나로 양력 8월 15일 전후 4일간 보내는 오봉6효, 9월 하순의 연휴 기간인 실버 위크 シルバーウィーク, 그리고 12월 말부터 1월 초까지의 연말연시다. 이 시기는 귀성길에 오르거나 일본 국내 여행을 떠나는 이들이 폭발적으로 늘어나 숙박 시설과 교통편 수요가 증가하므로 요금이 평소의 2~3배 이상 폭등한다. 관광 명소와 맛집, 상업 시설에도 많은 인파가 몰려들기 때문에 대기 시간이나 혼잡한 풍경으로 인해 평소보다 피로도가 높아질 수 있다.

추천하는 여행 일수

번화가가 밀집되어 있고 볼거리가 멀어도 1~2시간 이내에 위치하고 있어 짧은 기간을 알차게 보낼 수 있는 후쿠오카. 관광, 식도락, 쇼핑, 온천을 모두 충족시키고 싶다면 오전 출발, 오후 도착 기준 빠듯하게 2박 3일, 여유롭게 3박 4일은 필요하다. 저마다 추구하는 여행 스타일이 다르기 때문에 단정지을 수는 없지만 누구나 방문하는 정통 코스를 생각하면 2박 이상은 투자해야 한다. 순수하게 쇼핑만을 위해서, 먹거리 탐방만을 위해서 당일치기를 소화하는 이들도 있다는 것을 참고하자. 불가능한 얘기는 아니라는 것.

여권과 비자 준비하기

여권과 비자는 해외여행의 필수품이다. 기본적으로 여권 만료일이 6개월 이상 남아 있다면 대부분 국가로 여행이 가능하다. 일본은 비자면제 협정국으로 여행목적으로 입국한 경우 최장 90일까지 체류할 수 있는 상륙허가 스탬프를 찍어준다. 귀국편 비행기 e티켓 등 출국을 입증할 서류를 지참하는 것이 입국심사에 유리하다.

01 여권 만들기

1 여권 종류 단수여권과 복수여권 두 종류가 있다. 말 그대로 단수여권은 1회성이고, 복수여권은 기간만료일 이내에 무제한 사용 가능한 여권이다.

2 준비물 여권 발급 신청서(접수처에 비치), 여권용 사진 1매(가로 3.5cm, 세로 4.5cm 흰색 바탕에 상반신 정면 사진, 정수리부터 턱까지가 3.2 ~ 3.6cm, 여권 발급 신청일 6개월 이내 촬영한 사진), 신분증, 병역 관계 서류(미필자에 한함),

※유효기간이 남아있는 여권을 소지하고 있다면 여권을 반납해야 함.

3 여권발급절차 발급기관인 전국의 도·시·군청과 광역시의 구청을 방문(서울특별시청은 제외) ▶ 접수처에 비치된 신청서 작성 ▶ 접수 ▶ 수수료 납부 ▶ 여권 수령

Pick up | **달라진 여권 사진 규정**

까다로웠던 여권 사진 규정이 2018년부터 완화되었다.

기존 규정 중
뿔테 안경 지양
양쪽 귀 노출 필수
가발 및 장신구 착용 지양
눈썹 가림 불가
제복군복 착용 불가
어깨 수평 유지

등의 항목이 삭제되었다.

개정된 여권 사진 규정은 반드시 외교부 여권 안내 홈페이지(www.passport.go.kr/issue/photo.php)를 통해 확인해야 한다.

02 여권 발급 수수료

여권 종류	유효기간	사증면	금액	대상
복수여권	10년	26면	47,000원	만18세 이상
		58면	50,000원	
	5년	26면	39,000원	만8세~만18세 미만
		58면	42,000원	
		26면	30,000원	만8세 미만
		58면	33,000원	
단수여권	1년		15,000원	1회 여행 시에만 가능
잔여유효기간부여			25,000원	여권 분실 및 훼손으로 인한 재발급
기재사항변경			5,000원	사증란을 추가하거나 동반 자녀 분리할 경우

여행 준비물

기본 준비물

- [ ] 여권
- [ ] 여권 사본(여권 분실에 대비해 따로 보관할 것)
- [ ] 항공권 e티켓
- [ ] 여행자보험
- [ ] 현금(엔화) 및 신용카드
- [ ] 국제학생증 또는 국제운전면허증
  (학생 할인 및 렌터카 이용 시)
- [ ] 레일패스 및 바우처(한국에서 예약한 경우)
- [ ] 숙소 바우처

의류및 잡화

- [ ] 상의 및 하의
- [ ] 속옷
- [ ] 양말
- [ ] 잠옷
- [ ] 겉옷
- [ ] 방한용품(겨울)
- [ ] 운동화
- [ ] 실내 슬리퍼(숙소에서 이용)
- [ ] 보조가방
- [ ] 우산

전자 용품

- [ ] 멀티플러그
  (일본 플러그 형태는 110V용 타입A 플러그)
- [ ] 스마트폰
- [ ] 카메라
- [ ] 각종 충전기(카메라, 스마트폰 등)
- [ ] 보조배터리

생활 용품

- [ ] 세면도구 및 수건
- [ ] 화장품
- [ ] 여성용품
- [ ] 비상약
- [ ] 자물쇠(도난 방지용)
- [ ] 투명 비닐백

> **TRAVEL TIP**
> 2025년 3월부터 보조배터리 및 전자담배는 수하물 위탁을 할 수 없고, 기내 반입 시 투명 비닐백에 보관하거나 절연 테이프를 부착해 탑승해야 한다. 선반에 놓을 수 없으며 눈에 보이는 곳에 놓거나 몸에 지니고 있어야 한다.

여행 관련

- [ ] **프렌즈 후쿠오카**
- [ ] 여행 일정표
- [ ] 필기도구 및 노트

그 외

- [ ] 물병
  (일본에서 생수는
  미네랄워터 ミネラルウォーター,
  탄산수는 炭酸水)

항공권 예약하기

인천공항 또는 부산, 대구, 청주공항을 통해 후쿠오카공항으로 취항하는 항공사로는 국적기인 대한항공과 아시아나항공, 일본의 국적기인 일본항공(JAL)과 전일본공수(ANA ; 공동 운항으로 운행) 그리고 이스타젯, 진에어, 제주항공, 티웨이항공 등의 저비용 항공사가 있다. 최근 후쿠오카 노선의 취항과 증편으로 항공편이 증가하여 선택의 폭이 넓어졌으며 저렴한 항공권도 예년에 비해 비교적 손쉽게 구입할 수 있게 되었다. 특히 저가항공은 가격 할인 프로모션을 자주 진행하고 있어 이벤트 시기를 잘 노린다면 더욱 저렴하게 구입할 수 있다. 탑승 날짜가 다가올수록 어느 항공사든 가격이 상승하므로 미리 예약해두는 것이 좋다.

후쿠오카공항별 취항항공사

	후쿠오카공항 (FUK)	키타큐슈공항 (KKJ)	오이타 (OIT)
인천국제공항 (ICN)	대한항공	진에어	제주항공
	아시아나항공	-	-
	에어부산	-	-
	에어서울	-	-
	이스타항공	-	-
	제주항공	-	-
	티웨이항공	-	-
	진에어	-	-
김해국제공항 (PUS)	대한항공	-	-
	아시아나항공	-	-
	에어부산	-	-
	제주항공	-	-
대구국제공항 (TAE)	티웨이항공	-	-
청주국제공항 (JJ)	티웨이항공	-	-
	에어로케이(5월 이후 취항 예정)	-	-

TRAVEL TIP

인천공항 제2여객터미널

2018년 문을 연 제2여객터미널은 기존 터미널과 거리가 떨어져 있어 반드시 사전에 E-티켓에 적힌 터미널을 확인해야 한다. 대한항공, 델타항공, 에어프랑스항공, KLM네덜란드항공, 진에어 등 5개의 항공사를 이용하는 여행자들은 제2여객터미널을 이용해야 하며, 저비용 항공사 및 기타 외국 국적 항공사를 이용하는 여행자들은 기존의 제1여객터미널을 이용한다. 공항철도 또는 자동차 이용 시 바로 제2여객터미널로 갈 수 있으며, 제1여객터미널에서 이동하려면 무료 셔틀버스를 이용하면 된다. 2025년 7월 이후 아시아나항공, 에어부산, 에어서울은 제2여객터미널로 이전할 예정이니 참고하자. ⟳ **셔틀버스 승차장 위치** 제1여객터미널 3층 중앙 8번 출구, 제2여객터미널 3층 중앙 4, 5번 출구 사이 ⟳ **소요시간** 15~18분(배차간격 5분)

항공권 구입

항공권은 각 항공사 홈페이지를 통해 구입이 가능하다. 저가항공 프로모션은 미리 회원가입을 해두면 메일을 통해 이벤트가 공지되며 공식홈페이지를 통해서 예약할 수 있다. 대표적인 가격 비교 사이트인 네이버항공권, 스카이스캐너, 인터파크와 여행사인 하나투어, 모두투어, 노란풍선 등도 활용해보자. 원하는 날짜를 검색하면 가격 순으로 항공권을 확인할 수 있어 편리하다. 부산에서 배를 이용해 하카타로 가는 경우, 페리 회사의 공식 홈페이지를 통해 구입한다.(회사별 공식 홈페이지는 비틀 www.jrbeetle.co.kr/kor/, 코비 www.kobee.co.kr, 뉴카멜리아 www.koreaferry.kr)

숙소 예약하기

STEP 01 | 숙소 선택하기

여행을 준비하는 과정 중에 하나인 숙소 선정은 여행의 만족도를 좌우하는 중요한 요소이기도 하다. 누구나 합리적인 가격에 깔끔한 시설, 관광하기 좋은 위치를 겸비한 숙소를 찾고 싶어 한다. 또한 단순히 잠자리로서의 기능을 하는 숙박시설뿐만 아니라 외곽 지역의 유후인과 벳부로 발을 넓혀 일본 문화를 체험하고 온천도 즐기는 료칸 이용도 높은 편이기 때문에 숙박 선정에 고심이 깊어지는 지역이기도 하다. 가격, 시설, 위치 등 자신이 중요시하는 부분을 잘 고려해서 골라보자. 여행 일정이 확정되었다면 신속히 숙소 예약에 돌입하자.

© HOTEIYA

© YUFUIN KINRINKO HOTEL

> **TRAVEL TIP**
>
> **료칸 숙박비는 왜 비싼가?**
> 료칸 숙박비는 일반 호텔 숙박비에 비해 훨씬 비싸다. 이는 일본 정통요리인 가이세키 요리 식사와 료칸 특유의 최상의 서비스, 온천 이용료가 포함되어 있기 때문이다. 보통 1박 기준 체크인 당일 저녁과 다음 날 아침식사가 포함되어 있으며, 온천 이용과 최상의 서비스를 제공받을 수 있다.

STEP 02 | 숙소 예약하기

숙소 예약은 해당 숙소의 공식 홈페이지를 이용할 수 있으나 호텔 예약 홈페이지 또는 여행사를 통해 예약할 경우 더 저렴한 요금으로 이용할 수도 있다. 특히 호텔 예약 홈페이지를 이용하면 성급, 가격대, 위치, 조식 포함/불포함 여부 등 원하는 조건에 맞게 숙소를 찾을 수 있어 편리하다. 호텔 예약 홈페이지로는 부킹닷컴(www.booking.com), 아고다(www.agoda.com/ko-kr), 익스피디아(www.expedia.co.kr), 호텔스닷컴(kr.hotels.com), 트리바고(www.trivago.co.kr), 호텔스컴바인(www.hotelscombined.co.kr) 등이 있다.

© THE LIFE HOSTEL & BAR LOUNGE

© TOKYU HOTELS

> **TRAVEL TIP**
>
> **성수기에는 빠른 예약은 필수!**
> 골든위크(4월 하순~5월 상순)와 실버위크(9월 하순), 연말연시는 일본의 극성수기. 전체적으로 가격이 높아지고 조기에 만실이 되므로 되도록이면 피하는 것이 좋겠지만, 부득이하게 일정이 겹친다면 빠른 예약이 무엇보다도 중요하다. 참고로 현지인의 여름 휴가철은 일본 최대의 명절 오봉(8월 15일)을 전후로 한 시기로, 앞서 골든위크, 실버위크, 연말연시와 마찬가지로 성수기로 분류된다.

환전 및 카드 사용하기

일본의 화폐 단위는 엔(¥, Yen)이 사용된다. 화폐 종류로는 1000, 2000, 5000, 10000엔 4가지 지폐와 1, 5, 10, 50, 100, 500엔 6가지 동전으로 구성되어 있다.

500엔

100엔

1,000엔

2,000엔

5,000엔

10,000엔

50엔

10엔

5엔

1엔

TRAVEL TIP

신화폐
2024년 7월 3일부터 1만엔, 5천엔, 1천엔 3종이 새롭게 디자인된 신화폐를 발행했다. 신권 발행 후에도 구권을 사용할 수 있으니 참고하자.

환전

일본 현지에서의 카드와 간편 결제 사용이 늘어남에 따라 한국에서 무리하게 환전해가는 방식이 이제는 옛말이 되었다. 더불어 트래블로그, 트래블월렛과 같은 선불식 충전카드가 인기를 끌면서 여행지에서 필요한 금액만큼만 사전에 충전하여 사용하는 이들도 늘어났다. 선불식 충전카드가 편리한 건 환전 수수료가 없고 충전 시 매매기준율로 환전되어 꽤나 큰 비용을 아낄 수 있기 때문이다. 또한 큰 금액의 현금을 직접 소유할 필요가 없어 여행자의 부담도 줄어든다. 그러므로 여행지에서 사용 예정인 금액은 대부분 선불식 충전카드에 넣어두거나 충전할 수 있도록 따로 빼두자. 당장 필요할 때 사용할 수 있는 비상금 정도의 소액만 은행 애플리케이션을 통해 환전 신청 후 가까운 은행 영업점이나 인천공항 내 은행 환전소에서 수령하면 좋다. 현지에서 현금이 필요하다면 트래블로그와 트래블월렛을 통해 ATM 출금을 하면 된다.

신용카드

개인이 운영하는 작은 상점 이외에 대부분의 쇼핑 명소에서는 신용카드 사용이 가능하지만 음식점의 경우 아직은 카드사용이 제한된 곳도 있다. 신용카드 브랜드 가운데 비자VISA, 마스터 카드 MasterCard, 아메리칸 익스프레스American Express, JCB, 은련카드 Union Pay를 사용할 수 있다. 단, 해외에서 사용 가능한 카드인지 반드시 확인해두어야 한다. 카드 사용 시 주의할 점으로 카드 뒤에 서명이 반드시 있어야 하고, 실제 전표에 사인을 할 때도 그 서명을 사용해야 한다. 한국에서 하는 것처럼 하트를 그리거나 서명과 다르게 사인한다면 결제를 거부당할 수도 있다. 신용카드의 현금 서비스와 체크카드의 현금 인출은 일본 우체국 유초은행ゆうちょ銀行과 세븐일레븐 편의점 내 세븐은행セブン銀行의 ATM 등에서 이용 가능하다(트래블로그 카드인 경우 세븐은행 セブン銀行 ATM, 트래블월렛은 이온 イオン ATM에서 인출할 경우 수수료 무료).

트래블로그 VS 트래블월렛 비교하기

	트래블월렛	트래블로그
실물카드		
발행처	트래블월렛	하나카드
연동 플랫폼	트래블월렛 앱	하나머니 앱
브랜드	비자(VISA)	마스터(MASTER), 유니온페이(UPI), 비자(VISA)
연결 은행	다양한 계좌 가능	
적용 환율	매매 기준율	
통화 권종	45종	58종
환전 수수료 무료 통화	유로(€), 엔화(¥), 달러($)	유로(€), 파운드(£), 엔화(¥), 달러($)
해외 가맹점 수수료	무료	
해외 결제 수수료	무료	
해외 결제 한도	충전 금액 내 한도 없음	$5,000(월 $10,000)
해외 ATM 수수료	$500 이내 무료, 이후 2%	무료
건당 ATM 인출 한도	$400	$1,000
1일 ATM	$1,000	$6,000
인출 한도	(월 $2,000)	(월 $10,000)
최소 충전	¥20, €1, £1, $1	¥100, €1, £1, $1
충전 한도	모든 통화 합산 원화 200만 원	통화별 원화 300만 원
원화 환급 수수료	1%	
국내 사용	사용 가능	

ATM에서 현금 인출하는 방법
(* ATM 기계마다 이용 방법이 약간씩 다를 수 있으므로 유의하자)
① 엔화가 충전된 카드를 준비한다. → ② 구글 맵으로 ATM 검색하여 기기를 찾는다. → ③ 기기에 카드를 삽입한다. → ④ 카드 비밀번호 4자리를 입력한다. → ⑤ 언어 설정에서 '한국어'를 클릭한다. → ⑥ 원하는 거래는 '출금'을 클릭한다. → ⑦ 원하는 계좌는 '건너뛰기'를 클릭한다. → ⑧ 출금할 금액을 선택한 후 최종 화면에서 엔화를 클릭한다.

* ATM 인출 시 요구되는 비밀번호가 4자리라면 카드 발급 시 등록한 4자리를 입력하고, 6자리를 요구하는 경우에는 4자리 비밀번호 뒤에 00을 입력하면 된다.

일본 현지에서 이용 가능한 네이버페이와 카카오페이

앞서 언급한 바와 같이 일본에서도 간편 결제 서비스가 점차 확대되고 있는 실정이다. 일본의 주요 간편 결제 서비스는 페이페이 PayPay, 라인페이 LINE Pay, 라쿠텐페이 R Pay, 알리페이 ALIPAY 등이 있다. 이 중 한국에서 많이 사용하는 네이버페이와 카카오페이는 일본 간편 결제 시스템과 연계하여 일본 현지에서도 이용할 수 있게 되었는데, 네이버페이는 유니온페이, 알리페이, GLN과, 카카오페이는 알리페이와 연계하여 일본에서 이용 가능하다. 이용 시 환율은 당일 최초 고시 매매기준율이 적용되며, 별도 수수료는 없다. 네이버페이와 카카오페이 모두 각 포인트와 머니로만 결제되므로 잔액 확인 후 사용하도록 한다(선물받은 포인트와 머니는 사용 불가). 이용 시 아래 절차를 참고하자.

> **TRAVEL TIP**
>
> **주요 사용처**
> · 카카오페이 : 이온몰, 빅카메라, 다이마루 백화점, 돈키호테, 에디온, 라라포트, 로손 편의점, 패밀리마트 편의점, 츠루하 드러그스토어 등
> · 네이버페이 : 빅카메라, 야마다전기, 한큐 백화점, 코코카라파인 드러그스토어, 웰시아 드러그스토어, 후쿠오카 공항, 마츠야 규동전문점 등

네이버페이, 카카오페이 이용 방법

네이버페이 결제방법

① 네이버페이 애플리케이션에서 '현장결제' 클릭

② 'N Pay 국내'를 클릭

③ 결제 방법 중 '알리페이 플러스' 또는 '유니온페이 중국 본토 외'를 선택

④ 유니온페이로 전환된 바코드로 결제 진행

카카오페이 결제방법

① 카카오톡 내 카카오페이 창을 열어 '결제' 클릭

② 화면 상단 오른쪽 첫 번째에 있는 지구본 아이콘 클릭

③ 국가/지역 선택에서 '일본' 클릭

④ 알리페이로 전환된 바코드로 결제 진행

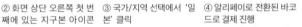

일부 편의점과 슈퍼마켓의 계산 방식 변화

트렌드 키워드에서 여전히 주목받고 있는 '비대면'은 일본의 일상생활에서도 큰 변화를 불러일으키고 있다. 처음부터 끝까지 모두 터치스크린 키오스크를 통한 셀프 계산대 방식을 적용하기보단 일부만을 차용해 일본만의 독특한 비대면 거래 방식을 도입한 곳이 늘어났는데, 대표적으로 세븐일레븐과 같은 편의점이나 라이프 등의 슈퍼마켓 등이 있다. 물건 구매 시 계산대에서 점원이 직접 바코드로 물건을 찍는 흐름까지는 종래 방식과 동일하나 다음 절차인 결제부터는 터치스크린 키오스크를 통해 구매자가 직접 진행해야 하는 점이 상이하다. 구매자는 최종 결제 금액을 보고 결제수단을 고른 후 지불 방식에 따라 절차를 진행해야 한다. 현금으로 지불할 경우 키오스크 하단에 장착된 기계에 직접 돈을 넣어야 하며, 신용카드나 선불식 충전카드를 선택한 경우 기계 우측에 있는 결제 시스템을 통해 결제를 처리해야 한다. 결제에 어려움을 느낀다면 점원에게 도움을 요청하자.

화면에서 결제 방법을 선택
·바코드결제
·나나코(세븐일레븐카드)
·현금
·기타(간편결제)
·신용카드
·교통카드(스이카, 파스모, 하야카켄 등)

현금 결제는 기기 하단 이용
동전은 좌측에, 지폐는 우측에 삽입.

신용카드나 선불식 충전카드는 기기 우측을 통해 결제

기타(간편결제 서비스인 페이 애플리케이션)을 선택한 경우
점원에게 바코드나 QR코드를 제시하여 결제 완료.

쇼핑할 때 주의할 점

대부분의 쇼핑 명소는 외국인 관광객을 위한 편의 서비스가 잘 정비되어 있는 편이다. 특히 한국인의 입소문으로 인해 필수 코스가 된 곳은 한국어가 가능한 직원 배치나 한국어 브로슈어 구비 등 한국인에 특화된 서비스를 실시하고 있다. 무엇이든 저렴하게 원하는 것을 구하면 좋겠지만 어느 정도의 발품이 필요하므로 적정선에서 구입하면 된다. 생활용품 전문점이나 편의점에서 사지도 않은 제품이 영수증에 포함되어 있거나 구입한 수량보다 훨씬 많은 수량으로 계산되었다는 후기가 심심찮게 들려오고 있는 요즘, 무엇보다도 영수증을 꼼꼼하게 확인하는 것이 중요하다. 또한 면세 절차 후 이루어지는 밀봉 과정에서 구입한 제품이 누락되는 경우도 있다고 하니 잘 지켜보자.

통신수단 이용하기

우편 이용

엽서를 보낼 때 필요한 우표는 우체국 창구나 편의점에서 구입할 수 있다. 우체국은 일본어로 유우빙쿄쿠郵便局로 오렌지색 간판이 특징이며 주말과 공휴일은 운영하지 않는다. 엽서 1장당 선편 ￥90, 항공편 ￥100이 필요하며 7일 정도 소요된다. 받는 이 주소 칸에 반드시 'SOUTH KOREA', 'AIR MAIL'를 기입해야 한다.

데이터 이용

해외에서 스마트폰 데이터를 이용할 수 있는 두 가지 방법.

첫 번째, 일본 국내 전용 유심칩(심카드 SIM Card)을 구입하는 것이다. 기존의 한국 유심칩이 끼워진 자리에 일본 전용 유심칩을 끼우고 사용설명서 대로 설정을 하면 손쉽게 데이터를 이용할 수 있는 시스템이다. 온라인에서 판매하는 심카드는 보통 5~8일간 기준 1GB·2GB의 데이터는 5G·4G 속도로, 나머지는 3G속도로 무제한 이용할 수 있는 것이 일반적이다. 최근에는 유심칩을 별도로 끼우지 않아도 데이터 이용이 가능한 eSIM도 새롭게 등장했다. 온라인에서 상품을 구매한 다음 판매사에서 발송된 QR코드 또는 입력정보를 통해 설치 후 바로 개통되는 시스템이다. 판매사에 기재된 방법 대로 연결해야 하지만 그다지 어렵지는 않다. 단, 설치 시 인터넷이 연결된 환경에서만 개통 가능한 점을 명심하자. eSIM 사용이 가능한 단말기 기종이 한정적인 점도 아쉬운 부분. 유심과 eSIM은 일본에서도 구입 가능하나 여행 전 국내 여행사나 소셜커머스에서 구입하면 더욱 저렴하다.

유심칩

포켓와이파이

두 번째는 포켓와이파이를 대여하는 것이다. 포켓와이파이는 1일 대여비 약 3,000~4,000원대로 별도의 기기를 소지하여 Wi-Fi를 무제한 사용할 수 있는 서비스다. 저렴한 가격에 여러 명 혹은 여러 대의 기기가 하나의 포켓와이파이에 동시 접속이 가능하다는 것이 강점으로 꼽힌다. 하지만 여행 최소 1주일 전에 예약해야 하고 임대 기기를 수령하고 반납해야 하는 단점이 있다. 또 기기를 항시 소지해야 하며, 배터리 문제도 신경 써야 하는 점도 포켓와이파이를 대여하기 전 유의해야 할 사항이다.

여행에 유용한 애플리케이션

길찾기

구글 맵스
Google Maps

노리카에 안나이
乗換案内

구글 맵스 Google Maps
현재 위치에서 목적지까지 가는 방법을 차량, 대중교통, 도보 등 다양한 방식으로 알려주는 지도 앱.

노리카에 안나이 乗換案内
일본 내비게이션 전문 업체가 개발한 일본 전국의 전철, 지하철, 노면전차 등의 경로 안내 전문 앱.

번역

네이버 파파고
papago

구글 번역
Google translate

네이버 파파고 papago
네이버가 개발한 번역 애플리케이션. 번역 정확도가 구글맵보다 높다. 음성 번역과 이미지 번역 등을 제공.

구글 번역 乗換案内
구글이 개발한 번역 애플리케이션. 파파고와 마찬가지로 음성 번역과 이미지 번역을 제공한다.

교통

마이루트
my route

IC카드
IC CARD

마이루트 my route
후쿠오카 투어리스트 패스, 후쿠오카 다자이후 라이너 버스 자유 승차권 등의 디지털 티켓을 판매하는 교통 앱.

IC카드 IC CARD
파스모(PASMO), 스이카(Suica) 등 일본 교통카드를 출국 전 만들고 싶다면 애플리케이션을 다운 받으면 된다.

출국

스마트 패스
SMARTPASS

면세점 어플
Duty Free

스마트 패스 SMARTPASS
여권, 안면정보, 탑승권을 사전 등록하면 출국장에서 얼굴 인증만으로 통과 가능한 패스트트랙 앱.

면세점 어플 Duty Free
롯데, 신세계, 신라 면세점 앱에서 출국 시 줄을 서지 않고 면세품 인도장의 대기표를 발권 받을 수 있다.

기타

페이크
Payke

아큐웨더
AccuWeather

페이크 Payke
상품 바코드를 스캔하면 한국어로 해당 상품의 상세 정보와 구매처를 확인할 수 있어 쇼핑 시 유용한 앱.

아큐웨더 AccuWeather
전세계 날씨 예보 전문 앱. 오랜 기간 축적된 기상 데이터를 바탕으로 비교적 오차가 작다는 평가를 받는다.

사건·사고 대처하기

긴급 연락처

긴급 전화 110
대한민국 영사콜센터 +82-2-3210-0404

주 후쿠오카 대한민국 총영사관
📍맵북 P.17-C4 福岡市中央区地行浜1-1-3
📞 (092)771-0461~2(긴급 연락처)
🌐 overseas.mofa.go.kr/jp-fukuoka-ko/index.do
🕐 월~금요일 09:00~17:00(점심시간 12:00~13:30)
🚇 지하철 쿠코 空港선 토오진마치唐人町역 1번 출구에서 도보 10분.

여권을 분실한 경우

가까운 경찰서(交番, 코오방)를 방문하여 여권분실신고서 작성 ▶ 신고서, 여권용 컬러사진 1매, 여권 사본이나 여권 번호, 발행일자 등이 적힌 서류를 들고 한국영사관 방문 ▶ 수수료(¥6,240)를 내고 여권발급

JR·지하철 쿠코 空港선 하카타博多역 바로 앞에 위치한 코방

여행 중 갑작스러운 부상과 아픈 경우

부상이나 병의 증세가 심해졌다면 긴급전화 119로 통화하여 구급차를 부르는 것이 좋다. 전화가 연결되면 우선 외국인임을 밝히고 위치와 증상을 차분히 설명한 다음 앰뷸런스를 부탁하면 된다. 일본은 긴급상황에 대비하여 통역서비스를 운영하므로 일본어를 못하더라도 안심하고 한국어로 대응하자. 3개월 미만의 여행자에게는 의료보험이 적용되지 않으므로 병원비가 매우 비싸다. 이런 경우를 대비하여 여행 전 반드시 여행자보험을 가입하는 것이 좋다.

여행자보험

해외여행 시 뜻하지 않은 사건, 사고를 당하게 된다면 여행자보험의 실효성이 여실히 드러난다. 사고나 질병으로 인해 병원 신세를 졌거나 도난으로 손해를 입었을 경우 가입 내용에 따라 어느 정도 보상을 받을 수 있다. 보험사마다 종류와 보장 한도가 다르므로 꼼꼼히 확인해보고 결정하는 것이 좋다. 실제로 사건, 사고를 겪었다면 그 사실을 입증할 수 있는 서류는 기본적으로 준비해두어야 한다. 병원에 다녀왔다면 의사의 소견서와 영수증, 사고 증명서 등이 필요하고, 도난을 당했다면 경찰서를 방문하여 도난신고서를 발급받아둬야 한다.

의류 및 잡화 사이즈표

의류 사이즈표

성별	국가	XS	S	M	L	XL	
여성복	한국	44/85	55/90	66/95	77/100	88/105	-
	일본	5/34	7/36	9/38	11/40	13/42	-
남성복	한국	-	90	95	100	105	110
	일본	-	36	38	40	42	44

신발 사이즈표

	여성 신발							
여성복	220	225	230	235	240	245	250	255	260
	22	22.5	23	23.5	24	24.5	25	25.5	26

	남성 신발							
남성복	245	250	255	260	265	270	275	280	285
	24.5	25	25.5	26	26.5	27	27.5	28	28.5

한국인과 일본인은 체격 차이가 크지 않아 일본의 의류 및 잡화 사이즈도 우리가 흔히 생각하는 사이즈와 비슷하다. 다만, 사이즈 표기 방식이 우리와는 조금 다르므로, 위의 사이즈표를 보고 자신에게 맞는 사이즈의 의류 및 잡화를 구입해보자.

TRAVEL TIP

일본 소비세의 경감세율 제도

2019년 10월 1일부터 일본의 소비세가 8%에서 10%로 상승했다. 여기서 이전과 다른 '경감세율 軽減税率'이라는 새로운 제도가 탄생했는데, 쉽게 설명하자면 일상생활에서 널리 이용되는 것에 한해서는 종전의 8% 세율이 그대로 적용된다. 경감세율 적용의 가장 대표적인 것은 주류와 외식을 제외한 음식료품이다. 여기서 주의해야 할 사항은 도시락이나 패스트푸드를 테이크아웃할 경우에는 8%가 적용되나 점포 내에서 먹을 경우는 10%가 적용된다. 길거리 야타이 屋台와 푸드코트도 마찬가지로 구매 후 바깥에서 먹는다면 8%, 내부에서 먹으면 10%가 적용된다. 또한, 맥도날드의 햄버거 세트에 장난감이 포함된 '해피밀'을 구매할 경우 장난감이 덤으로 주어지는 경우는 8%이지만 음식과 관련 없이 장난감만 구매하는 경우는 10%가 적용된다. 유원지 매점에서 먹거리를 사 먹더라도 매점 앞 벤치에 앉으면 10%, 다른 곳에서 먹거나 걸으면서 먹으면 8%로 꽤 까다롭게 구분되어 있다. 예외도 있는데, 일부 대형 프랜차이즈 요식업체는 기업체에 따라 테이크아웃과 점포 내 식사 메뉴를 동일한 가격으로 책정한 곳도 있다. 대표적인 곳은 맥도날드, KFC, 프레시니스 버거 등의 패스트푸드점을 비롯해 소고기덮밥 전문인 마츠야 松屋, 일본식 튀김 덮밥집 텐동텐야 天丼てんや, 패밀리 레스토랑 사이제리야 サイゼリヤ 등이 있다.

여행 일본어

인사

안녕하세요. (아침 인사)
➤ おはようございます。 오하요 고자이마스

안녕하세요. (점심 인사)
➤ こんにちは。 콘니치와

안녕하세요. (저녁 인사)
➤ こんばんは。 콤방와

감사합니다.
➤ ありがとうございます。 아리가또 고자이마스

실례합니다. 죄송합니다.
➤ すみません。 스미마셍

레스토랑에서

메뉴를 볼 수 있을까요?
➤ メニューをもらえますか。 메뉴오 모라에마스까

(메뉴를 가리키며)이걸로 할게요.
➤ これにします。 코레니 시마스

추천 메뉴는 무엇인가요?
➤ お勧めは何ですか。 오스스메와 난데쓰까

계산서 주세요.
➤ お会計をお願いします。 오카이케오 오네가이시마스

카드 결제 가능한가요?
➤ クレジットカードは使えますか。 크레짓또카도와 츠카에마스까

번역 애플리케이션
스마트폰 번역 애플리케이션을 이용하면 더욱 손쉽게 의견을 전달할 수 있다. 한글로 원하는 문장을 입력한 후 '번역' 버튼을 누르면 끝! 스피커 버튼을 누르면 음성 지원이 되어 더욱 편리하다. 대표적인 번역 애플리케이션으로는 구글 번역 Google Translate과 포털 사이트 네이버가 만든 통·번역 애플리케이션 파파고 Papago가 있다. 아이폰 사용자는 앱 스토어 App Store에서, 안드로이드 사용자는 구글 플레이 | Google Play에서 다운로드 받아 사용한다.

파파고　　　　구글 번역

호텔에서

체크인하고 싶어요.
➤ チェックインお願いします。 체크인 오네가이시마스

(종업원)여권을 보여주시겠어요?
➤ パスポートお願いします。 파스포토 오네가이시마스

택시 좀 불러주시겠어요?
➤ タクシーを呼んで下さい。 타크시오 욘데 쿠다사이

몇 시에 체크아웃인가요?
➤ チェックアウトは何時ですか。 체크아우또와 난지데쓰까

체크아웃하고 싶어요.
➤ チェックアウトお願いします。 체크아우또 오네가이시마스

숫자

1 いち 이치		2 に 니	
3 さん 상		4 よん/し 욘/시	
5 ご 고		6 ろく 로쿠	
7 なな/しち 나나/시치		8 はち 하치	
9 きゅう 큐		10 じゅう 쥬	

한 개 ひとつ 히토츠	두 개 ふたつ 후타츠
세 개 みっつ 밋츠	네 개 よっつ 욧츠
다섯 개 いつつ 이츠츠	여섯 개 むっつ 뭇츠
일곱 개 ななつ 나나츠	여덟 개 やっつ 앗츠
아홉 개 ここのつ 코코노츠	열 개 とお 토오

쇼핑할때

입어 봐도 되나요?
➤ 試着してもいいですか。 시챠쿠시떼모 이이데스까

좀 더 큰(작은) 사이즈는 있나요?
➤ もっと大きい(小さい)ものはありますか。
못또 오오키이(치이사이)모노와 아리마스까

이 아이템의 다른 색은 있나요?
➤ 他の色はありますか。 호카노 이로와 아리마스까

이걸로 구매할게요.
➤ これください。 코레 쿠다사이

얼마인가요?
➤ いくらですか。 이쿠라데스까

관광할때

○○역은 어디인가요?
➤ すみませんが、○○駅はどこですか。
스미마셍가 ○○에키와 도꼬데스까

주변에 은행이 있나요?
➤ 近くに銀行はありますか。 치카쿠니 깅꼬와 아리마스까

돈을 환전하고 싶어요.
➤ 両替がしたいのですが。 료가에가 시따이노데스가

사진촬영은 가능한가요?
➤ 写真を撮ってもいいですか。 샤싱오 톳떼모 이이데스까

화장실은 어딘가요?
➤ トイレはどこですか。 토이레와 도꼬데스까

아플때

열이 나요
➤ 熱が出ました。 네츠가 데마시타

목이 아파요
➤ 喉が痛いです。 노도가 이타이데스

두통 頭痛 주츠으	기침 咳 세키	
재채기 くしゃみ 쿠샤미	콧물 鼻水 하나미즈	
가래 たん 탄	설사 下痢 게리	
코막힘 鼻づまり 하나즈마리		
근육통 筋肉痛 킨니쿠츠으		

약이름

감기약 風邪薬 카제구스리	두통약 頭痛薬 즈츠으야쿠
해열제 解熱劑 게네츠자이	지사제 下痢止め 게리도메
진통제 鎮痛劑 친츠으자이	

인덱스 Index

프렌즈 시리즈 33

프렌즈 **후쿠오카**

발행일 | 초판 1쇄 2019년 1월 7일
         개정 5판 1쇄 2025년 4월 7일

지은이 | 정꽃나래, 정꽃보라

발행인 | 박장희
대표이사·제작총괄 | 신용호
본부장 | 이정아
파트장 | 문주미
책임편집 | 박수민

기획위원 | 박정호

마케팅 | 김주희, 이현지, 한륜아
디자인 | 렐리시, 김성은, 변바희, 김미연
지도 디자인 | 양재연

발행처 | 중앙일보에스(주)
주소 | (03909) 서울시 마포구 상암산로 48-6
등록 | 2008년 1월 25일 제2014-000178호
문의 | jbooks@joongang.co.kr
홈페이지 | jbooks.joins.com
인스타그램 | @friends_travelmate

ⓒ 정꽃나래·정꽃보라, 2025

ISBN 978-89-278-8080-6 14980
ISBN 978-89-278-8063-9(세트)

프렌즈 시리즈 33

Fukuoka
MAP BOOK

생애 첫
여행친구
프렌즈
Travel Guide

프렌즈
후쿠오카 맵북

중앙books

Contents

프렌즈 후쿠오카 맵북

지도에 사용한 기호 표시

● 관광	● 식당	● 쇼핑	● 숙소	● 엔터테인먼트	🛈 관광안내소
✈ 공항	🚩 학교	✉ 우체국	💲 은행	🚆 기차	⋯⋯ 철도
♀ 버스 정류장	🚌 버스 터미널	卍 사원	✝ 교회	➕ 병원	⤢ 지하철
JR JR JR 기차역	🚉🚉 기차역	🚲 자전거 대여소	Ⓣ 페리터미널	▲ 산	🅿 주차장

프렌즈 시리즈 33

Fukuoka
MAP BOOK

프렌즈
후쿠오카 맵북

후쿠오카 전도

0 12km 24km

동해

미야지다케신사
宮地嶽神社

무나카타
宗像市

시모노세키항 국제터미널
下関港国際ターミナル

키타큐슈
北九州市

후쿠츠
福津市

고가
古賀市

다가와
田川市

하카타만
博多湾

하카타항 국제터미널
博多港国際ターミナル

난조인
南蔵院

201

이토시마
糸島市

후쿠오카
福岡市

후쿠오카공항
福岡空港

202

다자이후
太宰府市

카마도신사
竈門神社

후쿠오카현

211

323

263

나카가와 세이류
那珂川清滝

뇨이린지
如意輪寺

211

기린맥주 후쿠오카 공장
キリンビール 福岡工場

211

322

쿠루메
久留米市

사가현

444

203

코이노키신사
恋木神社

442

야나가와
柳川市

3

하우스텐보스
ハウステンボス

가시마
鹿島市

오무타
大牟田市

443

아라오
荒尾市

325

207

아리아케해
有明海

501

3

387

325

운젠
雲仙市

시마바라
島原市

나가사키현

운젠다케
雲仙岳

쿠마모토
熊本市

쿠마모

●관광　●엔터테인먼트

2

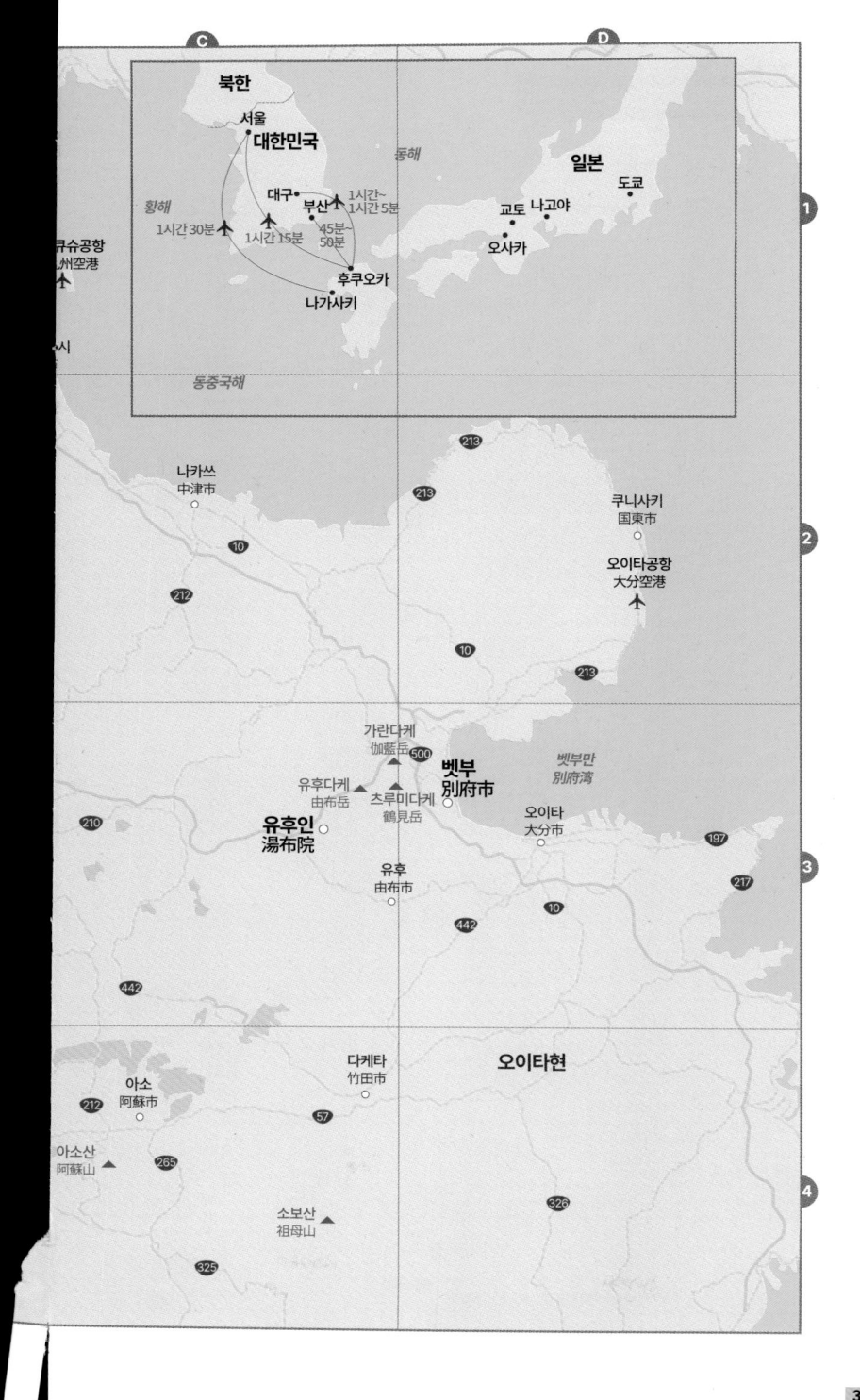

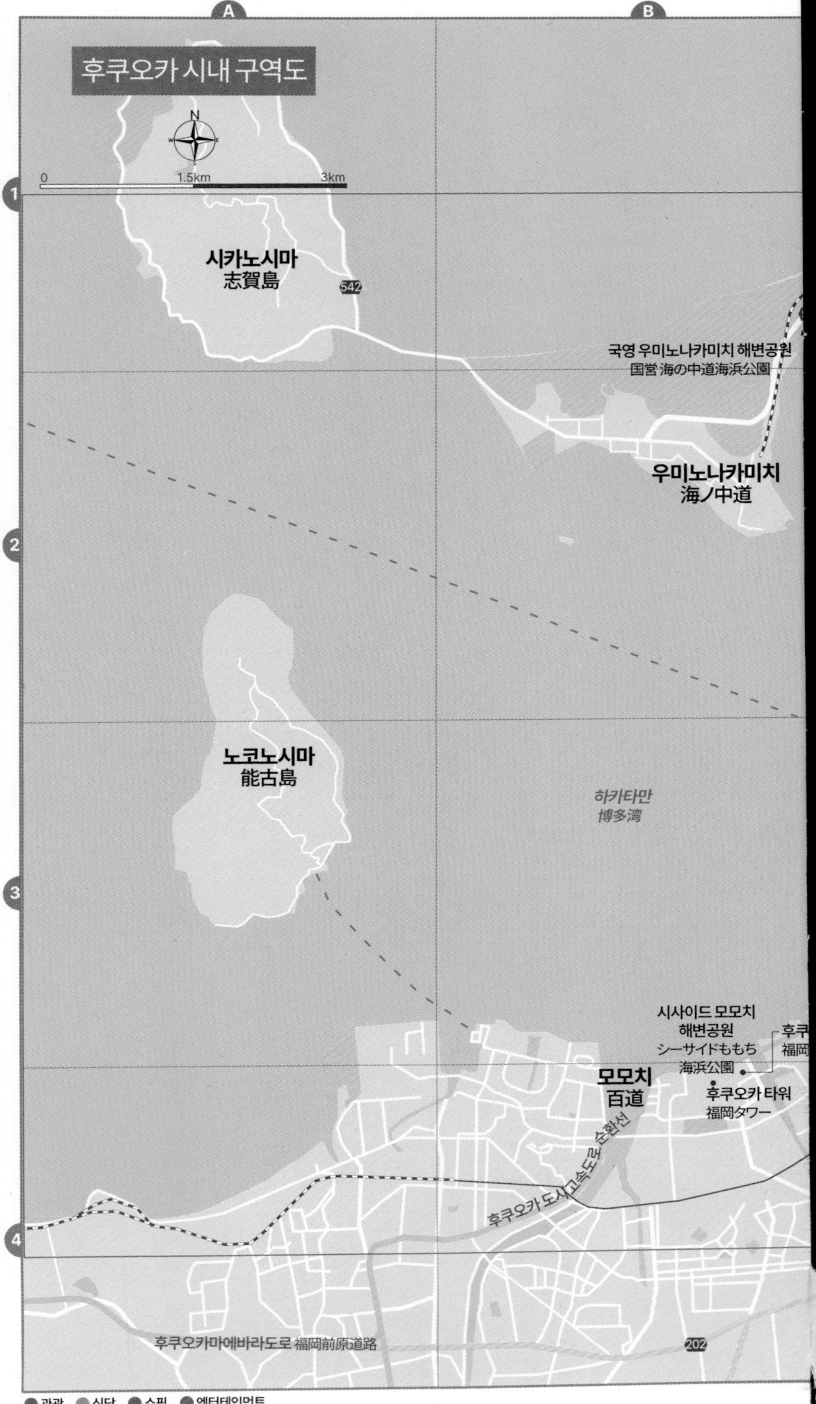

후쿠오카 시내 구역도

N

0　　　1.5km　　　3km

1

시카노시마
志賀島

542

국영 우미노나카미치 해변공원
国営 海の中道海浜公園

우미노나카미치
海ノ中道

2

노코노시마
能古島

하카타만
博多湾

3

시사이드 모모치
해변공원
シーサイドももち
海浜公園

후쿠
福岡

모모치
百道

후쿠오카 타워
福岡タワー

후쿠오카 도시고속도로 순환선

4

후쿠오카마에바라도로 福岡前原道路

202

● 관광　● 식당　● 쇼핑　● 엔터테인먼트

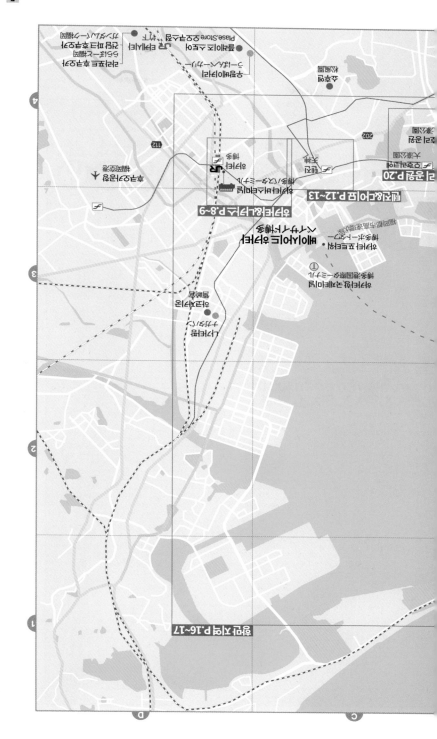

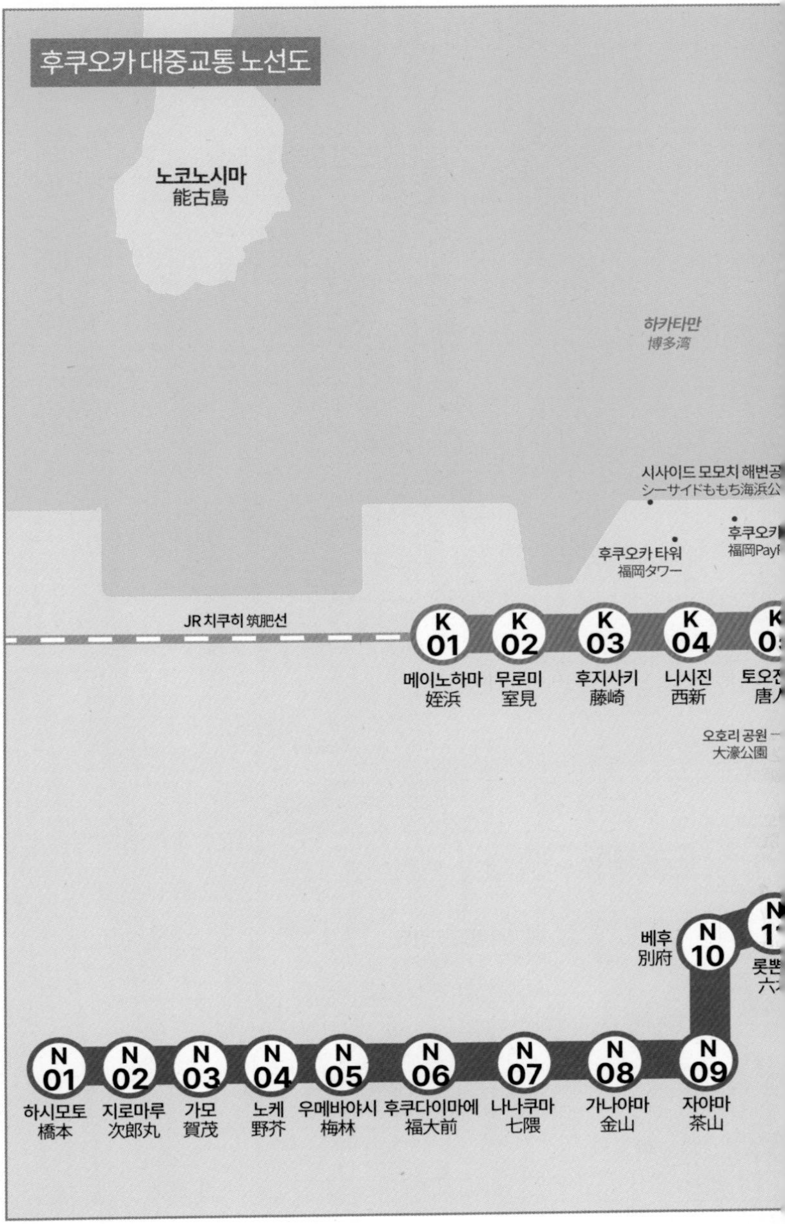

후쿠오카 대중교통 노선도

노코노시마
能古島

하카타만
博多湾

시사이드 모모치 해변공
シーサイドももち海浜公

후쿠오카 타워
福岡タワー

후쿠오카
福岡PayF

JR 치쿠히 筑肥선

오호리 공원
大濠公園

K 01	K 02	K 03	K 04	K
메이노하마 姪浜	무로미 室見	후지사키 藤崎	니시진 西新	토오젠 唐人

베후
別府

N 10

롯뽄
六本

N 01	N 02	N 03	N 04	N 05	N 06	N 07	N 08	N 09
하시모토 橋本	지로마루 次郎丸	가모 賀茂	노케 野芥	우메바야시 梅林	후쿠다이마에 福大前	나나쿠마 七隈	가나야마 金山	자야마 茶山

C

D

● 하코자키궁
筥崎宮

후쿠오카 도시고속도로 순환선 福岡都市高速環状線

202

구지 ●
福寺

토초지
東長寺

조텐지
承天寺

조텐지 대로 承天寺通り

↑ 후쿠오카공항 福岡空港,
● 만요노유 万葉の湯 →

[1]
기온
祇園
[4]
[3]
[6]
[5]

카타 잇소
博多一双

● 아라 캄파뉴 à la campagne
● 멘타이요리 하카타 쇼보얀
  めんたい料理 博多 椒房庵
● 무츠카도카페
  パン屋むつか堂カフェ

● 다이후쿠 우동 大福うどん

니시테츠 호텔 크룸 하카타
Nishitetsu Hotel Croom Hakata

네스트 호텔
하카타 스테이션
Nest Hotel
Hakata Station

미츠이 스미토모 은행
三井住友銀行

● 무짱만쥬 むっちゃん万十
  하카타점
하카타 버스터미널
博多バスターミナル

토요 호텔
Toyo Hotel

하카타역 P.10

호텔 니코 후쿠오카
Hotel Nikko Fukuoka

P7

P6
西5
西6

하카타1번가
博多一番街

마잉구
マイング

● 하카타 데이토스
博多デイトス(DEITOS)

東6

카타 대로
西園大通り

더 로열 파크 후쿠오카
The Royal Park Fukuoka

후쿠오카 아사히 빌딩
福岡朝日ビル

아뮤 플라자 하카타
アミュプラザ博多(AMU PLAZA)

博多·キャナルシティ前
● 다이치노 우동
大地のうどん

카페 미엘
カフェ・ミエル

하카타에키마에 대로 はかた駅前通り

西11
西13

JR
하카타
博多

ⓘ 하카타역 종합안내소
総合案内所

아뮤 이스트
アミュイスト(AMU EST)

東5

● 컴포트호텔 하카타
コンフォートホテル博多

西18

하카타한큐
博多阪急

마루후쿠커피점 丸福珈琲店

하카타 하나미도리 ●
博多 華味鳥

킷테 하카타 KITTE博多,
하카타 마루이 博多マルイOIOI

하카타 모츠나베
야마야
博多もつ鍋 やまや

お

● 하카타 잇코샤
博多一幸舎

스
미
요
시
대
로
住
吉
通
り

● 하카타 우체국
博多郵便局

JRJP 하카타빌딩
JRJP博多ビル

호텔 윙 인터내셔널
하카타 신칸센구치
Hotel Wing International
Hakata Shinkansenguchi

● 하카타아마노 はかた天乃

후글렌 후쿠오카
FUGLEN FUKUOKA

이엔

스미요시 대로 住吉通り

호텔 WBF 그란데 하카타
Hotel WBF Grande Hakata

요시 신사
神社

호텔 홋케 클럽 후쿠오카
Hotel Hokke Club Fukuoka

● 야오지 하카타 호텔
Yaoji Hakata Hotel

위드 더 스타일 후쿠오카
With TheStyle Fukuoka

타
케
시
타
대
로
竹
下
通
り

호스텔 토키
↓ Hostel TOKI

1

2

3

4

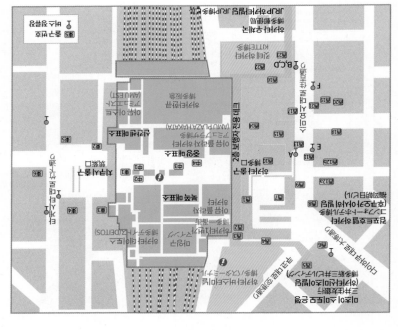

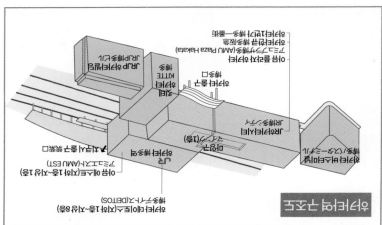

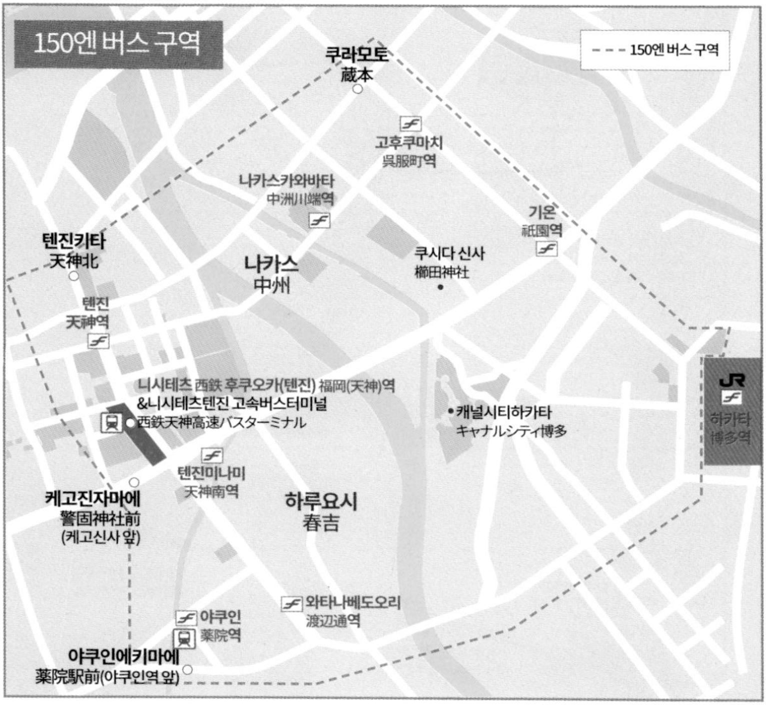

150엔 버스 구역

- - - 150엔 버스 구역

쿠라모토
蔵本

고후쿠마치
呉服町역

나카스카와바타
中洲川端역

기온
祇園역

텐진키타
天神北

나카스
中州

쿠시다 신사
櫛田神社

텐진
天神역

니시테츠 西鉄 후쿠오카(텐진) 福岡(天神)역
&니시테츠텐진 고속버스터미널
西鉄天神高速バスターミナル

캐널시티하카타
キャナルシティ博多

JR
하카타
博多역

텐진미나미
天神南역

하루요시
春吉

케고진자마에
警固神社前
(케고신사 앞)

와타나베도오리
渡辺通역

야쿠인
薬院역

야쿠인에키마에
薬院駅前(야쿠인역 앞)

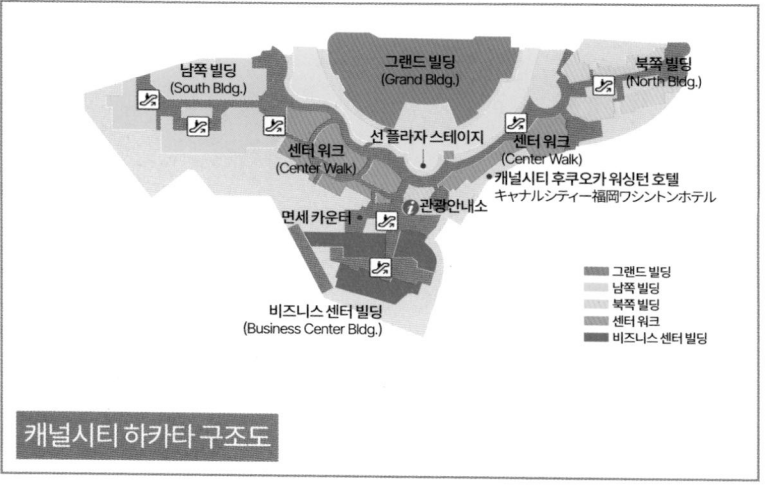

남쪽 빌딩
(South Bldg.)

그랜드 빌딩
(Grand Bldg.)

북쪽 빌딩
(North Bldg.)

센터 워크
(Center Walk)

선 플라자 스테이지

센터 워크
(Center Walk)

캐널시티 후쿠오카 워싱턴 호텔
キャナルシティー福岡ワシントンホテル

면세 카운터

관광안내소

그랜드 빌딩
남쪽 빌딩
북쪽 빌딩
센터 워크
비즈니스 센터 빌딩

비즈니스 센터 빌딩
(Business Center Bldg.)

캐널시티 하카타 구조도

텐진&다이묘

0 —— 125m —— 250m

N

※텐진역~텐진미나미역 간
텐진지하상가의 출구 번호는
P.14~15를 참조해 주세요.

쇼와 대로 昭和通り

새
サッ

쇼와 대로 昭和通り

호텔 몬토레 라 스루 후쿠오카
Hotel Monterey La Soeur Fukuoka

메이지 대로 明治通り

1

2

신텐초구락부
新天町倶楽部

빅쿠리테이
びっくり亭

니시테츠 그랜드호텔
西鉄グランドホテル

아카사카
赤坂

후쿠오카시 중앙구청
福岡市中央区役所

텐뿌라 히라오
天麩羅処ひらお

Se

아

니시카이간
西海岸 ANC

다이묘 대로 大名通り

오호리 공원
大濠公園

플라자 호텔 프리미어
プラザホテルプルミエ

테무진
テムジン

하카타로
博多廊

쿠보커리
クボカリー

카페유
Cafeゆう

모츠나베 타슈
もつ鍋田しゅう

그린 빈
Green Bean To Bar

카마키리우동
釜喜利うどん

카본 커피
Carbon Coffee

야마비코
山雅

누와라엘리야
Nuwara Eliya

202

고쿠타이도로 国体道路

라멘 오이겐
らーめんおいげん

온에어 케고
ON AIR KEGO

시로우즈커피
シロウズコーヒー

후쿠오카시립 케고초등학교
福岡市立警固小学校

베지사라식당 ベジサラ食堂

멘게키조겐에이
麺劇場 玄瑛

● 관광 ● 식당 ● 쇼핑 ● 엔터테인먼트 ● 숙소

무스비메
Musubime

후쿠오카시 아카렌가 문화관
福岡市赤煉瓦文化館

나카강

효탄스시
ひょうたん寿司(본점)

수상공원
水上公園

메이지대로 明治通り

스이쿄텐만구
水鏡天満宮

카페 티롤
Cafe チロル

구 후쿠오카현 공회당 귀빈관
旧福岡県公会堂貴賓館

노쇼쿠도
うみの食堂

아크로스 후쿠오카
アクロス福岡

줄리엣 레터스 Juliet's Letters

키와마야
極味や

텐진 비즈니스 센터
天神ビジネスセンター

아지노마사후쿠 味の正福

파르코 PARCO

구루메 후게츠
グルメ風月

텐진이나치카
天神イナチカ(지하 2층)

텐진호르몬
天神ホルモン

후쿠오카시청
福岡市役所

텐진중앙공원
天神中央公園

효탄스시(분점)
ひょうたん寿司

솔라리아 스테이지
Solaria Stage

ORO

시티 베이커리
CITY BAKERY

니시테츠 후쿠오카(텐진)
西鉄福岡(天神)

니시테츠 호텔
Hotel Fukuoka

야타이 티켓 구입처

텐진지하상가
天神地下街

야키소바 소후렌
焼そばの想夫恋

솔라리아 플라자
Solaria Plaza

니시테츠텐진 고속버스터미널
西鉄天神高速バスターミナル

다이마루
大丸

텐진미나미
天神南

티키 Tiki

바니즈 뉴욕
Barneys Newyork

케고신사
警固神社

후쿠오카 미츠코시
福岡三越

토요코인 후쿠오카 텐진
東横INN福岡天神

로프트
Loft

오이시이코코리야
おいしい氷屋

와파젠식당
わっぱ定食堂

리치몬드호텔 후쿠오카 텐진
Richmond Hotel Fukuoka Tenjin

와타나베대로 渡辺通り

스테레오 커피
Stereo Coffee

우메야마텟페이식당
梅山鉄平食堂

우오추
魚忠

호텔 몬테 에르마나 후쿠오카
ホテル モンテ エルマーナ福岡

르브르통
Le Breton

잇카쿠식당
いっかく食堂

야쿠인
薬院

와타나베도리
渡辺通

13

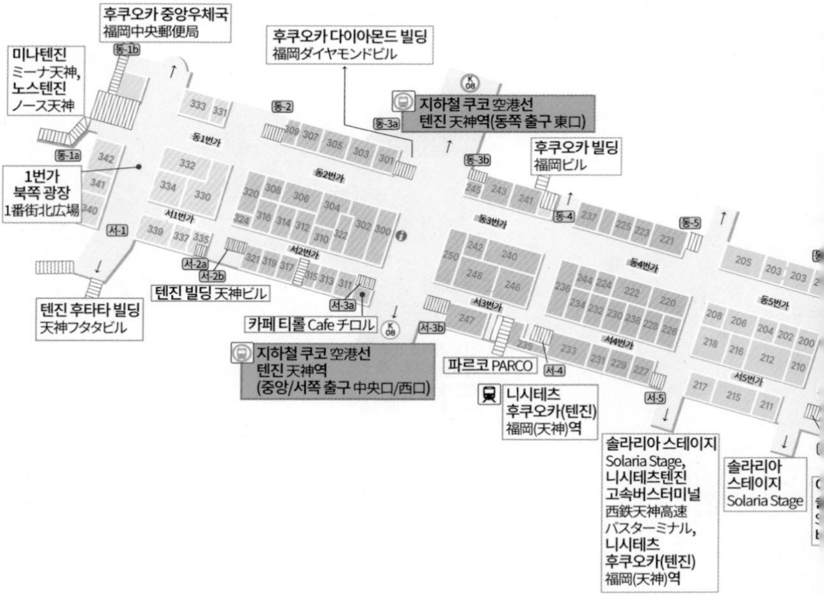

지도

후쿠오카 중앙우체국
福岡中央郵便局
동-1b

후쿠오카 다이아몬드 빌딩
福岡ダイヤモンドビル

미나텐진
ミーナ天神,
노스텐진
ノース天神
동-1a

333 331
동-2

309 307 305 303 301
동-3a

지하철 쿠코 空港線
텐진 天神역(동쪽 출구 東口)

342
동-1번가

후쿠오카 빌딩
福岡ビル
동-3b

1번가
북쪽 광장
1番街北広場
341

332

340
330

320 316 306 300
동-2번가

311
241

250
221
동-4
동-5
205 203 203

서-1
334
서1번가

324 314 310
302 300c
300

342 240
동-4번가

236 226 222
220
동-3번가

337 335
서-2a
서-2b
서2번가
321 319 317
315 313 311

248
246

223 222
동-5번가

텐진 후타타 빌딩
天神フタタビル

247

228 224
229 227

217

208 206 204 202 200

텐진 빌딩 天神ビル
서-3a
서-3b

카페 티롤 Cafe チロル

지하철 쿠코 空港선
텐진 天神역
(중앙/서쪽 출구 中央口/西口)

파르코 PARCO
서-4

니시테츠
후쿠오카(텐진)
福岡(天神)역
서-5

215
212 210

218 216
214

솔라리아 스테이지
Solaria Stage,
니시테츠텐진
고속버스터미널
西鉄天神高速
バスターミナル,
니시테츠
후쿠오카(텐진)
福岡(天神)역

솔라리아
스테이지
Solaria Stage

내츄럴키친앤

라티스

마르셰 드 블루엣 플러스

산리오 비비틱스

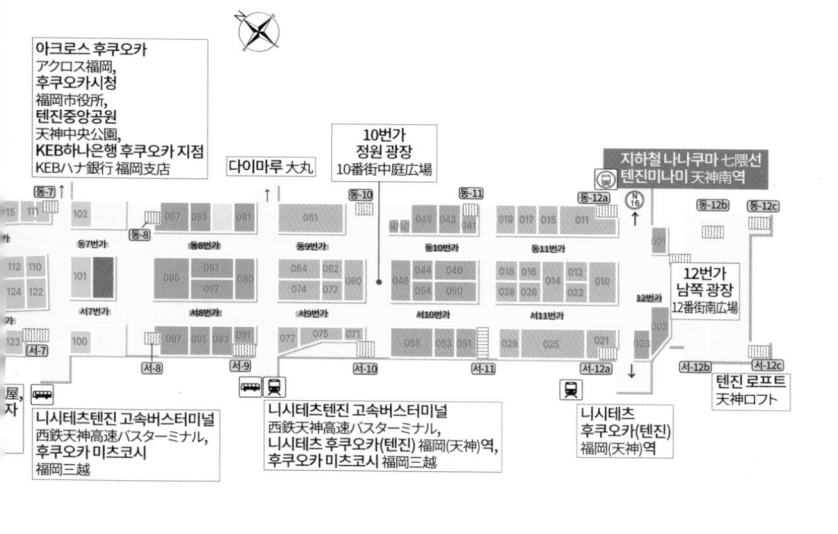

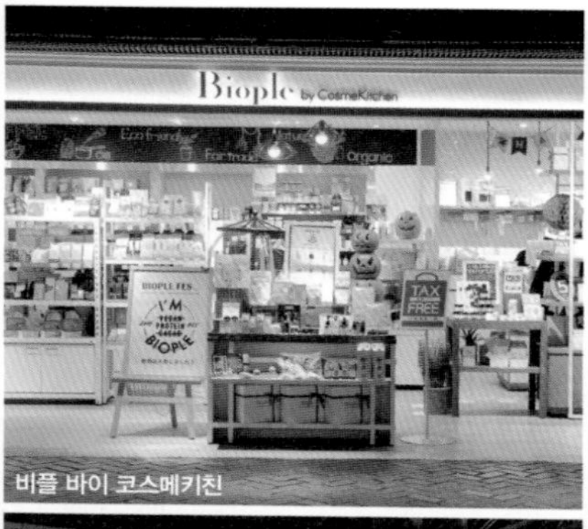

아크로스 후쿠오카
アクロス福岡,
후쿠오카시청
福岡市役所,
텐진중앙공원
天神中央公園,
KEB하나은행 후쿠오카 지점
KEBハナ銀行 福岡支店
다이마루 大丸
10번가
정원 광장
10番街中庭広場
지하철 나나쿠마 七隈선
텐진미나미 天神南역
12번가
남쪽 광장
12番街南広場
텐진 로프트
天神ロフト
니시테츠텐진 고속버스터미널
西鉄天神高速バスターミナル,
후쿠오카 미츠코시
福岡三越
니시테츠텐진 고속버스터미널
西鉄天神高速バスターミナル,
니시테츠 후쿠오카(텐진) 福岡(天神)역,
후쿠오카 미츠코시 福岡三越
니시테츠
후쿠오카(텐진)
福岡(天神)역
동7번가
동8번가
동9번가
동10번가
동11번가
12번가
서7번가
서8번가
서9번가
서10번가
서11번가
동-7
동-8
동-10
동-11
동-12a
동-12b
동-12c
서-7
서-8
서-9
서-10
서-11
서-12a
서-12b
서-12c

Biople by CosmeKitchen
TAX FREE
비플 바이 코스메키친

salut!
사류

KALDI COFFEE FARM
칼디 커피 팜

靴下屋
쿠츠시타야

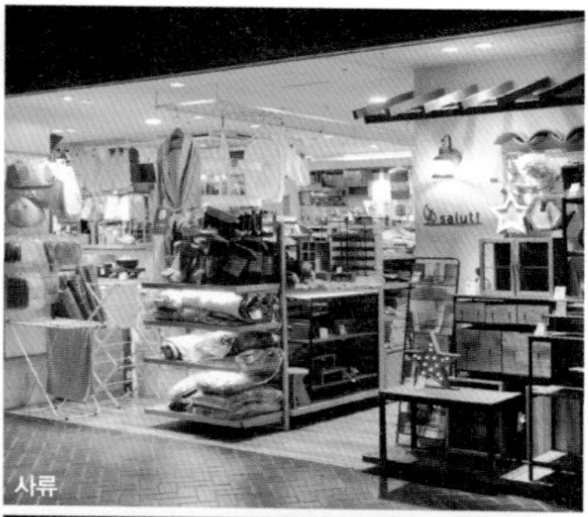

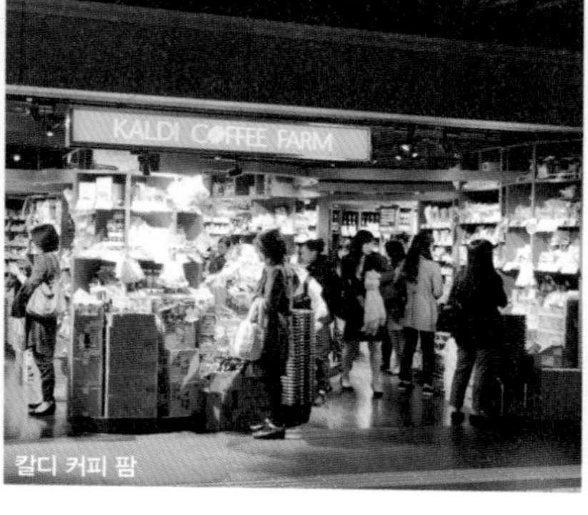

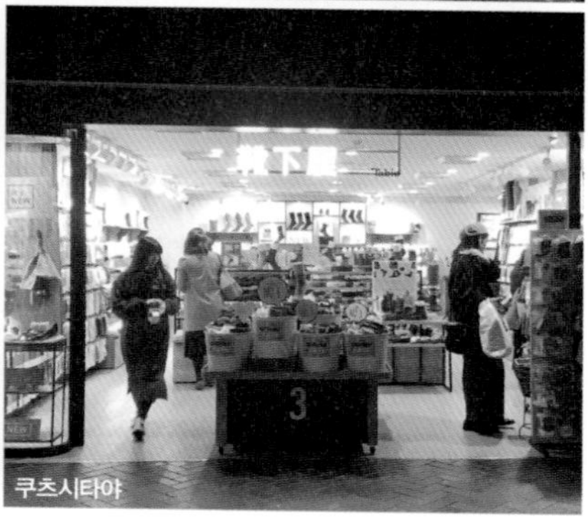

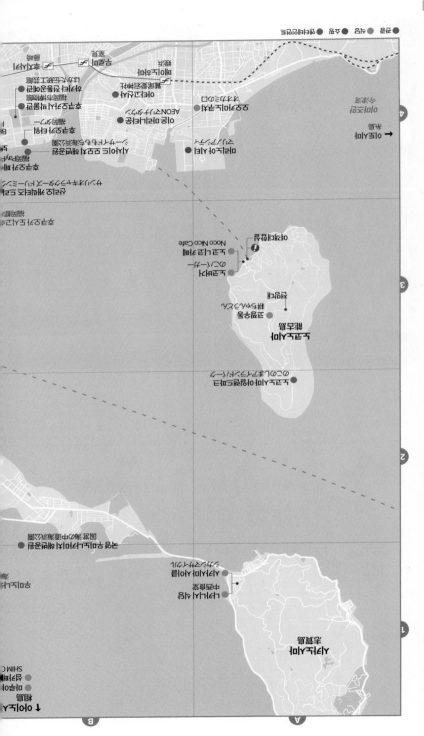

후쿠오카 지역

후쿠오카 지역

N
0   1.4km   2.8km

미쓰이 아웃렛파크 마린시티
マリンワールド海の中道

하카타 미나토 타워

하카타항

하카타 포트타워
하카타 포트타워
베이사이드 플레이스 하카타
함선

나카스
나카스포차
리버사이드 호텔
베이사이드 리조트 하카타
베이사이드 플레이스 하카타
하카타 포트타워
포트사이드

나카가와

하카타역

텐진역

나카스카와바타역
후쿠오카시립

히가시나카스역
중앙우체국
하카타 리버레인
나카스카와바타역

고쿠사이센
하카타
JR
중주
구시다신사
기온
고후쿠지
기온역

지요겐초구치역
지요겐초구치

중앙부두
하카타시민
마린시티
미라이자카 후쿠오카타워
나가하마센센시장
MARK IS 후쿠오카모모치
후쿠오카 돔

시사이드
모모치해변공원

시사이드모모치
모모치 중앙공원
후쿠오카시 박물관
후쿠오카시 종합도서관
마이즈루 공원
마이즈루 국
아이쿄엔
미이오도리
202
다이묘

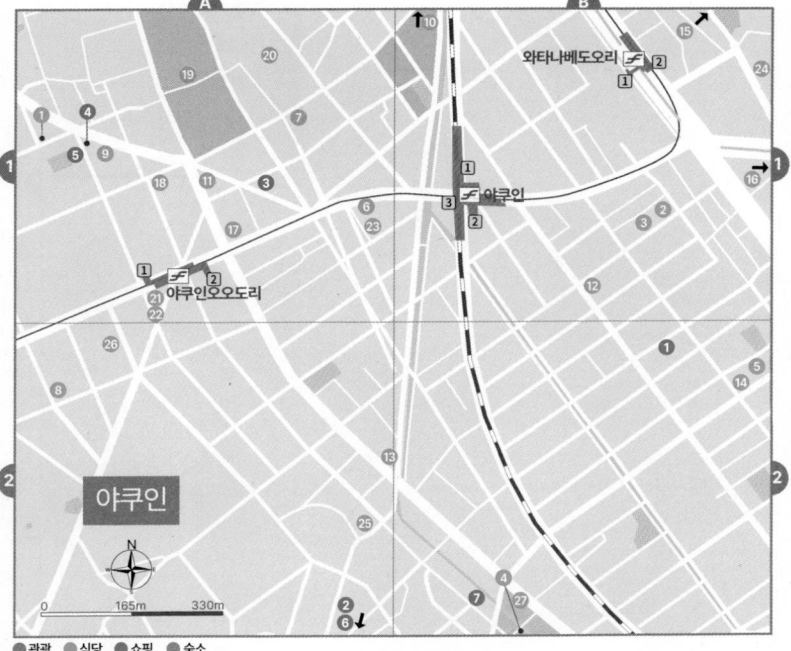

●관광 ●식당 ●쇼핑 ●숙소

① 멘게키조겐에이 麺劇場 玄瑛
② 야키토리 야시치 やきとり弥七
③ 히나 이마토미 蕎喰いまとみ
④ 구구카레 ぐぐカレー
⑤ 이토다팡 いとだパン
⑥ 야쿠인 3 테라스 YAKUIN 3 TERRACE
⑦ 믹 코메르시 Mic Comercy
⑧ 프랑스과자16구 フランス菓子16区
⑨ 세실 블루 CECIL BLUE
⑩ 브로트 란드 Brot Land
⑪ 타마앙 たまあん
⑫ 아미스 Amis
⑬ 아베키 Abeki
⑭ 굿 업 커피 Good Up Coffee
⑮ 오르토 카페 ORTO CAFÉ
⑯ 라멘우나리 ラーメン海鳴 清川店
⑰ 효탄 ひょうたん
⑱ 봄버키친 ボンバーキッチン
⑲ 히요리비 日和日
⑳ 코모 에스 como es
㉑ 더 샌드위치 스탠드 The Sandwich Stand
㉒ 브로트 란드

㉓ 교자리 餃子李
㉔ 타그스타 TAGSTÅ
㉕ 노 커피 NO Coffee
㉖ 더 루츠 네이버후드 베이커리
　　The ROOTS neighborhood bakery
㉗ 후라고향 ふらごはん

① 하이타이드 HIGHTIDE
② 베리떼쿠르 Veritecoeur
③ 쓰리비 포터즈 B・B・B Poters
④ 논 투 순 라이프 & 오브젝트 None too soon Life & Object
⑤ 네스트 NEST
⑥ 트랄리 Tlalli
⑦ 스탠다드 매뉴얼 THE STANDARD MANUAL

롯뽄마츠 지도

조난선 城南線

롯뽄마츠
六本松 ②

아말다코탄
AMAM DACOTAN

츠타야서점 蔦屋書店

후쿠오카시 과학박물관
福岡市科学館

롯뽄마츠421
六本松421

①

서일본 씨티은행 롯뽄마츠점
西日本シティ銀行 六本松支店

베후마치 대로 別府橋通り

MJR
아파트 단지

← 베후
別府

아부라야마칸코도로 油山観光道路

법원

롯뽄마츠

557

N

0　　　　95m　　　190m

P

P

사이클숍 카이토 바이공원점
サイクルショップ KAITO 梅光園店

롯뽄뽄 ろっぽんぽん

P

커피 맨 Coffee Man

야구공방M
野球工房M(스포츠용품점)

마츠팡
マツパン

↓ 유센테이 공원 友泉亭公園

하츠주이치
Hachiju-Ichi

● 관광　● 식당　● 쇼핑

니시진 지도

니시진

N

0　　160m　　320m

세이난가쿠인 대학 ▶
西南学院大学

요시무라 병원
吉村病院

니시진
西新

후쿠오카 구치소
福岡拘置所

후쿠오카현립 슈유칸 고등학교 ▶
福岡県立修猷館高等学校

바조소
馬上荘

후쿠오카시 사와구청
福岡市早良区役所

쿠마노미도
くまのみ堂焼菓子店

샤투타히코 신사 ●
猿田彦神社

후지자키
藤崎

아카리커피 あかり珈琲

무크 Mook

● 우메야
うめや

로지우라베이커리
ロヂウラベーカリー

로지
ROJY

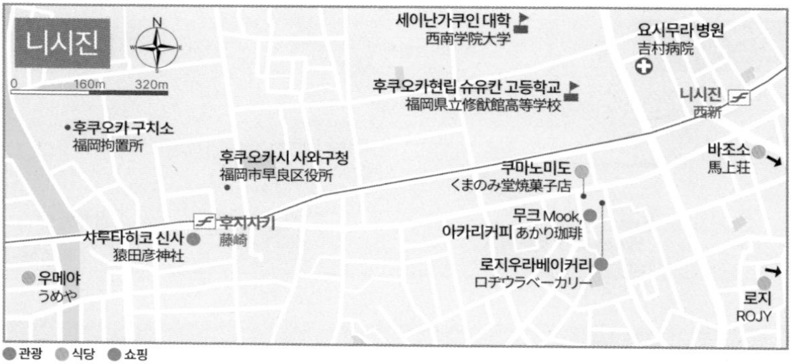

● 관광　● 식당　● 쇼핑

자크
Jacques

라루키 らるきい

커피훗코
珈琲フッコ

언플랜 후쿠오카
UNPLAN FUKUOKA

토라키츠네 とらきつね
토오진마치 唐人町역

노가쿠당 能楽堂
오호리·니시 공원 관리사무소
大濠·西公園管理処

1 2 4
3
오호리코엔
大濠公園
5

쇼와 대로 昭和通り

라이프 인 더 굿즈
Life in the Goods

보트 하우스
Boat House

유료주차장

쿠지라 공원
くじら公園

마이즈루 공원 니시광장
舞鶴公園西広場

동구리 공원
どんぐり公園

오호리 공원
大濠公園

마이즈루 공원
舞鶴公園

코로칸 역사박물관
鴻臚館跡展示館

팝파라이라이
pappararyay

후쿠오카시 미술관
福岡市美術館

&로컬즈
&LOCALS

일본 정원
日本庭園

고쿠타이도로 国体道路

고코쿠 신사
護国神社

오호리 공원

데이즈 컵 카페
Day'S Cup Café

베쓰부시 대로 別府橋通り

N

사레도 커피
Saredo Coffee

0   200m   400m

202

롯뽄마츠
六本松

롯뽄마츠
六本松

조난선 城南線

사쿠라자카
桜坂

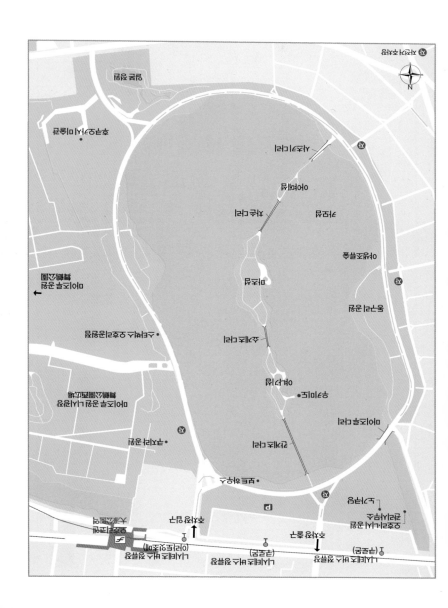

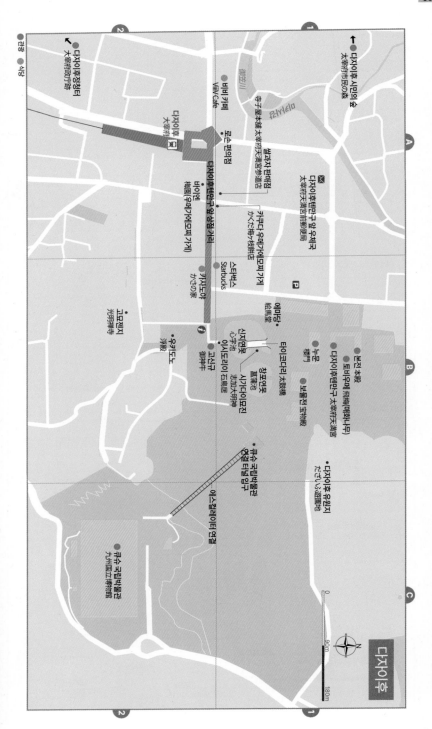

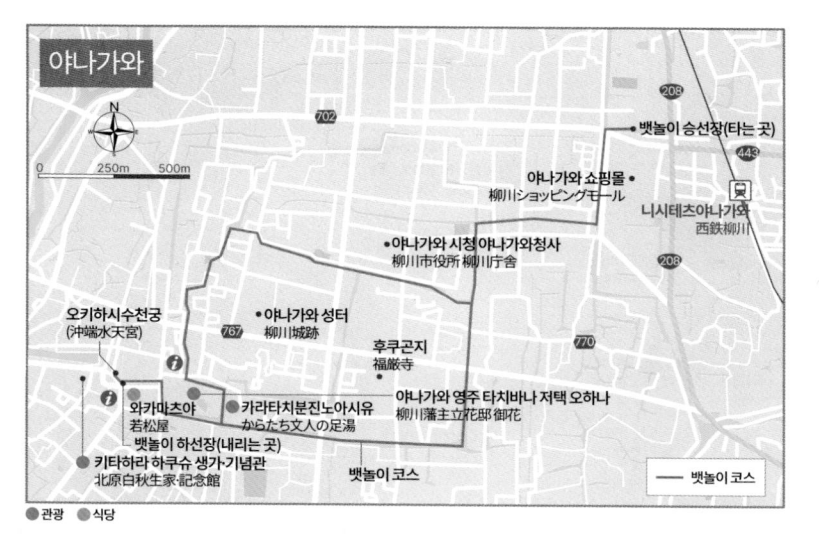

야나가와

N

0 250m 500m

702

• 뱃놀이 승선장(타는 곳)

야나가와 쇼핑몰 •
柳川ショッピングモール

니시테츠야나가와
西鉄柳川

• 야나가와 시청 야나가와청사
柳川市役所 柳川庁舎

오키하시수천궁
(沖端水天宮)

767

• 야나가와 성터
柳川城跡

후쿠곤지
福厳寺

770

와카마츠야
若松屋

카라타치분진노아시유
からたち文人の足湯

야나가와 영주 타치바나 저택 오하나
柳川藩主立花邸 御花

뱃놀이 하선장(내리는 곳)

키타하라 하쿠슈 생가·기념관
北原白秋生家·記念館

뱃놀이 코스

— 뱃놀이 코스

● 관광 ● 식당

A B

묘켄산
妙見山

시카노시마
志賀島

사쿠라이 후타미가우라 부부암
桜井二見ヶ浦の夫婦岩

팜 비치 가든
Palm Beach Garden

1

천사의 날개 天使の羽 벽화
이토시마 해선당
糸島海鮮堂

니시케다케
西ヶ岳

야자나무그네
ヤシの木ブランコ(포토 스폿)

1

도버
DOVER

아마가다케
天ヶ岳

노코노시마
能古島

케야노오오토
芥屋の大門

런던 버스 카페
London Bus Cafe

타테이시산
立石山

케야노오오토 공원
芥屋の大門門公園

이치노타케
一ノ岳

카야산
可也山

이시가다케
石ヶ岳

큐다이갓켄토시
九大学研都市駅

시모야마토
下山門

2

하타에
波多江

스센지
周船寺

이마주쿠
今宿

福岡前原道路

미사키가오카
美咲が丘

이키산
一貴山

가후리
加布里

자쿠젠마에바루
筑前前原

후쿠오카마에바루도로

이토사이사이
伊都菜彩

2

이토시마

N

0 2km 4km

● 관광 ● 식당

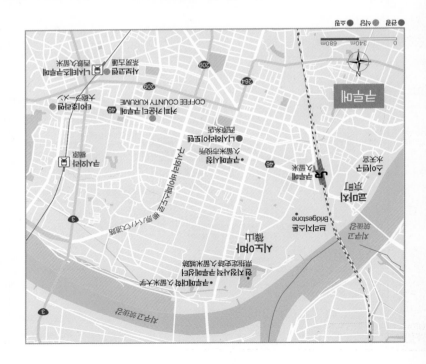

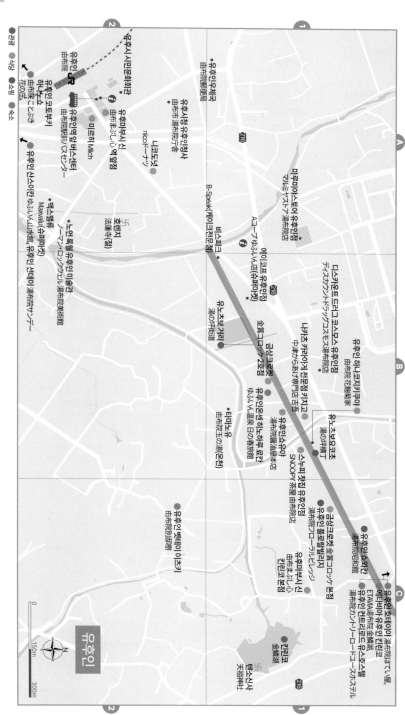

유후인

유후인

● 관광　● 식음　● 쇼핑　● 숙소

유후인 코토부키
하나노쇼
由布院 ことぶき 花の庄

유후인 JR
유후인 역
由布院駅

유후인 시민문화회관

유후인 대표
由布市

유후인 역 앞 버스센터
由布院駅前バスセンター

유후인 산스이칸 (긴 유후인 센테이) 湯布院美術館
Maykaiu (슈파인캇)
노-만·롯지 유후인 산스이칸 湯布院美術館

나고도넛
nicoドーナツ

미르히 Milch

유후인 시청 유후인청사
由布市 湯布院町役場

유후인 우체국
由布院郵便局

유후인 마부시신 역앞점
由布 まぶし心 駅前店

도선지
法蓮寺(절)

비스피크
B-Speak(케이크전문점)

미쿠모야토 유후인점
마루이야스토 湯布院店

미쿠모야토 유후인점
디스카운트드럭코스모스 유후인점
ディスカウントドラッグコスモス湯布院店

A구루프 (유후인센테이)
Aグループ 湯布院

금린코로쿠 2호점
金鱗コロッケ2号店

유노쓰보 거리
湯の坪街道

유후인 하나코지키쿠야
由布院 花李喜鞠家

유노쓰보요코초
湯の坪横丁

나가초카라아게전문점 카시고
中津からあげ専門店 喜

금상고로케 금쟁코로케 본점
金賞コロッケ本店

스누피 차야 유후인점
SNOOPY茶屋 由布院店

유후인소아야
유후인소 하쿠바 료칸
ゆふいん温泉 日の春旅館

유후인 하치센 유후인점
由布院 蜂屋 油屋本店

EI노유
由布院玉の湯(온천)

유후인 호타루노유 湯布院ほたる
에테비야 유후인 킨린코
ETA비A湯布院店金鱗湖
유후인 컨트리로드 유스호스텔
湯布院カントリーロードユースホステル

유후인 소인간
유후인 풍림골림리지
湯布院フローラルビレッジ

유후인 마부시신
由布まぶし心
킨린코 본점

유후인 벳테이이조지

킨린코
金鱗湖

텐소신샤
天祖神社

N

0   150m   300m

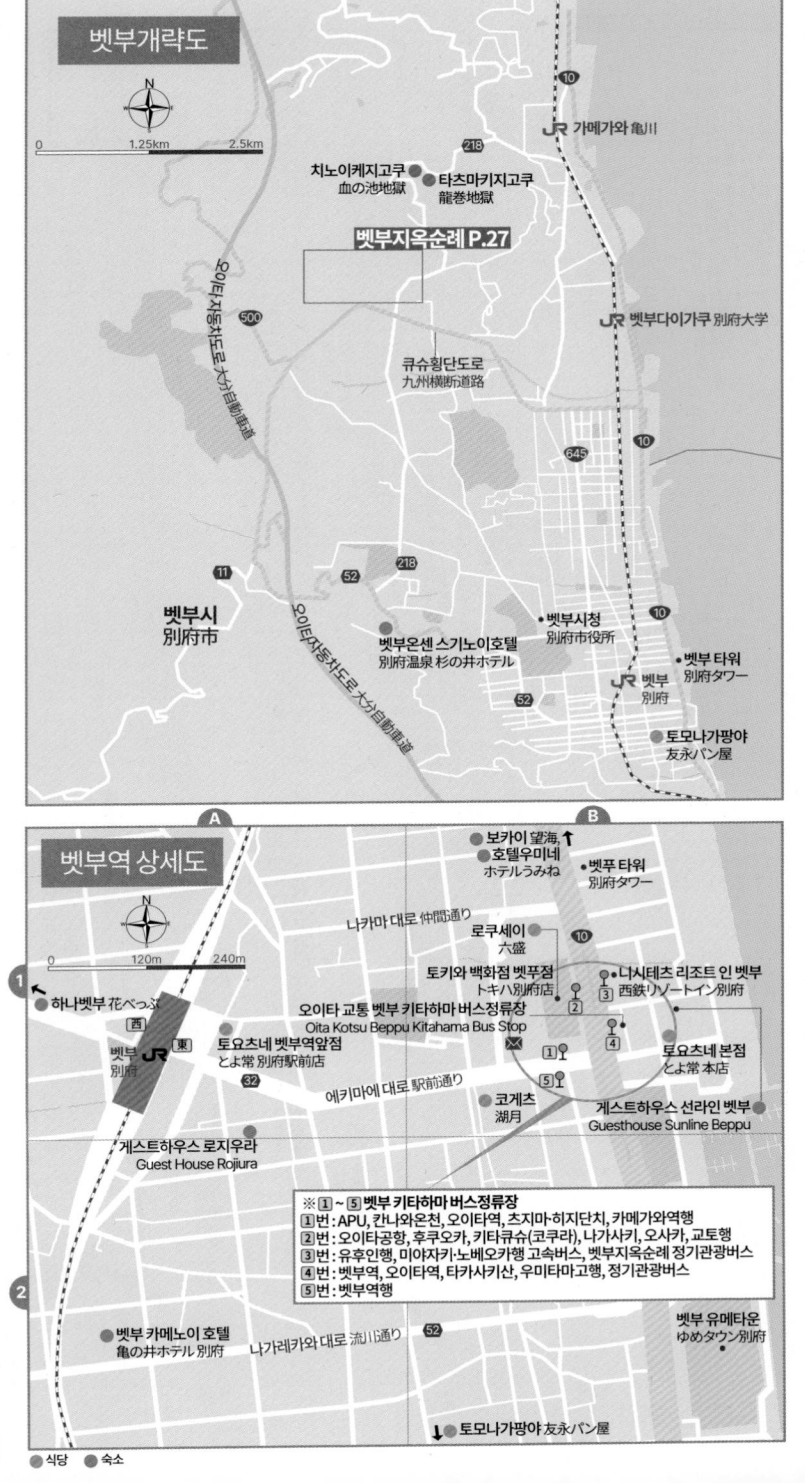

벳부개략도

N

0   1.25km   2.5km

JR 가메가와 亀川

218

치노이케지고쿠
血の池地獄

타츠마키지고쿠
龍巻地獄

벳부지옥순례 P.27

JR 벳부다이가쿠 別府大学

500

큐슈횡단도로
九州横断道路

645

10

11

52

218

벳부시
別府市

52

오이타자동차도 大分自動車道

벳부온센 스기노이호텔
別府温泉 杉の井ホテル

벳부시청
別府市役所

JR 벳부
別府

벳부 타워
別府タワー

52

토모나가팡야
友永パン屋

벳부역 상세도

N

0   120m   240m

보카이 望海↑

호텔우미네
ホテルうみね

벳푸 타워
別府タワー

나카마 대로 仲間通り

로쿠세이
六盛

10

토키와 백화점 벳푸점
トキハ別府店

나시테츠 리조트 인 벳부
西鉄リゾートイン別府

오이타 교통 벳부 키타하마 버스정류장
Oita Kotsu Beppu Kitahama Bus Stop

②

④

하나벳부 花べっぷ

西 JR
東 벳부
別府

토요츠네 벳부역앞점
とよ常 別府駅前店

32

에키마에 대로 駅前通り

①

⑤

토요츠네 본점
とよ常 本店

게스트하우스 선라인 벳부
Guesthouse Sunline Beppu

게스트하우스 로지우라
Guest House Rojiura

코게츠
湖月

※ ① ~ ⑤ 벳부 키타하마 버스정류장
① 번 : APU, 칸나와온천, 오이타역, 츠지마·히지단치, 카메가와행
② 번 : 오이타공항, 후쿠오카, 키타큐슈(코쿠라), 나가사키, 오사카, 교토행
③ 번 : 유후인행, 미야자키·노베오카행 고속버스, 벳부지옥순례 정기관광버스
④ 번 : 벳부역, 오이타역, 타카사키산, 우미타마고행, 정기관광버스
⑤ 번 : 벳부역행

벳부 카메노이 호텔
亀の井ホテル 別府

나가레카와 대로 流川通り

52

벳부 유메타운
ゆめタウン別府

토모나가팡야 友永パン屋↓

A   B

1   2

● 식당 ● 숙소

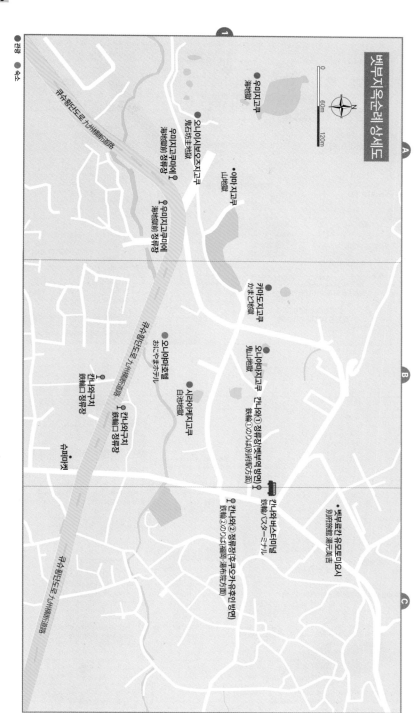

키타큐슈(코쿠라)

- JR 니시코쿠라 西小倉
- 199
- 리버워크 기타큐슈 •
  リバーウォーク北九州
- 코쿠라성 •
  小倉城
- 키타큐슈시청 •
  北九州市役所
- 가쓰야마 공원
  勝山公園
- 퀸텟사 호텔 코쿠라 •
  クインテッサホテル小倉 Comic&Books
- 코쿠라 JR
  小倉
- 시로야 베이커리 •
  シロヤベーカリー
- 스테이션 호텔 코쿠라 •
  ステーションホテル小倉
- 샌드위치 팩토리 OCM •
  サンドイッチファクトリーOCM
- 다이와 로이넷 호텔 코쿠라에키마에 •
  ダイワロイネットホテル小倉駅前
- 스케상우동 •
  資さんうどん
- 차차타운
  チャチャタウン
- 199
- 우오마치킨텐 상점가 •
  魚町銀天街
- 헤이와도리
  平和通(모노레일)
- 호스텔 앤 다이닝
  탄가 테이블 •
  Hostel and Dining
  Tanga Table
- 고모지 대로 小文字通り
- 탄가
  旦過(모노레일)
- 탄가시장 •
  旦過市場
- 63
- N
- 0 ── 190m ── 380m
- 63
- 아사카 대로 浅香通り

● 관광 ● 식당 ● 숙소

키타큐슈(모지코)

- N
- 0 ── 120m ── 240m
- 모지코 레트로 전망실 •
  門司港レトロ展望室
- 다롄 우호기념관 •
  大連友好記念館
- 모지코 레트로 중앙광장 •
  門司港レトロ中央広場
- 블루윙 모지 •
  ブルーウィング門司
- 구 모지세관 •
  旧門司税関
- 이데미쓰비주스칸
  出光美術館
  (모지코 레트로 관광선)
- 261
- 모지 레트로 등대 •
  門司レトロ灯台
- 신스이광장 •
  親水広場
- 프리미어 호텔 모지코 •
  プレミアホテル門司港
- 미나토마치
  港町
- 모지항 •
  門司港
- 구 오사카상선 •
  旧大阪商船
- 3
- 구 모지미츠이클럽 •
  旧三井倶楽部
- 모지코 JR
  門司港
- 니시카이간
  西海岸
- 198
- 칸몬해협 라이브관 •
  関門海峡らいぶ館
- 사카에마치
  栄町
- 규슈테쓰도키넨칸 •
  九州鉄道記念館(모지코 레트로 관광선)
- 198
- 3
- 25
- 혼마치
  本町
- 큐슈철도기념관 •
  九州鉄道記念館

● 관광

여행에 도움이 되는 **일본어**

인사

안녕하세요. (아침 인사)

➤ おはようございます。 오하요 고자이마스

안녕하세요. (점심 인사)

➤ こんにちは。 콘니치와

안녕하세요. (저녁 인사)

➤ こんばんは。 콤방와

감사합니다.

➤ ありがとうございます。 아리가또 고자이마스

실례합니다. 죄송합니다.

➤ すみません。 스미마셍

레스토랑에서

메뉴를 볼 수 있을까요?

➤ メニューをもらえますか。 메뉴오 모라에마스까

(메뉴를 가리키며)이걸로 할게요.

➤ これにします。 코레니 시마스

추천 메뉴는 무엇인가요?

➤ お勧めは何ですか。 오스스메와 난데쓰까

계산서 주세요.

➤ お会計をお願いします。 오카이케오 오네가이시마스

카드 결제 가능한가요?

➤ クレジットカードは使えますか。 크레짓또카도와 츠카에마스까

호텔에서

체크인하고 싶어요.

➤ チェックインお願いします。 체크인 오네가이시마스

(종업원)여권을 보여주시겠어요?

➤ パスポートお願いします。 파스포토 오네가이시마스

택시 좀 불러주시겠어요?

➤ タクシーを呼んで下さい。 타크시오 욘데 쿠다사이

몇 시에 체크아웃인가요?

➤ チェックアウトは何時ですか。 체크아우또와 난지데쓰까

체크아웃하고 싶어요.

➤ チェックアウトお願いします。 체크아우또 오네가이시마스

쇼핑할때

입어 봐도 되나요?

➤ 試着してもいいですか。 시차쿠시떼모 이이데스까

좀 더 큰(작은) 사이즈는 있나요?

➤ もっと大きい(小さい)ものはありますか。

못또 오오키이(치이사이)모노와 아리마스까

이 아이템의 다른 색은 있나요?

➤ 他の色はありますか。 호카노 이로와 아리마스까

이걸로 구매할게요.

➤ これください。 코레 쿠다사이

얼마인가요?

➤ いくらですか。 이쿠라데스까

관광할때

○○ 역은 어디인가요?

➤ すみませんが○○駅はどこですか。

스미마셍가 ○○에키와 도꼬데스까

주변에 은행이 있나요?

➤ 近くに銀行はありますか。 치카쿠니 깅꼬와 아리마스까

돈을 환전하고 싶어요.

➤ 両替がしたいのですが。 료가에가 시따이노데스가

사진촬영은 가능한가요?

➤ 写真を撮ってもいいですか。 샤싱오 톳떼모 이이데스까

화장실은 어딘가요?

▶ トイレはどこですか。 토이레와 도꼬데스까

1 いち 이치	2 に 니
3 さん 상	4 よん/し 욘/시
5 ご 고	6 ろく 로쿠
7 なな/しち 나나/시치	8 はち 하치
9 きゅう 큐	10 じゅう 쥬

한 개 ひとつ 히토츠	두 개 ふたつ 후타츠
세 개 みっつ 밋츠	네 개 よっつ 욧츠
다섯 개 いつつ 이츠츠	여섯 개 むっつ 못츠
일곱 개 ななつ 나나츠	여덟 개 やっつ 얏츠
아홉 개 ここのつ 코코노츠	열 개 とお 토오

아플 때

열이 나요

▶ 熱が出ました。 네츠가 데마시타

목이 아파요

▶ 喉が痛いです。 노도가 이타이데스

두통 頭痛 주츠으	기침 咳 세키
재채기 くしゃみ 쿠샤미	콧물 鼻水 하나미즈
가래 たん 탄	설사 下痢 게리
코막힘 鼻づまり 하나즈마리	근육통 筋肉痛 킨니쿠츠으

약이름

감기약 風邪薬 카제구스리	두통약 頭痛薬 즈츠으야쿠
해열제 解熱剤 게네츠자이	지사제 下痢止め 게리도메
진통제 鎮痛剤 친츠으자이	

Friends Fukuoka **MAP BOOK**

Friends Fukuoka **MAP BOOK**

Fukuoka MAP BOOK

프렌즈
후쿠오카 맵북

중앙books